westermann

Hermann Moosmeier, Werner Reuschl

Metallbautechnik

Lernsituationen, Technologie, Technische Mathematik

Lernfelder 1 und 2

7. Auflage

Bestellnummer 74394

© 2024 Westermann Berufliche Bildung GmbH, Ettore-Bugatti-Straße 6-14, 51149 Köln
www.westermann.de

Die Seiten dieses Arbeitshefts bestehen zu 100% aus Altpapier.

Damit tragen wir dazu bei, dass Wald geschützt wird, Ressourcen geschont werden und der Einsatz von Chemikalien reduziert wird. Die Produktion eines Klassensatzes unserer Arbeitshefte aus reinem Altpapier spart durchschnittlich 12 Kilogramm Holz und 178 Liter Wasser, sie vermeidet 7 Kilogramm Abfall und reduziert den Ausstoß von Kohlendioxid im Vergleich zu einem Klassensatz aus Frischfaserpapier. Unser Recyclingpapier ist nach den Richtlinien des Blauen Engels zertifiziert.

Druck und Bindung: Westermann Druck GmbH, Georg-Westermann-Allee 66, 38104 Braunschweig

ISBN 978-3-427-74394-1

Inhaltsverzeichnis

Lernfeld 1: Fertigen von Bauelementen mit handgeführten Werkzeugen

Lernfeld 2: Fertigen von Bauelementen mit Maschinen

Die mit L gekennzeichneten Kapitel enthalten eine Lernsituation mit Arbeitsaufträgen, die auch in der Praxis umgesetzt werden können.

Aus der „Passauer Neuen Presse“

Betriebsunfall: Metallarbeiter tot

VILSHOFEN (dpa) Ein 37 Jahre alter Metallbauer ist am Montagabend in Vilshofen (Landkreis Passau) bei einem Betriebsunfall ums Leben gekommen. Der Mann habe an einem Metallrohr gearbeitet, als sich dieses aus einer Drehmaschine löste, sagte ein Polizeisprecher am Dienstag. Das über einen Meter lange Rohr traf den Arbeiter am Kopf. Der Mann erlag noch am Unfallort seinen schweren Verletzungen.

Gleichartige Berufe schließen sich zu Berufsgenossenschaften zusammen. Diese erlassen für jeden Berufszweig Unfallverhütungsvorschriften. Diese müssen im Betrieb ausgelegt und von jedem Mitarbeiter und jeder Mitarbeiterin beachtet werden. Dadurch werden Menschen und Betriebseinrichtungen vor Schaden bewahrt.

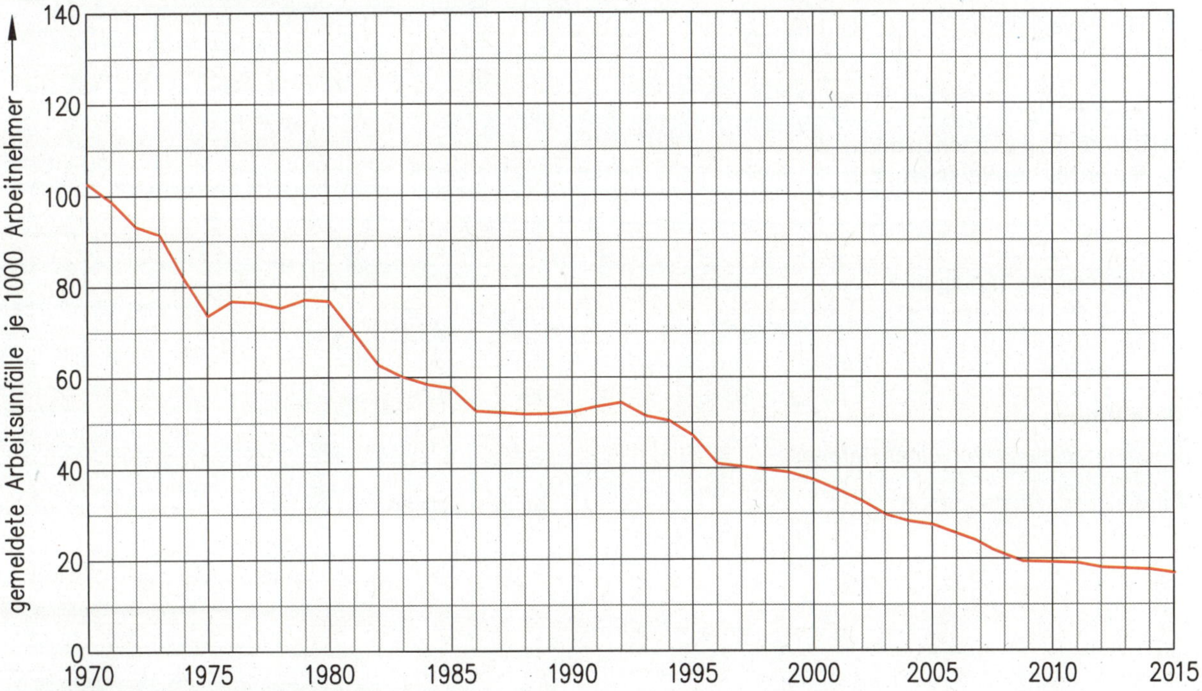

Sicherheitszeichen

Auf der Straße wird durch Verkehrszeichen der Straßenverkehr geregelt und dadurch werden viele Unfälle vermieden. Auch im Betrieb gibt es Sicherheitszeichen, welche die Sicherheit der Menschen an ihrem Arbeitsplatz erhöhen. Solche Sicherheitszeichen finden Sie in Tabellenbüchern.

1. Gebotszeichen

Welche Verhaltensweise muss befolgt werden?

____

Hinweis ≙ __________ Farbe

2. Verbotszeichen

Was ist hier verboten?

____

Halt, Verbot ≙ __________ Farbe

3. Warnzeichen

Vor welcher Gefahr wird gewarnt?

____

Vorsicht, mögliche Gefahr ≙ ________ Farbe

4. Rettungszeichen

Worauf wird mit diesem Rettungszeichen hingewiesen?

____

Keine Gefahr, Hilfe ≙ ________ Farbe

5. Brandschutzzeichen

Welchen Hinweis gibt dieses Zeichen?

____

Hilfe bei Brandgefahr ≙ ________ Farbe

6. Kombinationszeichen

Was sagt dieses Kombinationszeichen aus?

____

Fluchtweghilfe ≙ ________ Farbe

Unfallursachen

Unfälle können entstehen durch

1. Menschliches Versagen, z. B. ______________________________
2. Technisches Versagen, z. B. ______________________________

Unfallfolgen

Nennen Sie die Folgen eines Unfalles

für die geschädigte Person:

für den Betrieb:

Unfallvermeidung

Nennen Sie Möglichkeiten und Beispiele, wie in Ihrem Beruf Unfälle vermieden werden können.

Bildnachweis: Heinrich Klar Schilder- u. Etikettenfabrik GmbH & Co. KG

A. Werkstoffe

Einteilung			Beispiele
Metalle	Eisenmetalle	Stahl	
		Guss	
	Nichteisen-metalle (NE-Metalle)	Leichtmetalle (ϱ kleiner als 5 kg/dm^3)	
		Schwermetalle (ϱ gleich oder größer als 5 kg/dm^3)	
Nichtmetalle	Natürliche Werkstoffe		
	Künstliche Werkstoffe		
Verbund-werkstoffe	GFK HM		

B. Hilfsstoffe

______-Stoffe	Gewindeschneidöl
______-Mittel	Bohremulsion (früher Bohrwasser)
______-Mittel	Hanf, Gummi
______-Mittel	Lötfett
Mittel zur ______-Prüfung	Wasser, Stickstoff
______-Mittel	Entkalkungsmittel
______-Mittel	Stahlwolle, Glaspapier
______-Stoffe	Heizöl, Erdgas
______-Stoffe	Benzin, Diesel

! Verbrauchte Altöle, Entkalkungsmittel usw. gehören zum Sondermüll.
Sie schützen dadurch Ihre ______________!

In der Natur kommt Eisen nicht rein vor, sondern nur als Eisenerz.

1. Eisenerze

Nennen Sie drei wichtige Eisenerze und tragen Sie diese in die Tabelle ein.

Name	Chemische Abkürzung	Eisengehalt
______-Eisenstein	Fe_3O_4	60 – 70 %
______-Eisenstein	Fe_2O_3	40 – 60 %
______-Eisenstein	$FeCO_3$	30 – 40 %

Eisenerze sind chemische Verbindungen: ______

Wie werden diese chemischen Verbindungen bezeichnet? ______
Sie sind außerdem noch durch Steine und Erde verunreinigt.

Dem Erz muss der Sauerstoff entzogen werden. Wie heißt dieser Vorgang? ______

2. Reduktion

Koks ist fast reiner Kohlenstoff (C), Eisenerz enthält viel Sauerstoff (O).
Damit Koks verbrennen kann, muss er aus dem Eisenerz Sauerstoff entziehen. Diesen Vorgang nennt man Reduktion. Gleichzeitig nimmt das Eisen etwas Kohlenstoff aus dem Koks auf. Die Verbrennung wird durch Zufuhr von Luft noch gefördert.

3. Hochofenanlage oder ______

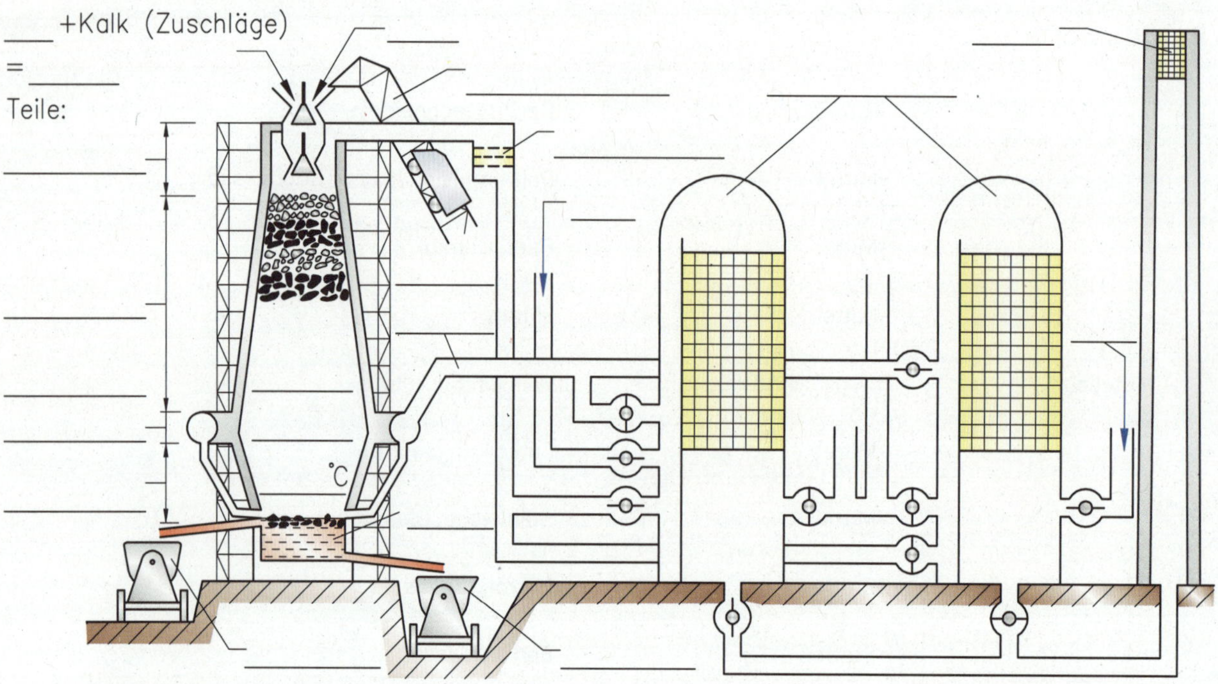

4. Erzeugnisse des Hochofens

Weißes Roheisen hat ein helles Bruchgefüge und ist manganhaltig. Es wird zu ______ weiterverarbeitet.

Graues Roheisen hat ein graues Bruchgefüge und ist siliziumhaltig. Es wird zu ______ weiterverarbeitet.

Nebenprodukte bei der Roheisenerzeugung sind:

______ für Schotter, Schlackensteine, Schlackenwolle, Hochofenzement

______ für Heizzwecke

Weißes Roheisen ______ → Stahl

bis 5 % Kohlenstoff bis ____ % Kohlenstoff

Roheisen enthält außerdem noch unerwünschte Bestandteile (Silizium, Mangan, Phosphor und Schwefel). Durch das Frischen werden diese ebenfalls reduziert.

1. Blasfrischen

Heute wird das Sauerstoff-Aufblas-Verfahren angewandt. Es heißt auch **L**inz-**D**onawitz-Verfahren (____).

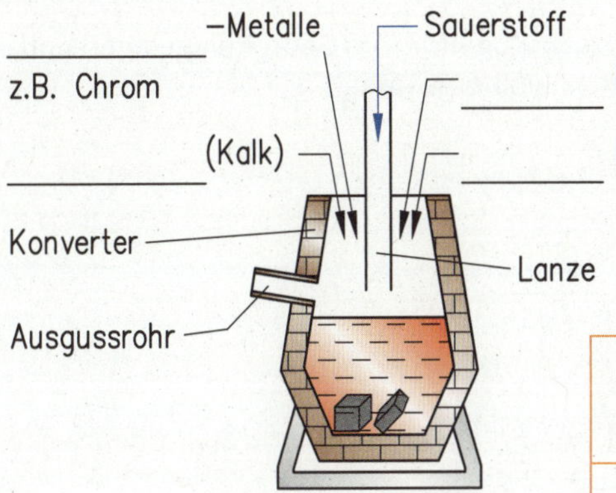

Durch die Lanze wird reiner Sauerstoff mit 12 bar Druck auf die Schmelze geblasen. Bei etwa 2 000 °C verbrennen die unerwünschten Bestandteile. Sie werden durch Kalkzugabe in flüssige Schlacke übergeführt.

Erzeugnisse:

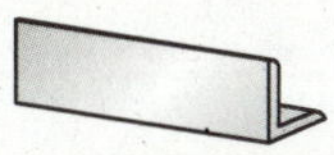	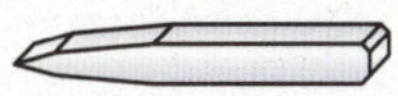	
______ Stahl	______ Stahl	______ Stahl

Aus dem LD-Verfahren wurde das z. Z. wirtschaftlichste Verfahren entwickelt; das OBM-Verfahren (**O**xigen-**B**odenblasverfahren-**M**axhütte). Hier wird der Sauerstoff über Düsen am Konverterboden durch die Schmelze geblasen (bessere Durchmischung, kürzere Blaszeit, höherer Schrotteinsatz).

2. Herdfrischen

a) **S**iemens-**M**artin-Verfahren (____).

Wegen der hohen Betriebskosten wird das SM-Verfahren heute kaum mehr angewandt.

b) **E**lektroverfahren (____).

Geheizt wird mit ____________. Verunreinigungen durch den ________________ sind hier nicht möglich.

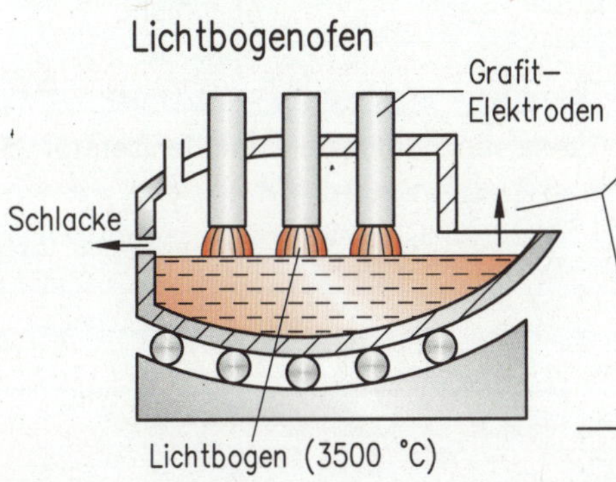

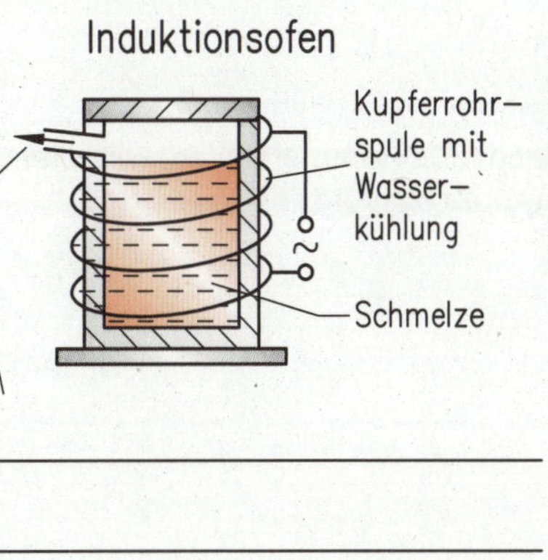

Mit dem Elektroverfahren können auch Legierungsmetalle mit hohem Schmelzpunkt (z. B. W, Mo und Schrott) erschmolzen werden. Wirbelströme bringen das Füllgut im Induktionsofen zum Schmelzen.

C. Zusammenfassung

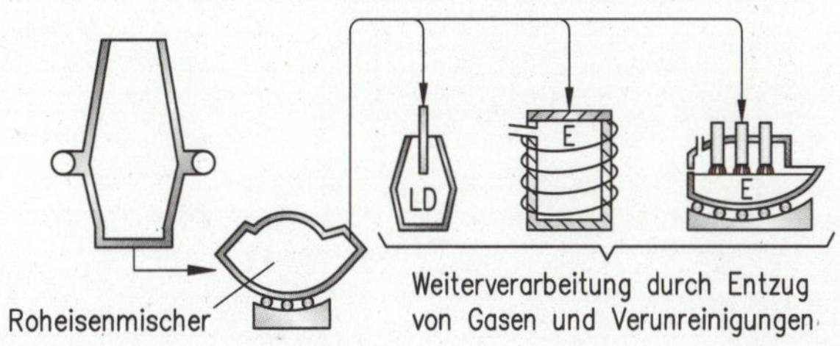

Wichtige Eisen-Gusswerkstoffe

	Gusseisen mit Lamellengrafit (früher: Grauguss GG)	________ **-Guss** (früher: GT)	**Allgemeiner** ________ **-Guss** (früher: GS)
Bezeichnung			
Verwendungs-beispiel	Gestell der Säulenbohrmaschine	T-Stück (Fitting) einer Wasserleitung	Räder der Eisenbahnwagen

Außerdem gibt es noch:

Gusseisen mit Kugelgrafit (________). Der Kohlenstoff ist in Kugelform im Gefüge eingelagert und bewirkt eine geringe Kerbwirkung. Aus diesem Guss werden z. B. Kurbelwellen hergestellt.

A. Gusseisen mit Lamellengrafit (C-Gehalt 2,6 % bis 3,6 %)

1. Herstellung

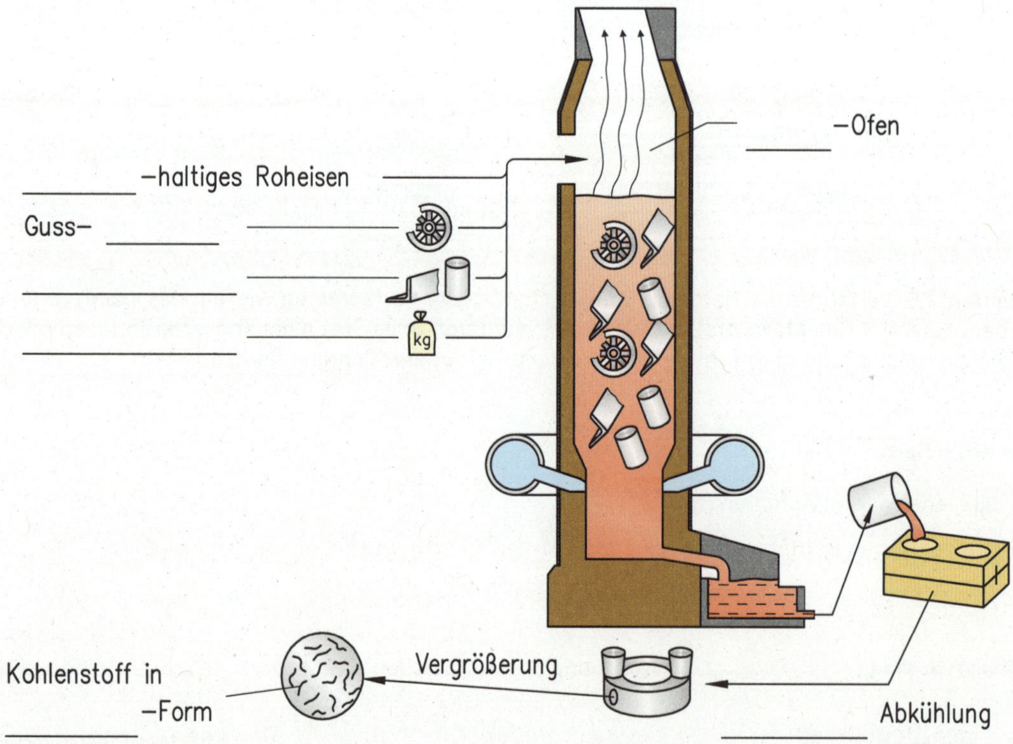

Bei bestimmten Beanspruchungen (z. B. Hammerschlag) wird dieses Gusseisen entlang der Lamellen zerstört. Sind die Lamellen sehr feinblättrig, erhöht sich die Festigkeit.

2. Vor- und Nachteile

Vorteile	Nachteile

B. Temperguss

1. Entkohlend geglühter Temperguss (______) = weißer Temperguss

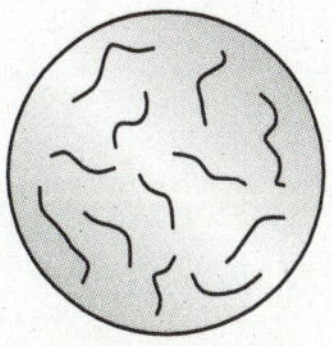

~ 3 % C

Der Kohlenstoffgehalt wird durch Zugabe von Sauerstoff an der Oberfläche des Gussstückes verringert = ______.

Dies geschieht in mehreren Tagen bei etwa 1 000 °C = ______.

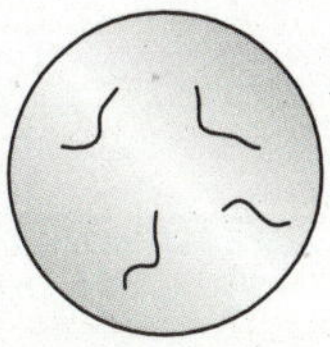

~ 1 % C

2. Nicht entkohlend geglühter Temperguss (______) = schwarzer Temperguss

~ 2,5 % C

Der Kohlenstoffgehalt wird ______.

Die sehr harte Eisenkohlenstoff-Verbindung wird durch mehrtägiges Glühen getrennt.

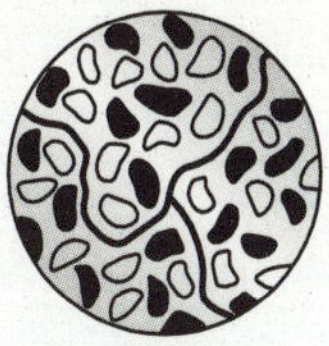

~ 2,5 % C

3. Eigenschaften und Verwendung von Temperguss

Eigenschaften: ______

Verwendung: ______

C. Allgemeiner Stahlguss (GE)

Stahlguss ist in Formen gegossener ______.

Eigenschaften: ______

Verwendung: ______

D. Spezialstahlguss

Eigenschaften: z. B. ______.

Alle Werkstücke aus Stahlguss haben einen C-Gehalt von 0,15 % bis 0,45 %.

	G
	GP
	GX

Metallbautechnik	Datum:	**Fertigen von Bauelementen mit handgeführten Werkzeugen**	**Lernfeld 1**
Name:	Klasse:	***Urformen durch Gießen***	**6**

Fittings sollen hergestellt werden.
Aus welchem Grund werden sie gegossen und nicht durch spanende Bearbeitung hergestellt?

Vorgang beim Gießen in Sandformen

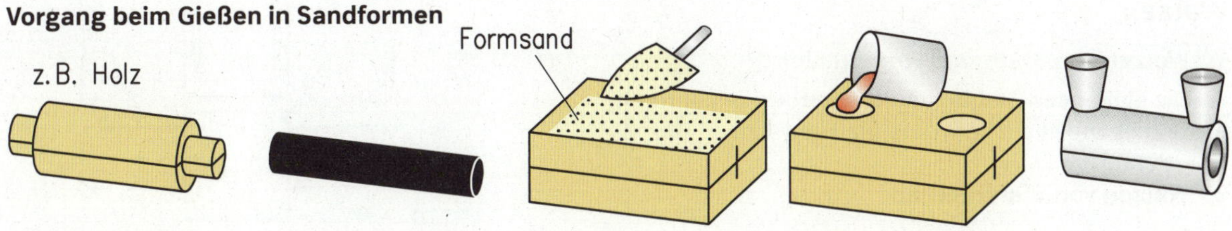

A. Modell

Werkstoffe:

Beim Abkühlen des Gussstückes schwindet das Material. Das Modell muss deshalb um das Schwindmaß ______ sein. Schwindmaß bei GG: ______ %, Schwindmaß bei GS: ______ %

B. Kern

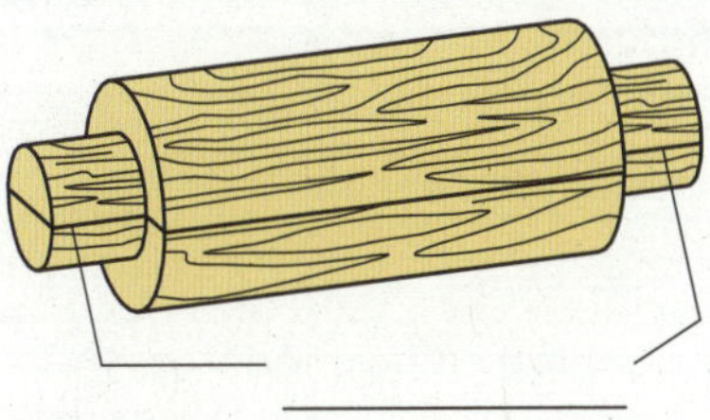

Kerne werden bei Gussstücken mit Hohlräumen benötigt. Damit der Kern beim Einformen die richtige Lage beibehält, müssen am Modell Kernmarken (= Lagerstellen für den Kern) vorgesehen werden.

C. Form

1. Standform

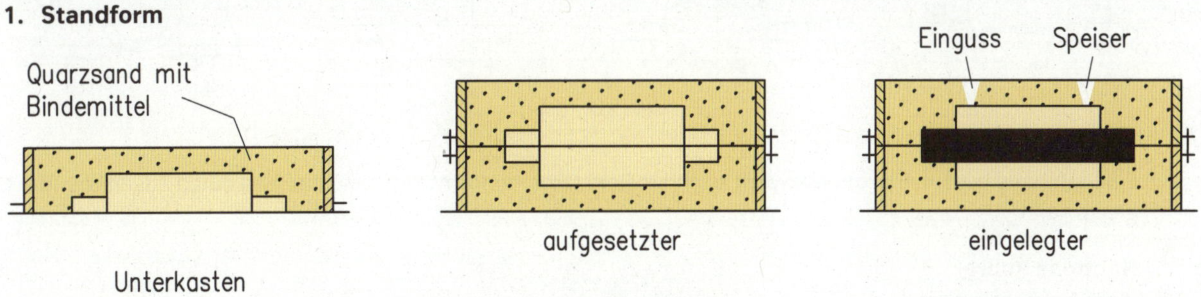

Welchen Nachteil hat das Gießen in der Sandform?

2. Metallform

Bei großen Stückzahlen werden Metallformen (= Kokillen) verwendet.

Vorteile: ______ Oberfläche, ______ Maßgenauigkeit

Nachteil: ______

D. Gießen

Das im Kupolofen geschmolzene Metall wird in den Einguss gefüllt. Die Luft entweicht über den Speiser und dient zur Kontrolle beim Füllen. Außerdem speist er flüssiges Metall in das Gussstück nach.

E. Gussstücke

Gussstücke müssen noch vom Einguss, Speiser und anhaftenden Sand befreit, überstehende Nähte entfernt werden (Gussputzerei).

Bildnachweis: Di Gaspare, Michele (Bild und Technik Agentur für technische Grafik und Visualisierung)

Metallbautechnik	Datum:	**Fertigen von Bauelementen mit handgeführten Werkzeugen** *Weiterverarbeitung von Stahl zu Halbzeugen*	Lernfeld 1
Name:	Klasse:		7

Aus Stahlrohrstücken werden durch Walzen, Ziehen oder Strangpressen Halbzeuge auf Form (z. B. ⌀ ⊔) und Maß (z. B. Δ 40, U80) gebracht.

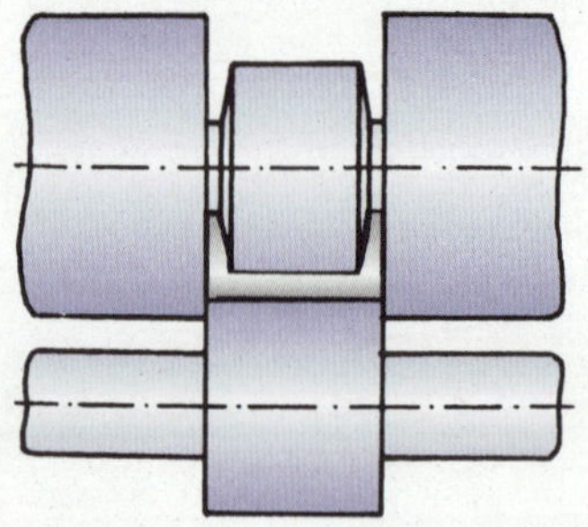

A. Walzen

1. Walzen von Stab- und Formstählen

Die glühenden Stahlrohrstücke werden in mehreren Durchgängen auf Form und Maß gewalzt.

2. Walzen von Stahlblechen

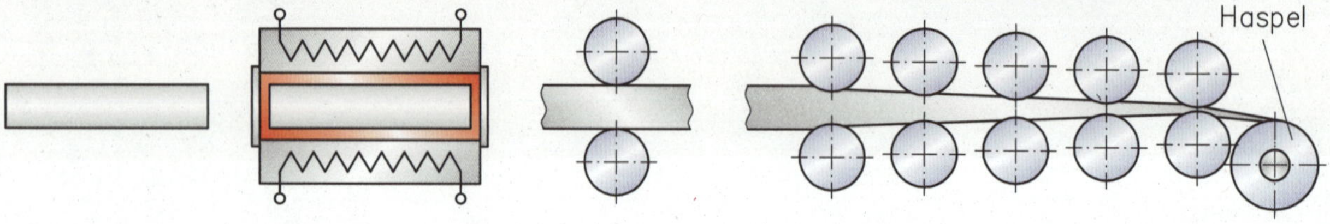

Stahlrohrstück Stoßofen ______________ - ______________ - und ______________ - Walzen

Brecher

Warmgewalzte Bleche werden anschließend im Kaltwalzwerk auf die gewünschte ______________ gewalzt. Dadurch werden zwei Eigenschaften des Walzgutes noch verbessert:

1. ______________________________

2. ______________________________

3. Walzen von Stahlrohren

Geschweißte Rohre

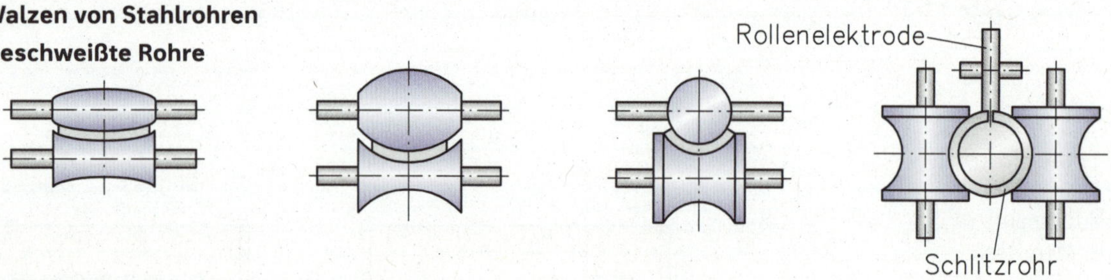

Ein Stahlband wird im **Einrollwalzwerk** zu einem Schlitzrohr geformt und anschließend durch Zusammenpressen geschweißt.

Nahtlose Rohre

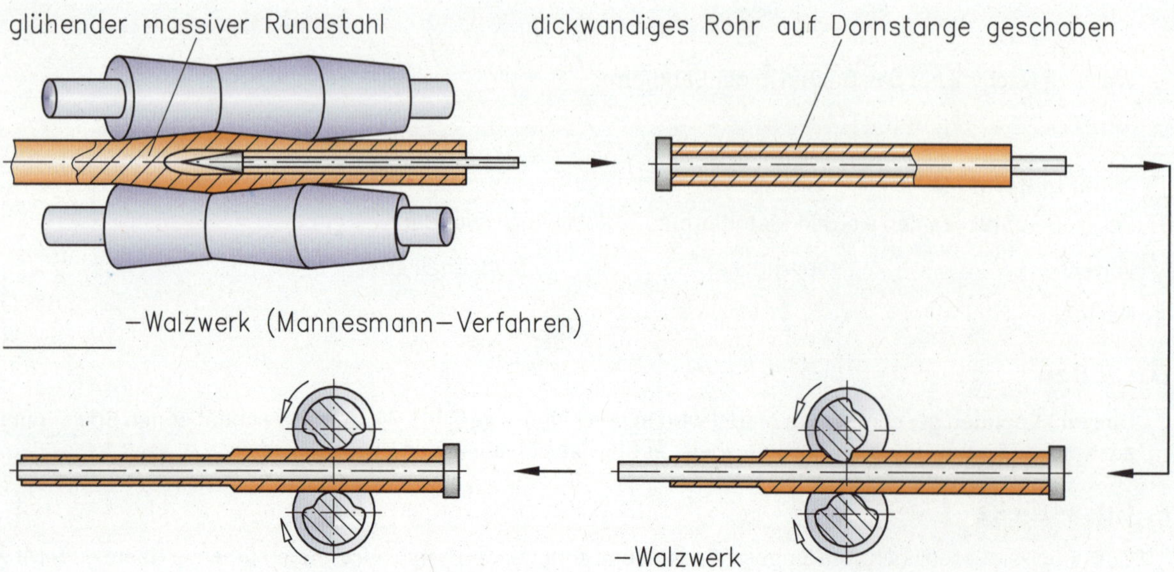

B. Ziehen

Vorgewalzte Halbzeuge werden vom Zunder befreit und anschließend kalt gezogen.

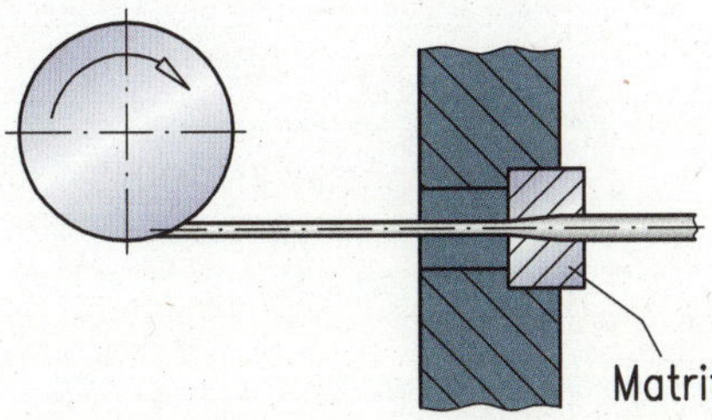

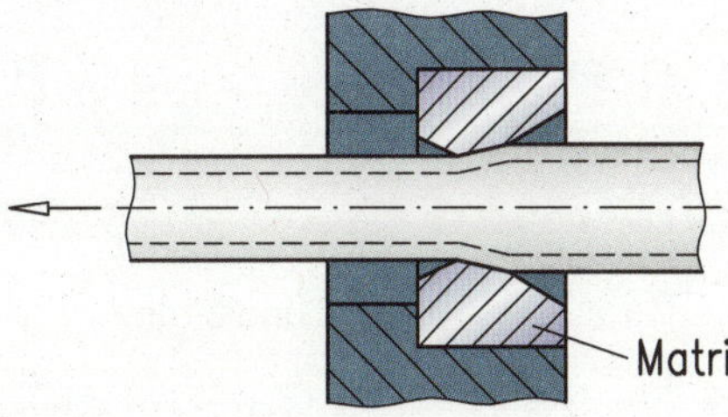

Welchen Vorteil bringt das Kaltziehen von Drähten, Rohren und Profilen?

____

C. Strangpressen

Komplizierte Profile können durch Walzen oder Ziehen nicht hergestellt werden.

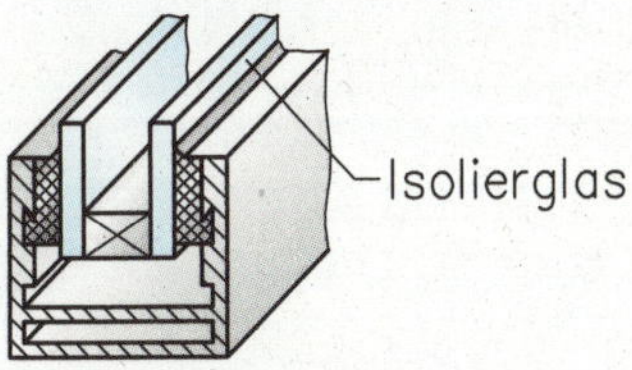

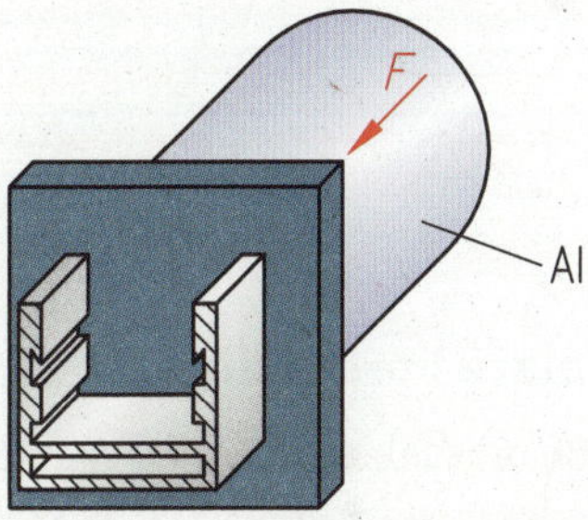

Beim Strangpressen wird ein glühender Metallblock durch eine profilierte Öffnung (= Matrize) gedrückt.
Dieses Verfahren ist besonders für Profile aus

______________________ geeignet.

D. Stranggießen

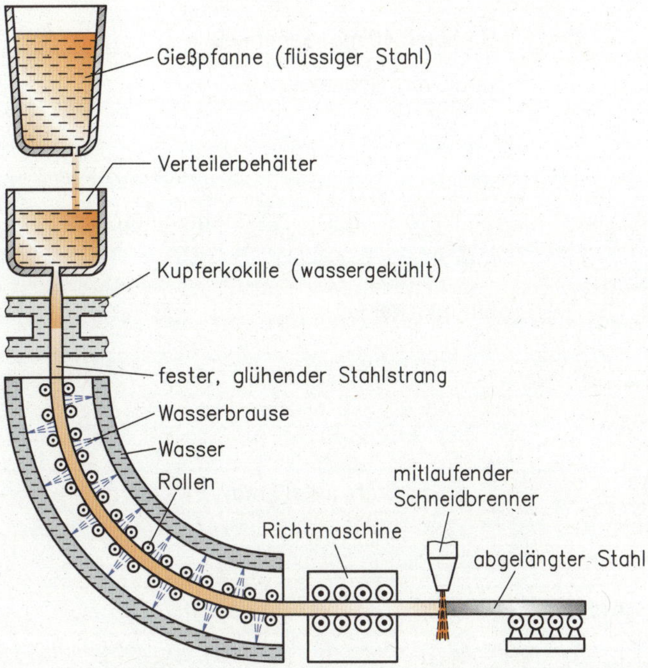

Der Verteilerbehälter speist mehrere wassergekühlte Kupferkokillen. Der feste, glühende Stahlstrang wird über Rollen umgelenkt und weiterbefördert. In einer Richtmaschine wird der abgekühlte Stahlstrang gerade gerichtet. Ein mitlaufender Schneidbrenner trennt den Stahlstrang zu Einzelstangen. Es können Vollprofile und einfache Hohlprofile hergestellt werden.

Metallbautechnik	Datum:	**Fertigen von Bauelementen mit handgeführten Werkzeugen** *Normung der Halbzeuge aus Stahl*	Lernfeld 1
Name:	Klasse:		**8**

Baustahl wird im ______ zu Halbzeugen weiterverarbeitet.

A. Warmgewalzte Stabstähle

	Beispiel	Beschreibung	Kurzzeichen
DIN EN 10058	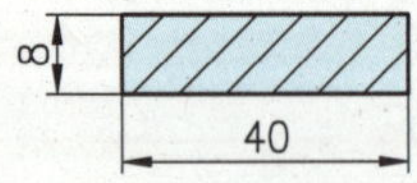	______ -Stahl mit 40 mm ______ und 8 mm ______	Flachstab EN 10058-40 x 8 x Länge (Fl 40 x 8)
DIN EN 10059	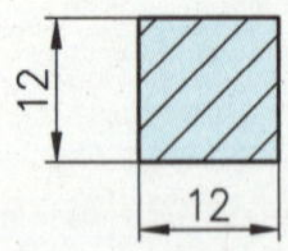	______ -Stahl mit 12 mm ______	______ (______)
DIN EN 10060	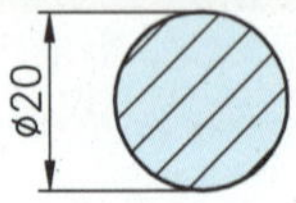	______ -Stahl mit 20 mm ______	______ (______ oder ______)
DIN EN 10061	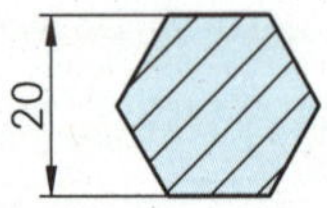	______ -Stahl mit 20 mm ______	______ (______)

B. Warmgewalzte Formstähle

Fehlende Maße müssen aus den Tabellen entnommen werden.

	Beispiel	Beschreibung	Kurzzeichen
DIN EN 10056-1	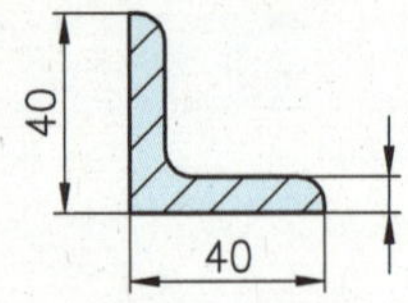	______ -schenkeliger ______ Stahl mit 40 mm Schenkel- ______ und 5 mm Schenkel- ______	L EN 10056-1-40 x 40 x 5 x Länge (Winkel 40 x 5 oder L 40 x 5)
DIN EN 10056-1	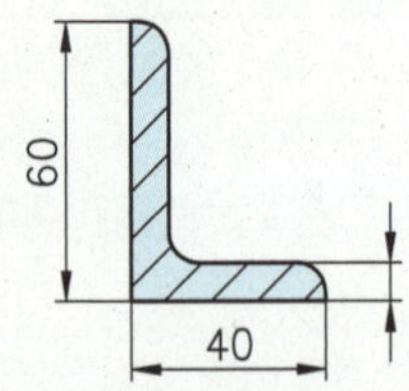	______ -schenkeliger ______ -Stahl mit 60 mm und 40 mm Schenkel- ______ und 6 mm Schenkel- ______	______ (______ oder ______)
DIN 1026-1	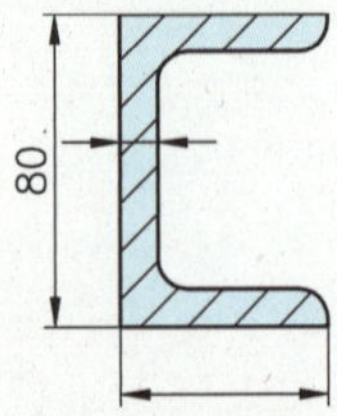	______ -Stahl mit 80 mm ______	______ (______)
DIN 1027	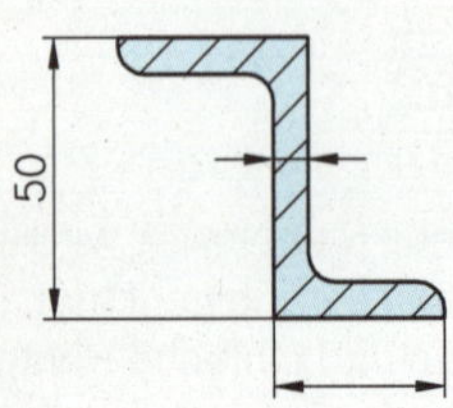	______ -Stahl mit 50 mm ______	______ (______)

	Beispiel	Beschreibung	Kurzzeichen
DIN EN 10055	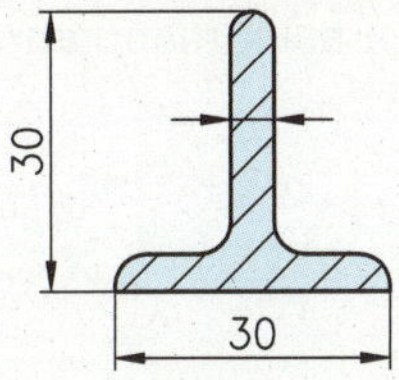	____ ____ -Stahl mit 30 mm Steg- ____ und gleicher Steg- ____	T-Profil EN 10055- T 30 x Länge (T 30)
DIN 1025-1	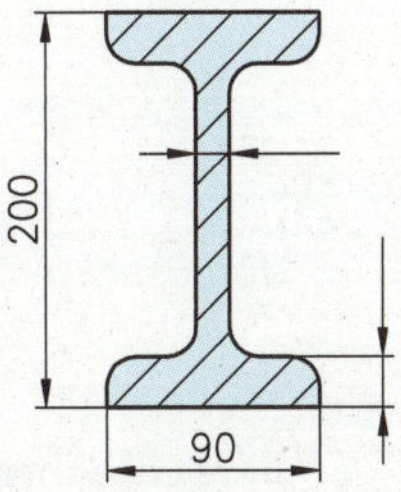	____ - Träger mit 200 mm ____	____ ____ ____ (____)
DIN 1025-2	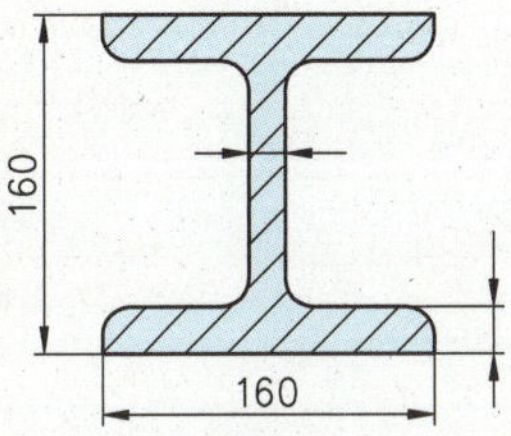	____ ____ - Träger mit 160 mm ____	____ ____ ____ oder nach EURO-Norm: ____ (____)
DIN 1025-5	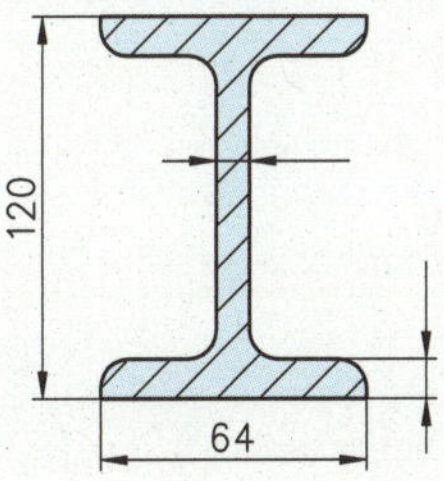	____ ____ - Träger mit 120 mm ____	____ ____ ____ (____)

C. Stahlbleche und Stahlbänder nach DIN EN 10130 zum Kaltumformen und Schweißen

Feinstbleche unter ____ mm, **Feinbleche** von ____ bis ____ mm,

Mittelbleche von ____ bis ____ mm, **Grobbleche** über ____ mm

Beispiel: Stahlblech nach DIN EN 10130, 0,4 mm dick, 1000 mm breit, 2 m lang.

Kurzzeichen: ____

D. Stahldraht, kaltgezogen

Beispiel: Stahldraht (EN 10218-2) mit 0,8 mm Dicke, verzinkt.

Kurzzeichen: ____

E. Geschweißte Rohre aus nicht rostendem Stahl nach DIN EN ISO 1127

Beispiel: Geschweißtes Edelstahlrohr, Außendurchmesser 25 mm, 2 mm Wandstärke, 2,5 m lang.

Kurzzeichen: ____

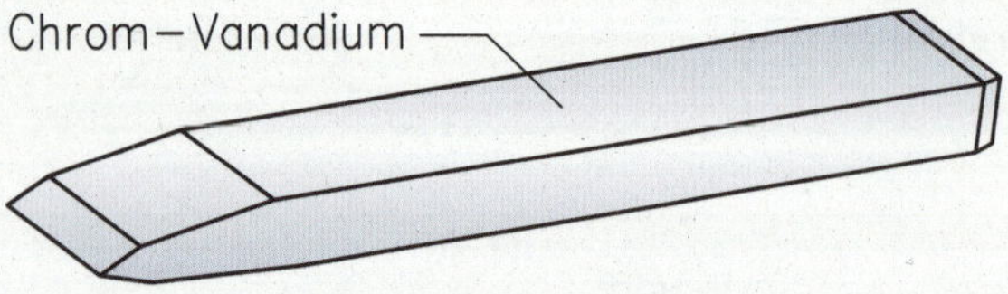

Im Stahl und Gusseisen können noch andere Beimengungen enthalten sein; man nennt sie Legierungselemente.

Dies können Metalle (z. B. ______________________________) oder auch Nichtmetalle (z. B. ______________________________) sein.

Kohlenstoff verbessert z.B. die Festigkeit, senkt jedoch die Schmied- und Schweißbarkeit.

Legierungselemente verbessern oder verschlechtern die ______________ von Stahl und Gusseisen.

Wichtige Legierungsmetalle	Die Eigenschaft wird verbessert	verschlechtert
Chrom		
Mangan		
Molybdän		
Nickel		
Vanadium		
Wolfram		
Wichtige Legierungs-Nichtmetalle		
Kohlenstoff		
Phosphor		
Schwefel		
Silizium		

Stähle und Eisen-Gusswerkstoffe unterscheiden sich in ihren Eigenschaften, in der Verwendung und in ihrer chemischen Zusammensetzung.

A. Stahlwerkstoffe

1. Nach der **Verwendung** unterscheidet man in der Metallbau- und Installationstechnik:

- ______________________, z. B. Stahlbau, Heizungsbau
- ______________________, z. B. Meißel, Bohrer
- ______________________, z. B. Fassaden, Abgasrohre, Geländer

Die umfangreiche Gruppe der Baustähle kann noch weiter unterteilt werden:
- Allgemeine Baustähle mit garantierter Mindeststreckgrenze, z. B. S235JR (früher St 37-2)
- Baustähle mit besonderen Eigenschaften, z. B. P355TR (früher St 44-3) für Rohre
- Baustähle, die sich zur Wärmebehandlung eignen, z. B. C60

2. Nach der **Zusammensetzung**

Die Kurznamen für die Eisenwerkstoffe wurden in Europa nach einheitlichen Normen gebildet. Die bisherige Normung wurde deshalb durch die neue DIN EN 10 027 ersetzt.

Unlegierte Stähle	Legierte Stähle
Stähle für den Stahlbau, z. B. S235JR Kennbuchstabe: ______ Verwendung: ______ ______ Eigenschaft: ______	Stähle mit ______ Legierungsbestandteilen Beispiel: 100WCr6. Kennbuchstabe: ______ Verwendung: Werkzeuge, z. B. ______ Eigenschaft: ______ ______
Druckbehälterstähle, z. B. P355TR Kennbuchstabe: ______ Verwendung: ______ ______ Eigenschaft: ______	Stähle mit ______ Legierungsbestandteil Beispiel: X150CrV12-1 Kennbuchstabe: ______ Verwendung: Hoch beanspruchte Werkzeuge und Maschinenteile Eigenschaft: ______ ______ ______
Maschinenbaustähle, z. B. E295 Kennbuchstabe: ______ Verwendung: ______ ______ Eigenschaft: ______ ______	______-Stähle Beispiel: HS2-9-1-8 Kennbuchstabe: ______ Verwendung: Hoch beanspruchte und hitzebeständige Werkzeuge Eigenschaft: ______ ______
Unlegierte Stähle mit Mn-Gehalt < 1 %, z. B. C60 Kennbuchstabe: ______ Verwendung: einfache Werkzeuge, z. B. ______ Eigenschaft: ______	

B. Normung unlegierter Stähle

Beispiel
S 235 JR + AR

(siehe Tabellenbuch)

1. **Stähle für den Stahlbau** haben den Kennbuchstaben ______.
   S235JR bedeutet: Das Hauptsymbol gibt die Mindest-______ an,
   im Beispiel ______ = ______.
   Für die Zusatzsymbole nehmen Sie das Tabellenbuch zu Hilfe:
   J: ______ + AR: ______
   R: ______ C: ______

2. **Stähle für den Druckbehälterbau**
   Kennbuchstabe: ______
   P355-SR: ______
   S: ______ R: ______
   X: ______ L: ______

3. **Stähle für den Maschinenbau**
   Kennbuchstabe: ______
   E295+SL: ______
   + SL: ______ + PL: ______

4. **Stähle für Rohrleitungen**
   Kennbuchstabe: ______
   L360+Z: ______
   + Z: ______ + S: ______

Unlegierte und legierte Stähle werden aber auch nach ihrer Güte unterschieden:

Unlegierte Qualitätsstähle	Legierte Qualitätsstähle
Sie besitzen besondere Eigenschaften	
Stahlbaustahl – gut schweiß- und schmiedbar Vergütungsstahl – hohe Festigkeit Maschinenbaustahl – große Festigkeit Feinkornbaustahl – sehr gut schweißbar Ausnahme: Kurzspanender Automatenstahl, da die Legierungsbestandteile Nichtmetalle sind.	Schienenstahl – gut witterungsbeständig Stahl mit sehr großer Mindestzugfestigkeit Legierte Qualitätsstähle sind reiner, besser härtbar und die Zusammensetzung ihrer Legierungselemente ist sehr genau.
Unlegierte Edelstähle	**Legierte Edelstähle**
Edelstähle sind besonders ______. Hergestellt werden z. B. ______. Je nach C-Gehalt sind unlegierte Qualitäts- und Edelstähle auch für die Wärmebehandlung geeignet.	Legierte Edelstähle sind z. B. ______ Stähle und eignen sich auch zur Wärmebehandlung. Weitere Verwendungen: **Werkzeugstahl**, z. B. ______ ______ **Schnellarbeitsstahl** für spanende Werkzeuge bei sehr hohen Arbeitstemperaturen, z. B. ______ ______

5. **Unlegierte Stähle mit sehr kleinem Mangangehalt** (unter 1%)

   Diese Stähle haben den Kennbuchstaben ________ und sind für die Wärmebehandlung bestimmt.

   C35: Das Hauptsymbol 35 gibt hier nicht die Mindeststreckgrenze, sondern den ________________

   -Gehalt von ________ = ________ % an.

6. **Erklären Sie folgende Kurzzeichen:**

   E335 ________________

   P360-BX ________________

   S275K2 ________________

   C60 ________________

   S355JO ________________

C. Normung legierter Stähle

1. **Legierte Stähle**

   Kennbuchstabe: ________

   100WCr6 bedeutet: Legierter Stahl mit ________ = ________ % ________________ ,

   ________ = ________ % ________ und ________________ Gehalt an ________________

   Teiler für legierte Eisenwerkstoffe (Auswahl)

: 4		: 10		: 100	
________	W	Aluminium	________	Schwefel	________
Chrom	________	Kupfer	________	________	C
Kobalt	________	Molybdän	________	Wasserstoff	________
Mangan	________	Tantal	________	Sauerstoff	________
Nickel	________	Titan	________	Stickstoff	________
Silizium	________	Vanadium	________	Phosphor	________

   Erklären Sie die Kurzzeichen der folgenden legierten Stähle.

   15Cr3 ________________

   9SMn28 ________________

   32WVCu5-5 ________________

   ! Bei mehr als einem Legierungsbestandteil werden die Zahlen durch ________________ getrennt.

2. Stähle mit hohem Legierungsbestandteil

Kennbuchstabe: ______

X150CrV12-1 bedeutet: legierter Stahl mit ______ = ______ % ______,

______ % ______ und ______ % ______.

! Bei diesen legierten Stählen beginnt das Zusammensetzungsteil mit einem ______. Kohlenstoff besitzt den Teiler ______, die Legierungsbestandteile werden in ______ angegeben.

Erklären Sie die Kurzzeichen der folgenden legierten Stähle:

X65CoWCr16-4 ______

______

X45WV6-3 ______

3. Schnellarbeitsstähle

Kennbuchstabe: ______

HS2-9-1-8 bedeutet: Schnellarbeitsstahl mit ______ % ______, ______ %

______, ______ % ______ und ______ % ______.

! Die Legierungselemente werden auch hier in ______ angegeben.

Die Legierungsbestandteile werden stets in der Reihenfolge Wolfram (W), Molybdän (Mo), Vanadium (V) und Kobalt (Co) angegeben (W-Mo-V-Co).

Erklären Sie die Kurzzeichen der beiden Schnellarbeitsstähle.

HS18-1-2-5 ______

HS8-2-4-3 ______

D. Normung der Gusseisen-Werkstoffe

Gusseisen mit Lamellengrafit (früher: Grauguss GG)	______	Stahlguss	______
Entkohlend geglühter Temperguss (früher: Weißer Temperguss GTW)	______	Gusseisen mit Kugelgrafit	______
Nicht entkohlend geglühter Temperguss (früher: Schwarzer Temperguss GTS)	______	Verschleißfestes Gusseisen	______

EN = Europäische Norm
G = Guss
J = Iron (Eisen)

L = Lamellengrafit
M = Temperkohle
S = Kugelgrafit

N = grafitfrei
B = black (nicht entkohlend)
W = white (entkohlend)

EN-GJL-300 Gusseisen mit ______ mit ______

EN-GJS-400 Gusseisen mit ______ mit ______

EN-GJMB-450 ______ mit ______

EN-GJMW-350 ______ mit ______

! Bei den Gusseisen-Werkstoffen steht zwischen dem EN-Zeichen und den Kennbuchstaben ein ______, ebenso vor der ______.

E. Werkstoffnummer

Neben der Normung nach DIN EN 10 027 gibt es noch Werkstoffnummern, die wegen der Datenverarbeitung eingeführt wurden. Sie können Tabellenbüchern entnommen werden.

So hat z. B. der Stahl ______ die Werkstoffnummer ______,

Temperguss ______ die Nummer ______.

A. Einteilung

Ordnen Sie ein: Aluminium, Blei, Kupfer, Magnesium, Zink, Zinn

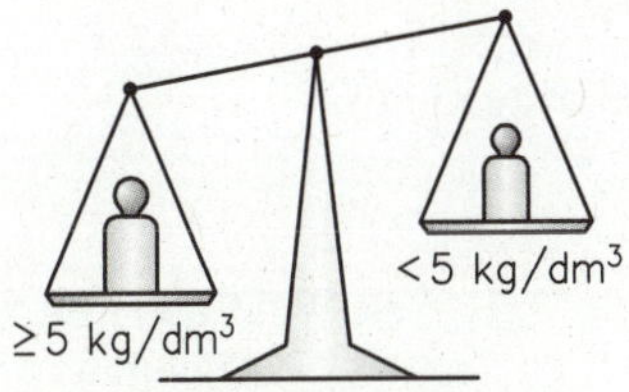

NE-__________ -Metalle: __________

NE-__________ -Metalle: __________

B. NE-Schwermetalle

Geben Sie in Stichworten (sehr gut, gut, groß, schlecht usw.) die Eigenschaften an. Folgern Sie aus den Eigenschaften die Verwendung.

Eigenschaften		Verwendung
Kupfer (______ **)**		
Dichte	8,9 kg/dm³	
Schmelzpunkt	1 083 °C	
Dehnbarkeit	______	______
Korrosionsbeständigkeit	______	______
Gießbarkeit	______	______
Wärmeleitfähigkeit	______	______
Kupfer überzieht sich an der Luft mit einer undurchlässigen Schutzschicht, der ______.		
Kommt Kupfer mit Essigsäure in Berührung, bildet sich der **giftige** ______.		
Blei (______ **)**		
Dichte	11,3 kg/dm³	
Schmelzpunkt	327 °C	
Dehnbarkeit	______	______
Korrosionsbeständigkeit	______	______
Gießbarkeit	______	______
Strahlenundurchlässigkeit	______	______
Vorsicht bei der Arbeit mit bleihaltigen Stoffen, sie sind sehr ______.		
Zinn (______ **)**		
Dichte	7,3 kg/dm³	
Schmelzpunkt	232 °C	
Dehnbarkeit	______	______
Korrosionsbeständigkeit	______	______
Gießbarkeit	______	______
Beim Biegen reiben sich die Kristalle; es entsteht ein Geräusch (= Zinn- ______).		
Unter – 20 °C zerfällt Zinn in ein graues Pulver (= Zinn- ______).		
Zink (______ **)**		
Dichte	7,1 kg/dm³	
Schmelzpunkt	419 °C	
Dehnbarkeit	______	______
Korrosionsbeständigkeit	______	______
Gießbarkeit	______	______

C. Legierungsbildung

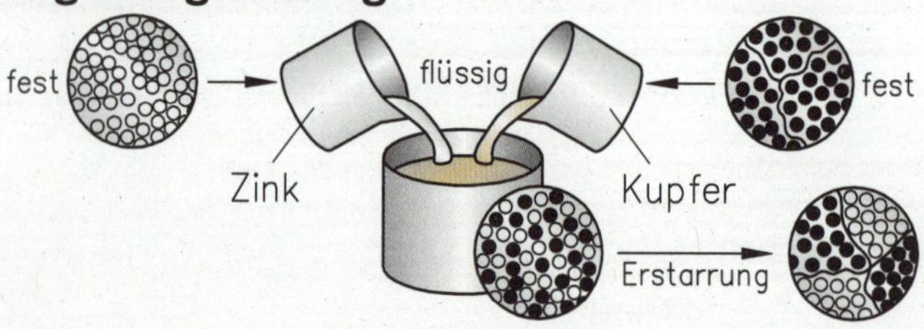

Mischgefüge aus Zink und Kupfer (= _____)

Wie wird die Mischung aus zwei oder mehreren Metallen im flüssigen Zustand bezeichnet?

_____

	Zink (Zn)	**Kupfer** (Cu)	**Cu-Zn-Legierung** (= Messing)
Schmelzpunkt (°C)	419	1 083	~ 900

Erkenntnis:
Durch Legieren werden die Eigenschaften der Grundmetalle _____ (z. B. der Schmelzpunkt). Legierungen haben stets einen _____ Schmelzpunkt als das Legierungsmetall mit dem höchsten Schmelzpunkt.

D. NE-Schwermetall-Legierungen

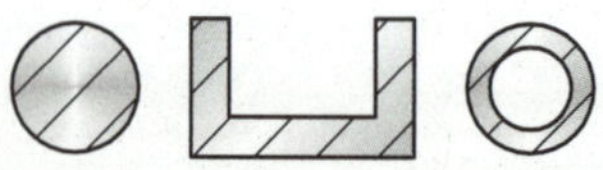

_____ -Legierung
Kennzeichen: _____

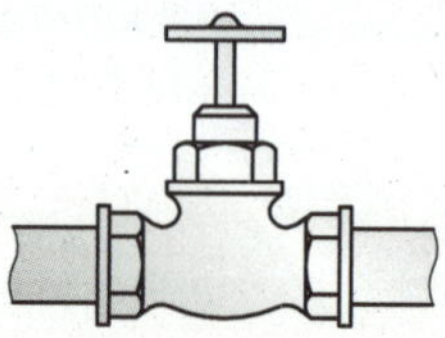

_____ -Legierung
Kennzeichen: _____

Legierung	Eigenschaften	Verwendung
_____ und _____ Cu-Zn-Legierung (= _____)	gut gießbar korrosionsbeständig	_____
_____ , _____ und _____ Cu-Sn-Zn-Legierung (= _____)	gut gießbar korrosionsbeständig	_____
_____ und _____ Cu-Sn-Legierung (= _____)	hart verschleißfest	_____
_____ und _____ Sn-Pb-Legierung (= _____) Kennzeichen _____	gut gießbar geringer Schmelzpunkt	_____
Kupfer, Nickel und Zink Cu-Ni-Zn-Legierung (= _____)	gut kalt umformbar gut löt- und schweißbar korrosionsbeständig	_____

Normung

CuSn14 _____

S-Pb60Sn40 _____

CuNi18Zn24 _____

CuZn40F30 _____

Manchmal werden im Behandlungsteil besondere Eigenschaften angegeben,

z. B. F30 _____

A. Gewinnung

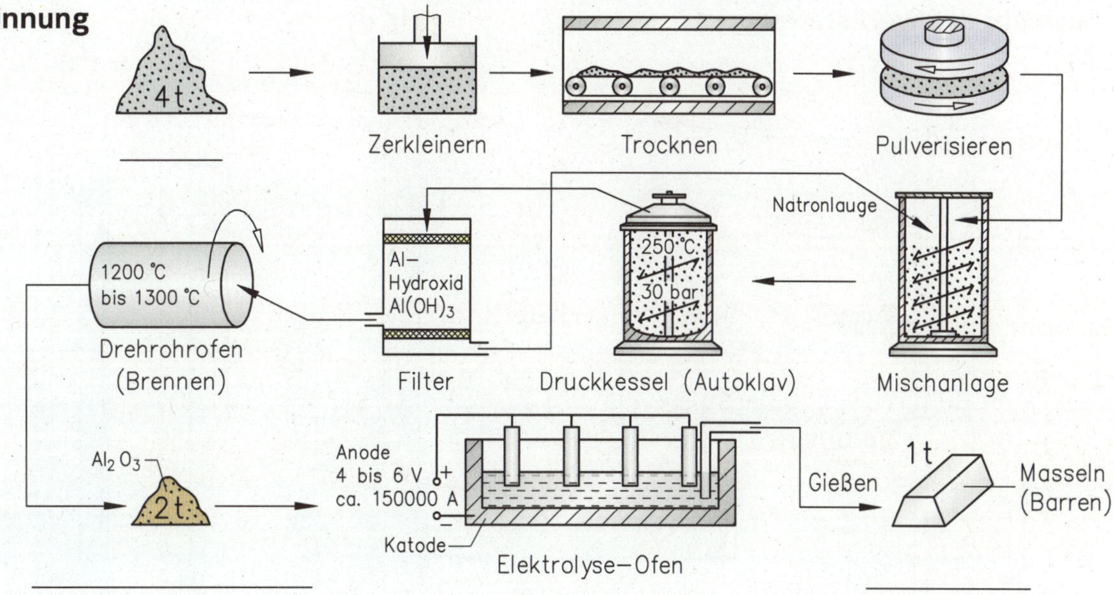

B. Normung

Beispiel: EN AC – Al Si 10 Mg 1 S F

Norm	Zusammensetzung	Gießverfahren	Werkstoffzustand
EN:	Si:	S:	O:
	Mg:	D:	F:
AC:	Al:	L:	
	Zahlenangaben in	K:	
AW:			

C. Eigenschaften und Verwendung

Eigenschaften		Verwendung
Dichte	2,7 kg/dm³	
Schmelzpunkt	659 °C	
Dehnbarkeit		
Korrosionsbeständigkeit		
Gießbarkeit		
Schweißbarkeit		
Lötbarkeit		
Klebbarkeit		
Zerspanbarkeit		
bei ______ Schnittgeschwindigkeit		

Durch **el**ektrisches **Ox**idieren wird Aluminium mit einer künstlichen Schutzschicht versehen = ______, das Verfahren heißt ______ -Verfahren.

D. Aluminium-Legierungen

Wie bei allen Metallen können auch bei Aluminium die Eigenschaften durch Legierungen verändert werden.

Legierungsmetalle: ______

A. Auswahl der Werkstoffe

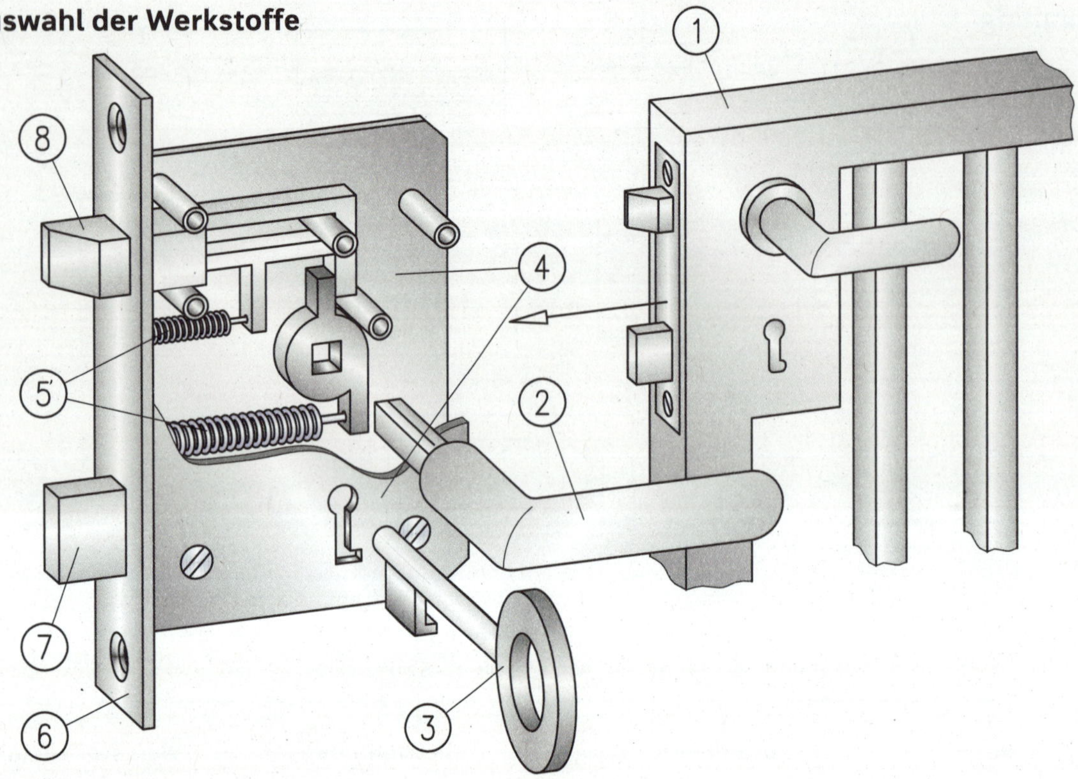

Schlagen Sie geeignete Werkstoffe vor.

Teil	Benennung	Werkstoff
1	Rahmen	
2	Türdrücker	
3	Schlüssel	
4	Schlossboden, Schlossdeckel	
5	Feder	
6	Stulp	
7	Riegel	
8	Falle	

Werkstoffe sollen so ausgewählt werden, dass sie den technischen Anforderungen gerecht werden und die Funktion des Bauteils gewährleisten.
Welche Grundsätze müssen bei der Herstellung beachtet werden? Denken Sie dabei an die Kosten, den Energieverbrauch und die Umwelt!

Bei der Werkstoffauswahl muss auch die Wiederverwertbarkeit sorgfältig überdacht werden. Dadurch können Rohstoffe (z. B. Erze) gespart, der Verbrauch an Energie (z. B. Strom) gesenkt, Kosten verringert und die Umwelt geschont werden.

Wie wird die Wiederverwendbarkeit der Werkstoffe bezeichnet?

Anwendung	Werkstoff	Eigenschaft
Träger, Stützen		hohe ____________ = ____________ Eigenschaft
Fenster, Türen		____________ -beständig = ____________ Eigenschaft
Dachrinnen, Abdeckungen		gut ____________ = ____________ Eigenschaft

A. Physikalische Eigenschaften

1. Kohäsion, Adhäsion

Die Kraft, die Moleküle des **gleichen** Stoffes anzieht, ist die Zusammenhangskraft oder Kohäsion.

Feste Stoffe	Flüssige Stoffe	Gasförmige Stoffe
____________ Kohäsion	____________ Kohäsion	____________ Kohäsion

Die Kraft, die Moleküle **verschiedener** Stoffe anzieht, ist die Anhangskraft oder Adhäsion.

2. Spannung, Festigkeit

Körper können verschieden belastet sein. Geben Sie die Wirkung der skizzierten Kräfte an.
Nennen Sie Beispiele für die Anwendung.

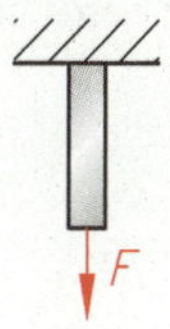	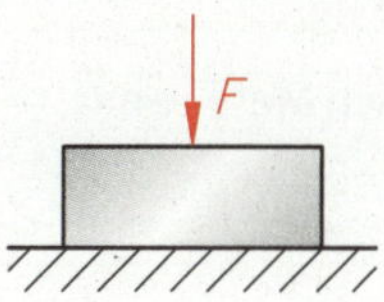	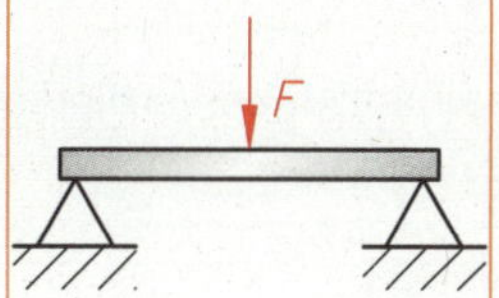	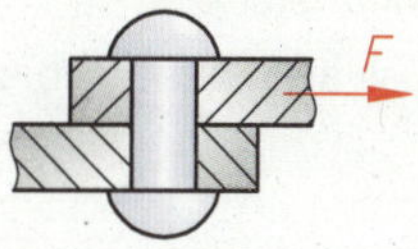	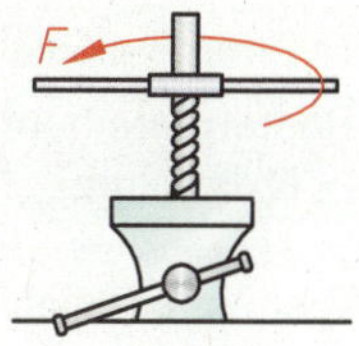

Die Moleküle setzen jeder Belastung einen Widerstand entgegen. Dieser Widerstand heißt Spannung. Die Spannung bei Bruch bezeichnet man als Festigkeit.

3. Elastizität, Dehnung

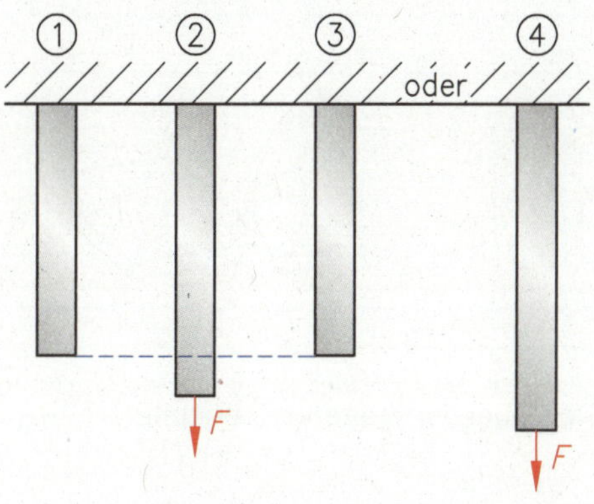

① Der Körper ist unbelastet.

② Durch Krafteinwirkung wird der Körper belastet; der Körper ____________ sich.

③ Geht der Körper nach der Belastung wieder in seine ursprüngliche Form zurück, ist er ____________.

④ Wird die Elastizität des Körpers überschritten, so ist die Verformung bleibend, der Werkstoff ist im plastischen Bereich.

4. Härte, Sprödigkeit, Zähigkeit

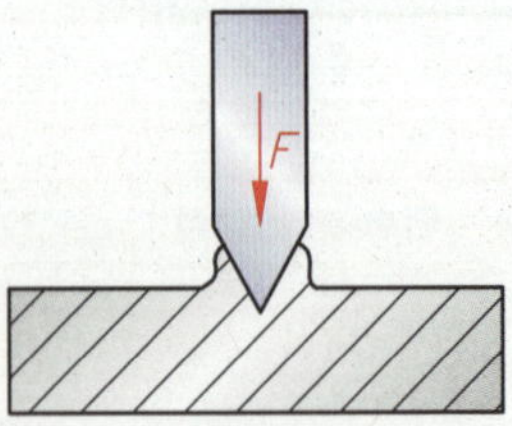
Stahl

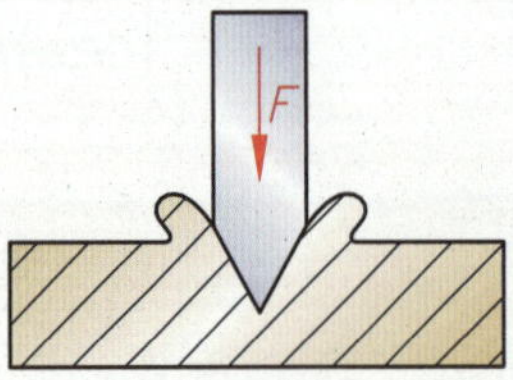
Kupfer

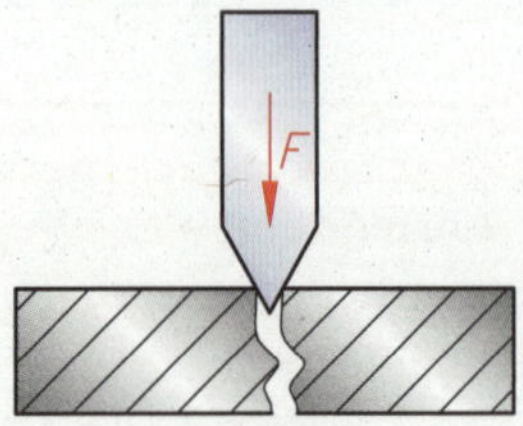
Guss

Stahl setzt dem Eindringen des Meißels einen größeren Widerstand entgegen als Kupfer.
Begründen Sie dies: ______________________________
______________________________ .

Guss bricht, ohne sich vorher zu verformen; er ist ein ______________ Werkstoff. Das Gegenteil von spröde ist ______________ .

5. Leitfähigkeit

______________ –Leitfähigkeit

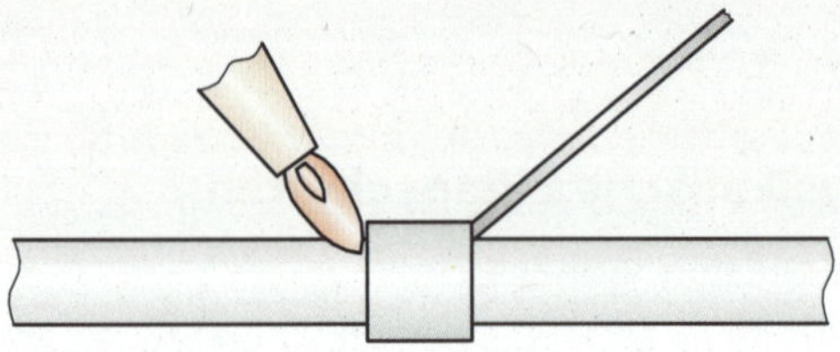
______________ –Leitfähigkeit

B. Chemische Eigenschaften

1. Korrosionsbeständigkeit

Ungeschützte Stahlteile können durch Feuchtigkeit rosten.

Wie heißt dieser Vorgang? ______________________________

Korrosion entsteht besonders dann, wenn Metalle mit Säuren oder Laugen in Verbindung kommen. Es gibt allerdings auch Metalle, die gegen Säuren und Laugen beständig sind.

Nennen Sie solche Edelmetalle. ______________________________

Rosten wird häufig auch als Oxidation bezeichnet; dabei verbinden sich Metalle mit ______________ (= Oxigenium).

Weitere chemische Eigenschaften der Stoffe sind:

2. ______________________________ , z. B. Benzin, Propan

3. ______________________________ , z. B. Bleimennige, Säuren, Laugen

C. Technologische Eigenschaften

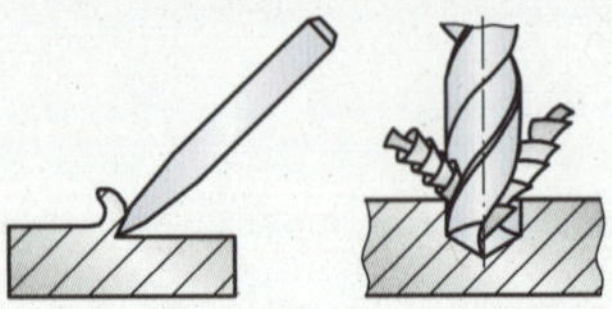 ______________	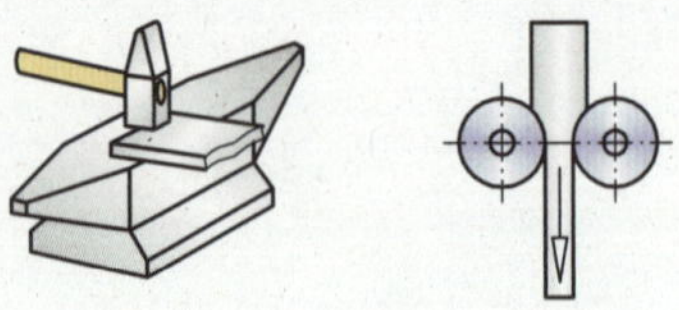 ______________ - und ______________	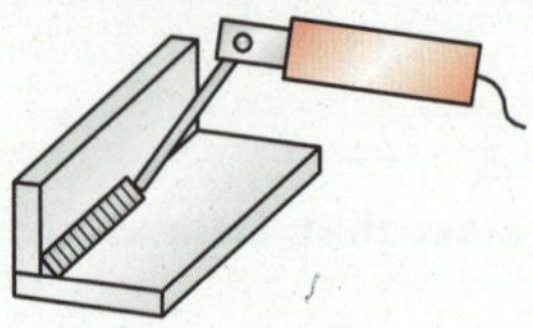 ______________
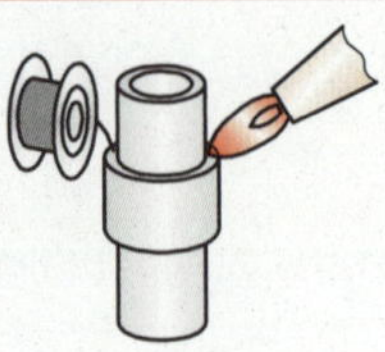 ______________	 ______________	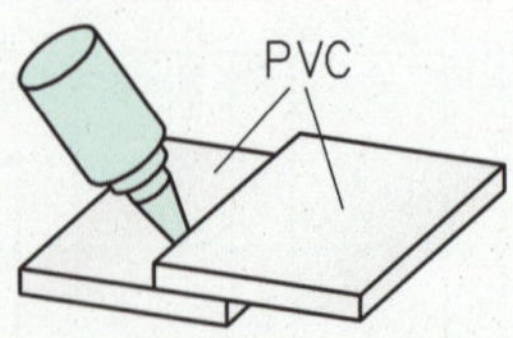 ______________

Technologische Eigenschaften bestimmen also das Verhalten der Stoffe bei der Weiterverarbeitung.

A. Atomarer Aufbau

Alle Metallatome haben auf ihrer äußeren Schale sehr wenig Elektronen (Eisen besitzt z. B. 2, Aluminium 3 und Kupfer 2 Elektronen).

Weil die Anzahl der positiv geladenen Protonen genauso groß ist wie die Anzahl der negativ geladenen Elektronen, ist jedes Atom neutral.

Bei den Metallen sind die Elektronen auf der Außenhülle nicht sehr fest an den Kern gebunden und werden abgegeben. Man nennt sie freie Elektronen. Dadurch ist das elektrische Gleichgewicht im Atom gestört.

Aufbau des Eisenatoms

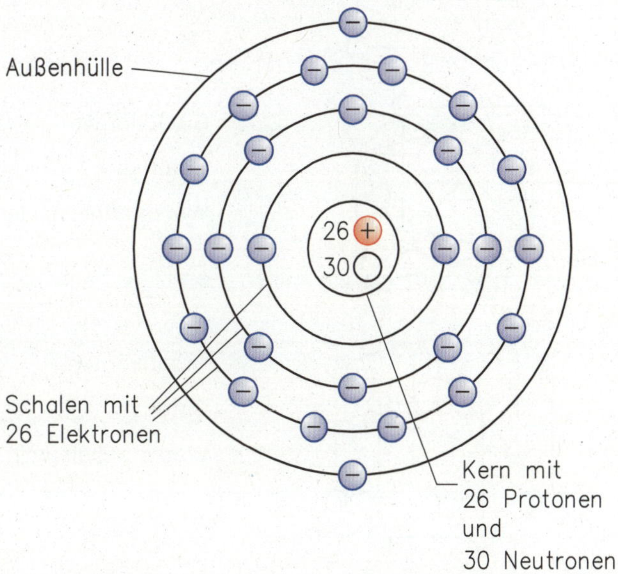

Welche elektrische Ladung überwiegt?

Die negativ geladenen freien Elektronen und die positiv geladenen Atome (= positive Ionen) ziehen sich gegenseitig an und sind die Bindungskräfte der Kristalle.

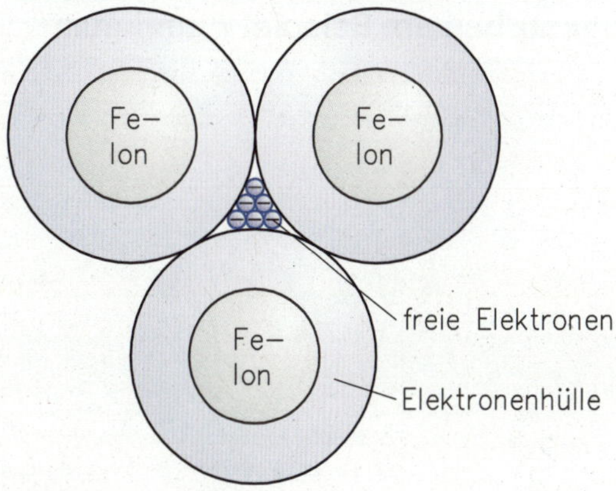

B. Kristalliner Aufbau

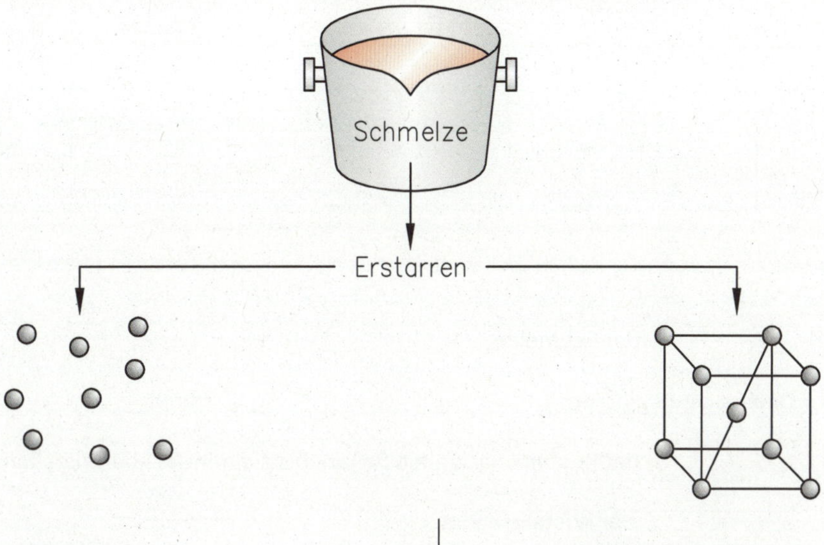

Anordnung der Atome:

= amorph
z. B. Glas, Schlacke

Anordnung der Atome:

=

z. B. Eisen, Chrom, Wolfram, also

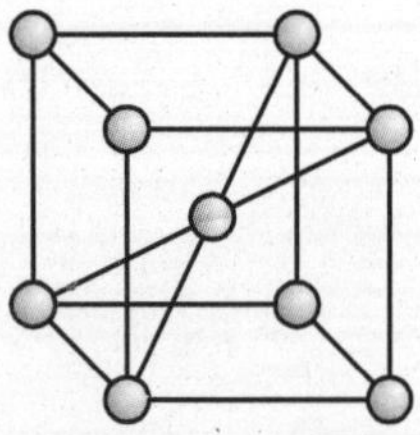

Grundkörper :
Gittertyp :
Werkstoffbeispiele:

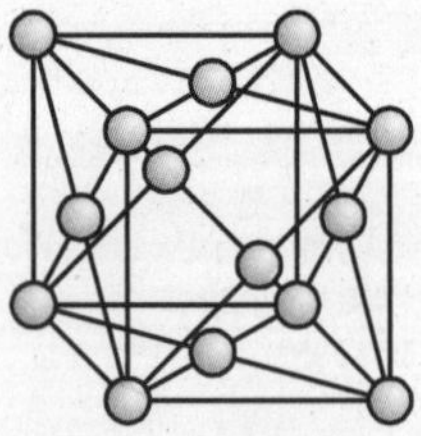

Grundkörper :
Gittertyp :
Werkstoffbeispiele:

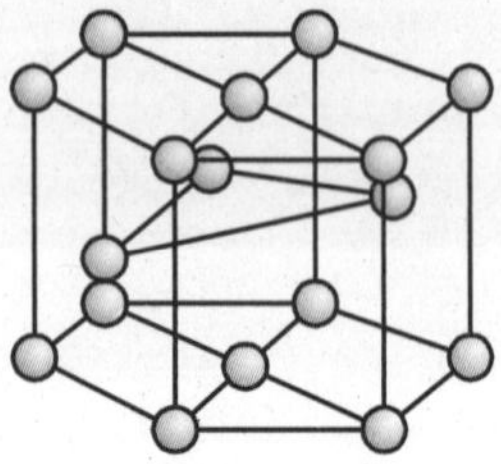

Grundkörper :
Gittertyp :
Werkstoffbeispiele:

C. Gefügeaufbau am Beispiel Aluminium

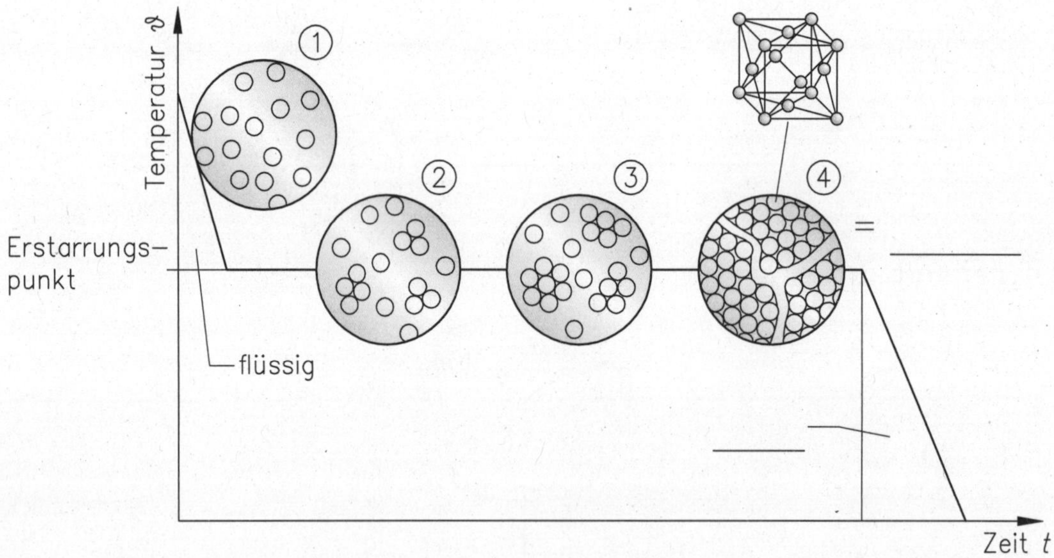

① ____________ der Schmelze.

② Die Atome ordnen sich; Beginn der ____________ oder ____________.

③ ____________ der Kristalle nach allen Seiten, bis sie mit Nachbarkristallen zusammenstoßen.

④ ____________ der Kristallisation.

Ausgangsstoffe: ______

Zwischenprodukte: Acetylen, Benzol u. a.
Aus den Zwischenprodukten werden durch chemische Umwandlungen die Kunststoffe hergestellt.

A. Chemischer Aufbau

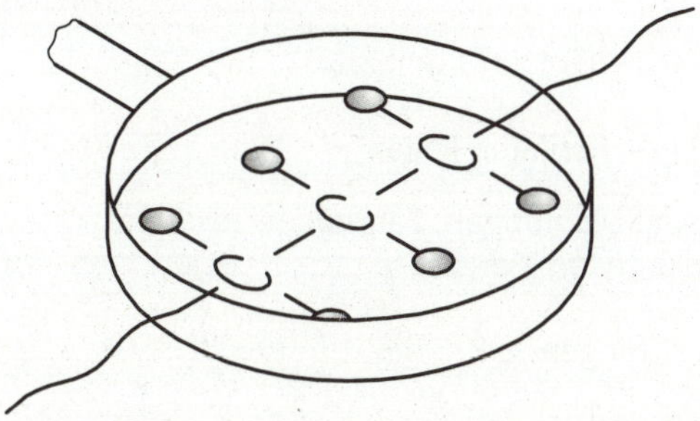

Kunststoffe sind chemische Verbindungen (Synthese = Zusammenschluss) mit dem Element Kohlenstoff. Das fadenförmige Großmolekül wird als Makromolekül bezeichnet.

B. Anordnung der Fadenmoleküle

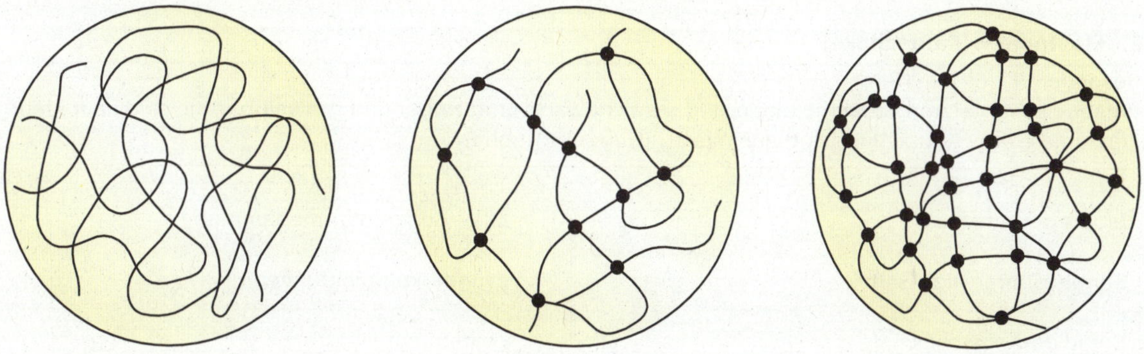

______

Durch Zufuhr von Wärme (= Thermos) werden die Fadenmoleküle formbar (= ______): ______ oder ______.

Nach dem Abkühlen sind sie wieder fest.

______ vernetzt | ______ vernetzt

Durch Zufuhr von Wärme werden vernetzte Fadenmoleküle nicht ______.

Weite Vernetzung → ______ Beweglichkeit der Moleküle; sie sind ______-artig: ______.

Enge Vernetzung → ______ Beweglichkeit der Moleküle; sie bleiben ______: ______ oder ______.

C. Eigenschaften und Verwendungen

Eigenschaften	Verwendungen
Dichte ______	
Elektrische Leitfähigkeit ______	
Wärmeleitfähigkeit ______	
Chemische Beständigkeit ______	
Witterungsbeständigkeit ______	

D. Wichtige Kunststoffe

1. Thermoplaste

Besondere Eigenschaften:
Sie sind warm umformbar (z. B. ______________), schmelzbar (______________) und klebbar.

Poly**v**inyl**c**hlorid	hart		Rohre, Behälter, Isolierstoffe
	weich		
Acrylglas (= ______________ -Glas)			Schutzbrillengläser, Sanitärartikel, Bedachungen
Poly**s**tyrol			Wärmedämmplatten, z. B. ______________
Poly**e**thylen			Rohre, Behälter, Folien
Poly**a**mide			Seile, Dichtungen, Zahnräder, Textilfasern (z. B. Nylon, Perlon)
Poly**t**etra**f**luor**e**thylen			Dichtungen (z. B. Teflon)
Poly**p**ropylen			Fittings, Pumpengehäuse
Styrol/**B**utadien			Behälter, Elektroinstallation
Poly**c**arbonat			Gehäuse, Schalter, Lacke

2. Elastomere (Kautschuke)

Besondere Eigenschaften:
Wegen der vernetzten Fadenmoleküle sind sie nicht warm umformbar und schweißbar, sie sind aber klebbar.
Elastomere oder Kautschuke sind gummiartig (Gummi = **R**ubber).

Isopren-Kautschuk		LKW-Reifen, Wärmedämmung
Styrol-**I**sopren-**K**autschuk		Zylinderkopfdichtungen
Butadien-Kautschuk		Keilriemen

3. Duroplaste

Besondere Eigenschaften:
Sie verhalten sich wie die Elastomere.

Poly**ur**ethanharz		Schaum als Wärmedämm- und Füllstoff
Epoxidharz		Lacke, Kleber
Ungesättigtes **P**olyesterharz		Wellplatten, Metallkleber, Lacke

Dem Duroplast werden häufig Füllstoffe (z. B. Glasfaser) beigemengt. Dadurch werden günstige Eigenschaften verstärkt, z. B. Erhöhung der Festigkeit.

Bezeichnung: ______________

Kunststoff + Glasfaser = ______________ = ______________

Anwendungsbeispiele: ______________

4. Silikone

Bei den **Si**likon-Kunststoffen wird statt des Kohlenstoffes Silizium verwendet.
Besondere Eigenschaften: Ölfest, temperaturbeständig

Anwendungsbeispiele: ______________

E. Bestimmung der Kunststoffarten

Die Eigenschaften der verschiedenen Kunststoffe unterscheiden sich. Vor der Verarbeitung, z. B. durch Bohren, Kleben oder Schweißen, muss durch einfache Prüfverfahren die Kunststoffart festgestellt werden.
Dadurch können geeignete Werkzeuge, Klebstoffe oder Schweißgeräte optimal eingesetzt werden.

Beachte! Bei der Brennprüfung der Kunststoffproben können die ca. 200 °C heißen Kunststofftropfen Hautverbrennungen hervorrufen.
Vorsicht! Lösungsmittel können giftig, brennbar und ätzend wirken. Augendusche bereitstellen, Schutzbrille und Schutzhandschuhe verwenden.

F. Unterscheidungsmerkmale der Thermoplaste (Auswahl)

	Polyethylen	**Polyvinylchlorid** hart	**Polymethylmethacrylat** = Acrylglas	**Polystyrol**	**Polypropylen**
Schwimmprobe Sie trennt die Kunststoffe in Stoffe, die leichter oder schwerer sind.	Entnehmen Sie die Dichte einem Tabellenbuch: Dichte ______ $\frac{kg}{dm^3}$	Dichte ______ $\frac{kg}{dm^3}$	Dichte ______ $\frac{kg}{dm^3}$	Dichte ______ $\frac{kg}{dm^3}$	Dichte ______ $\frac{kg}{dm^3}$
Brennverhalten außerhalb der Flamme	Brennt nicht rußend, tropft brennend ab	Schwer entzündbar, erlischt ohne Zündquelle	Brennt nicht rußend, tropft	Brennt rußend, tropft brennend ab	Brennt nicht rußend, tropft brennend ab
Bruchverhalten durch Hin- und Herbiegen	unzerbrechlich	unzerbrechlich	sprödbrüchig	sprödbrüchig	unzerbrechlich
Gebrauchstemperatur über längere Zeit	60–100 °C	60–70 °C	70–100 °C	55–85 °C	100–110 °C
Geruch der Schwaden nach Verlöschen der Flamme	paraffinartig (kerzenwachsartig)	stechend nach Salzsäure	fruchtartig	süßlich nach Gas	paraffinartig (kerzenwachsartig)
Besondere Merkmale	Wachsartige Oberfläche, beständig gegen schwache Säuren und Laugen, witterungsbeständig, mit Fingernagel ritzbar	Beständig gegen Laugen und schwache Säuren, bedingt witterungsbeständig	Sehr gute Lichtdurchlässigkeit, beständig gegen schwache Säuren und Laugen, witterungsbeständig	Kratzfest, beständig gegen Laugen und schwache Säuren, nicht witterungsbeständig	Kratzfest, beständig gegen Laugen und schwache Säuren, witterungsbeständig

Auswertungsplan für gebräuchliche thermoplastische Kunststoffe (Auswahl)

Empfehlung der Maße für die Kunststoffprobe: Länge: 60 mm, Breite: 10 mm, Dicke: 1 mm

Kunststoffprüfungsangaben	PVC-U	PVC-P	PC	SB	PS	PMMA	PA	PP	PE
Schwimmprüfung im Wasser:									
Kunststoff schwimmt →								PP	PE
Kunststoff sinkt →	PVC-U	PVC-P	PC	SB	PS	PMMA	PA		
Brennprüfung des Kunststoffes ohne weitere Wärmezufuhr nach dem Anzünden:									
Kunststoff brennt nicht rußend →						PMMA	PA	PP	PE
Kunststoff brennt rußend →				SB	PS				
Kunststoff brennt, Brennstelle verkohlt, Flamme wird immer kleiner und erlischt →		PVC-P	PC						
Brennender Kunststoff erlischt →	PVC-U								
Lösungsmittelprüfung mit 1 Tropfen Xylol. Einwirkdauer ca. 30 Sekunden:									
Kunststoff klebt →				SB	PS				
Kunststoff klebt nicht →	PVC-U	PVC-P	PC			PMMA	PA	PP	PE
Kunststoffoberfläche wird angegriffen, wird matt →									
Lösungsmittelprüfung mit 1 Tropfen Essigsäureäthylester. Einwirkdauer ca. 30 Sekunden:									
Kunststoff klebt →			PC	SB	PS				
Kunststoff klebt nicht →	PVC-U	PVC-P				PMMA	PA	PP	PE
Kunststoffoberfläche wird angegriffen, wird matt →									
Beilsteinprüfung: Ein Kupferdraht wird ausgeglüht und damit sofort die Kunststoffprobe berührt. Der Kupferdraht wird wieder in die Flamme gehalten:									
Grüne Flammenfärbung →	PVC-U	PVC-P							
Keine grüne Flammenfärbung →			PC	SB	PS	PMMA	PA	PP	PE
Fingernagelritzprüfung:									
Kratzspuren auf der Kunststoffoberfläche →									PE
Keine Kratzspuren →								PP	
Rauchgeruchsprüfung. Der Kunststoff wird angezündet und die Flamme ausgeblasen:									
Rauch riecht sehr stechend →	PVC-U								
Rauch riecht nach verbranntem Horn (Fingernägel) →							PA		
Rauch riecht etwas süßlich, fruchtartig →						PMMA			
Völlig andere Gerüche →									
Abbrechprüfung. Der Kunststoff wird 2- bis 3-mal hin- und hergebogen. Bei einem Proben-Bruch:									
Spröder Bruch (Splitterbruch) →					PS	PMMA			
Kein Splitterbruch, Bruchstelle wird weiß →				SB					

Auswertungsplan für gebräuchliche thermoplastische Kunststoffe (Auswahl)

Empfehlung der Maße für die Kunststoffprobe: Länge: 60 mm, Breite: 10 mm, Dicke: 1 mm

Kunststoffprüfungsangaben:	**Kunststoffproben-Nummer**						
	1	**2**	**3**	**4**	**5**	**6**	**7**
Schwimmprüfung im Wasser							
Kunststoff schwimmt							
Kunststoff sinkt							
Brennprüfung des Kunststoffes ohne weitere Wärmezufuhr nach dem Anzünden:							
Kunststoff brennt nicht rußend							
Kunststoff brennt rußend							
Kunststoff brennt, Brennstelle verkohlt, Flamme wird immer kleiner und erlischt							
Brennender Kunststoff erlischt							
Lösungsmittelprüfung mit 1 Tropfen Xylol. Einwirkdauer ca. 30 Sekunden:							
Kunststoff klebt							
Kunststoff klebt nicht							
Kunststoffoberfläche wird angegriffen, wird matt							
Lösungsmittelprüfung mit 1 Tropfen Essigsäureäthylester. Einwirkdauer ca. 30 Sekunden:							
Kunststoff klebt							
Kunststoff klebt nicht							
Kunststoffoberfläche wird angegriffen, wird matt							
Beilsteinprüfung: Ein Kupferdraht wird ausgeglüht und damit sofort die Kunststoffprobe berührt. Der Kupferdraht wird wieder in die Flamme gehalten:							
Grüne Flammenfärbung							
Keine grüne Flammenfärbung							
Fingernagelritzprüfung:							
Kratzspuren auf der Kunststoffoberfläche							
Keine Kratzspuren							
Rauchgeruchsprüfung. Der Kunststoff wird angezündet und die Flamme ausgeblasen:							
Rauch riecht sehr stechend							
Rauch riecht nach verbranntem Horn (Fingernägel)							
Rauch riecht etwas süßlich, fruchtartig							
Völlig andere Gerüche							
Abbrechprüfung. Der Kunststoff wird 2- bis 3-mal hin- und hergebogen. Bei einem Proben-Bruch:							
Spröder Bruch (Splitterbruch)							
Kein Splitterbruch, Bruchstelle wird weiß							
Farbe der Kunststoffprobe							
Kunststoffbenennung							

Thermoplaste verringern bei Erwärmung bis zum thermoelastischen Bereich ihre Festigkeit und können dann beliebig verformt werden. Nach Abkühlen ist ihre neue Form stabil.

A. Biegen eines Rohres aus PVC-U

Benennen Sie die Arbeitsschritte 1 bis 7.

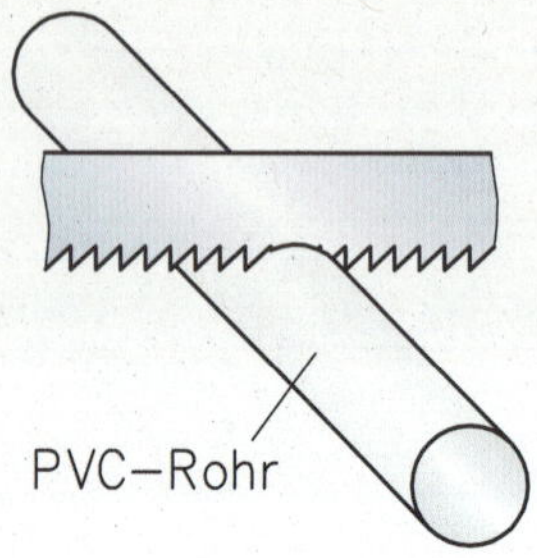

1. ______________________

Beachte!
Schnittstellen mit Rohrentgrater oder Ziehklinge entgraten.

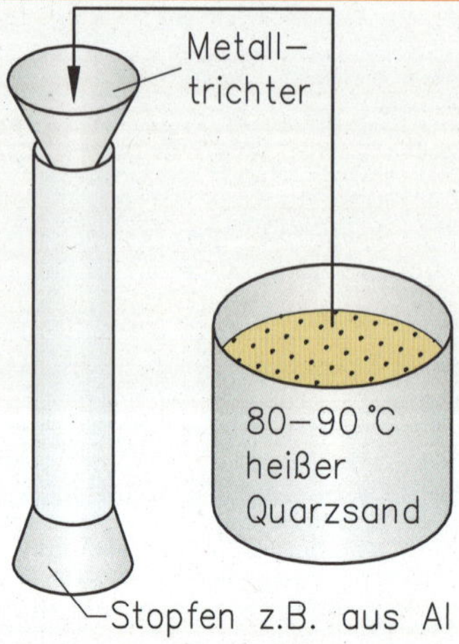

2. ______________________

Vorsicht!
Bei höherer Temperatur brennt sich der Sand an der Rohrwandung fest.

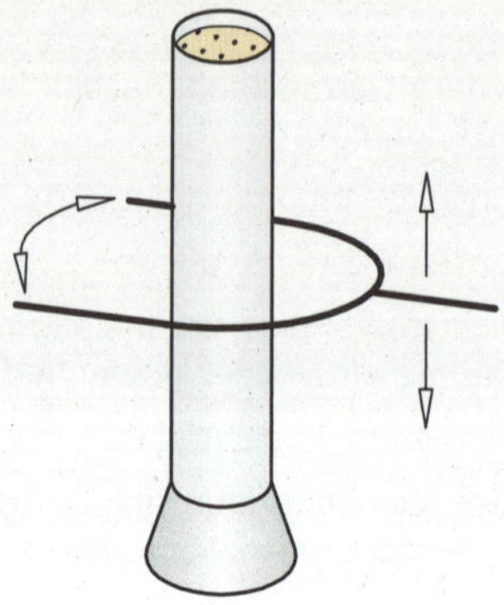

3. ______________________

Nicht vergessen!
Sand mit dem Rütteleisen oder mit dem Hammer gut verdichten, sonst Faltenbildung und Querschnittsveränderungen.

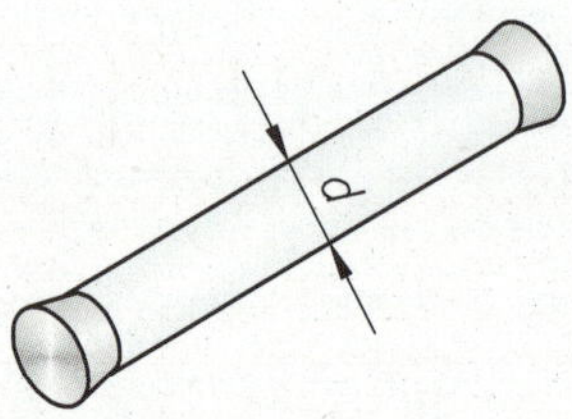

4. ______________________

Aus dem Hohlprofil ist ein Vollprofil entstanden.

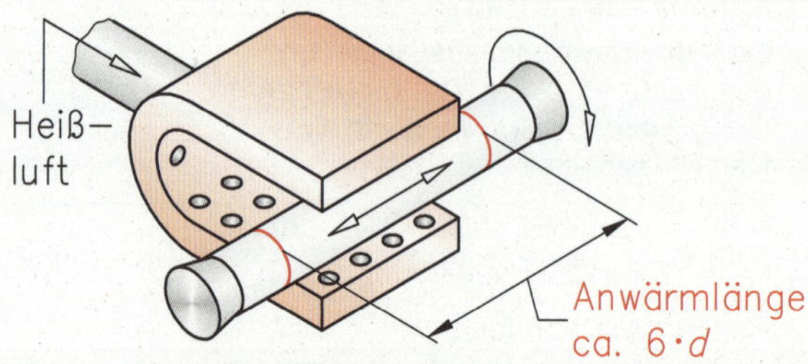

5. ______________________

Die Temperatur der Biegezone für PVC-U beträgt 120 bis 140 °C.

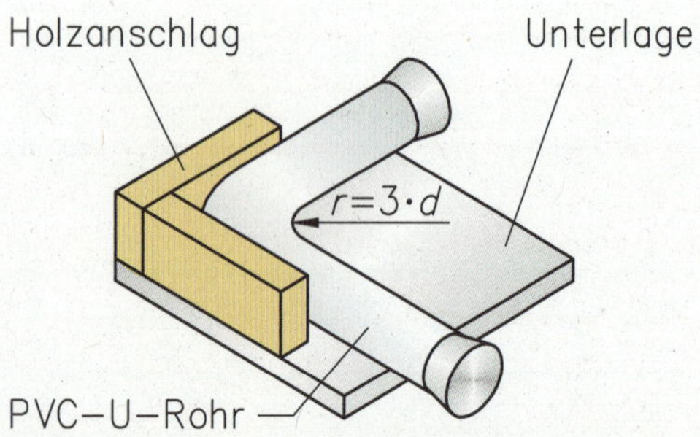

6. ______________________

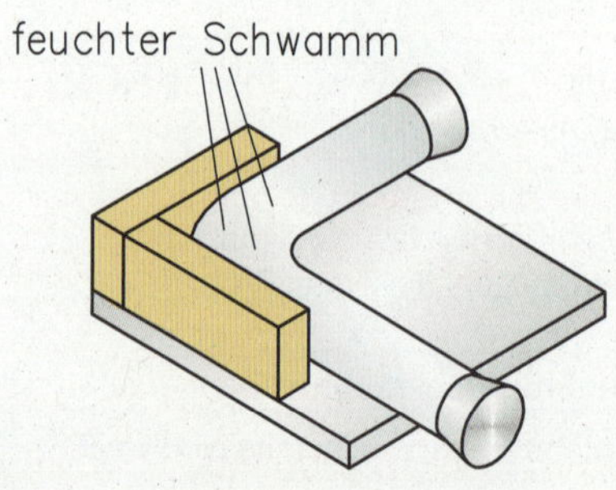

7. ______________________

B. Biegen einer Acrylglasplatte

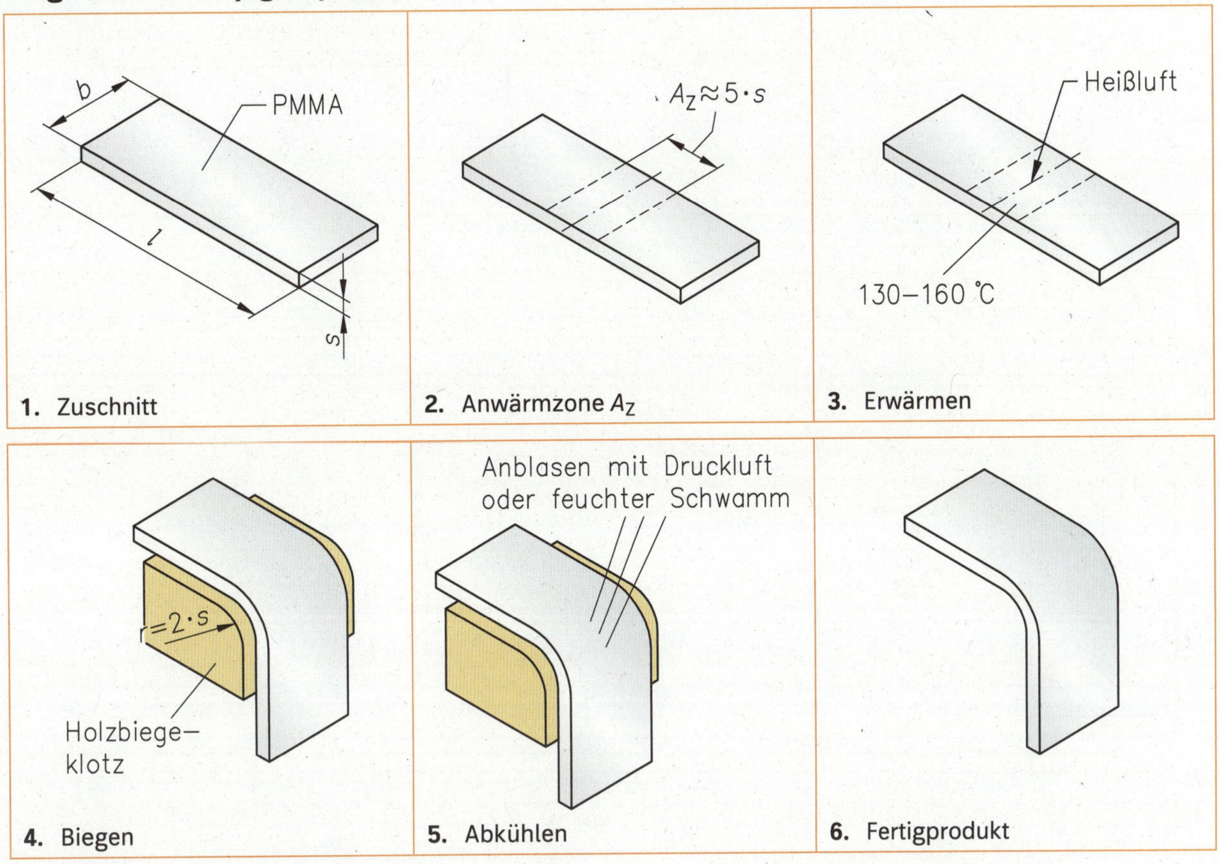

1. Zuschnitt
2. Anwärmzone A_Z
3. Erwärmen
4. Biegen
5. Abkühlen
6. Fertigprodukt

C. Umformen durch Blasen

Durch Warmumformen im thermoplastischen Bereich können Thermoplaste (z. B. Acrylglas-PMMA) verformt werden.

Warmumformen einer PMMA-Platte (Tiefziehen)

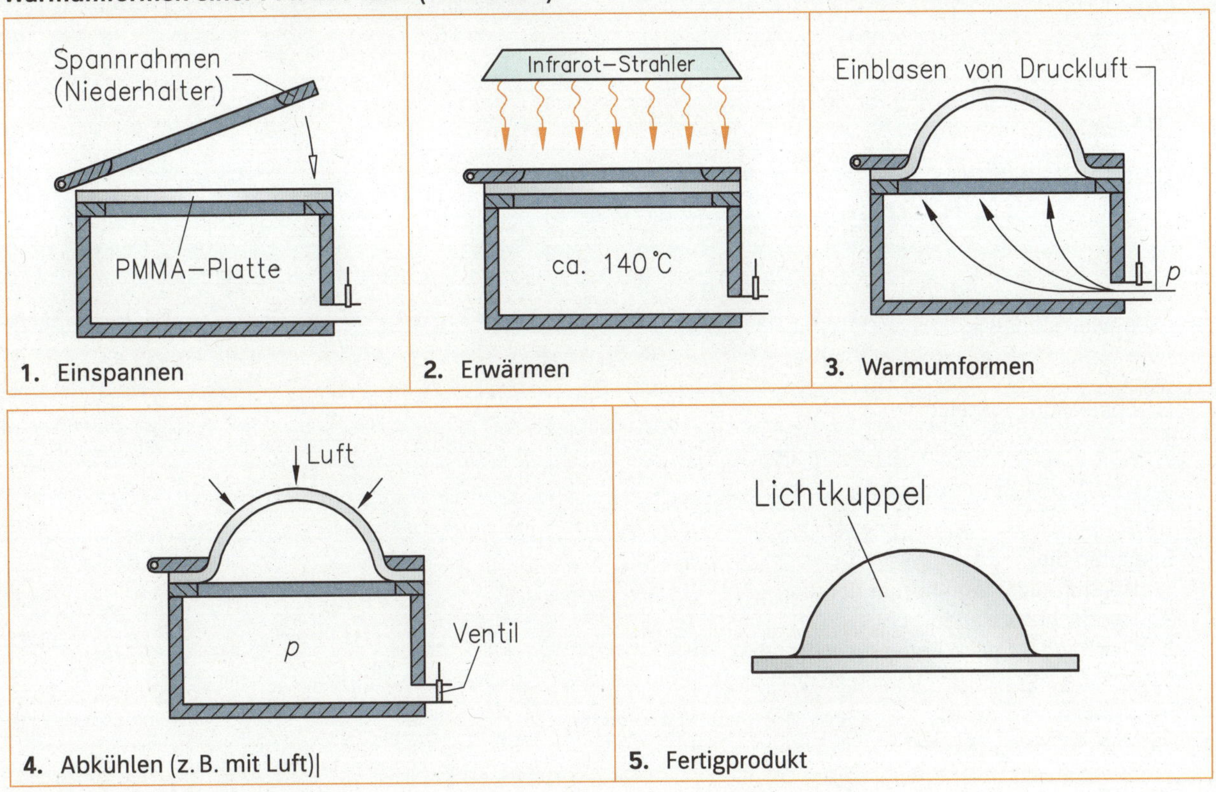

1. Einspannen
2. Erwärmen
3. Warmumformen
4. Abkühlen (z. B. mit Luft)|
5. Fertigprodukt

D. Umformen durch Vakuum

Die auf Umformtemperatur erwärmte Kunststoffplatte wird durch Erzeugen eines Vakuums in die Vorrichtung gezogen.

E. Biegen eines Kunststoffrohres

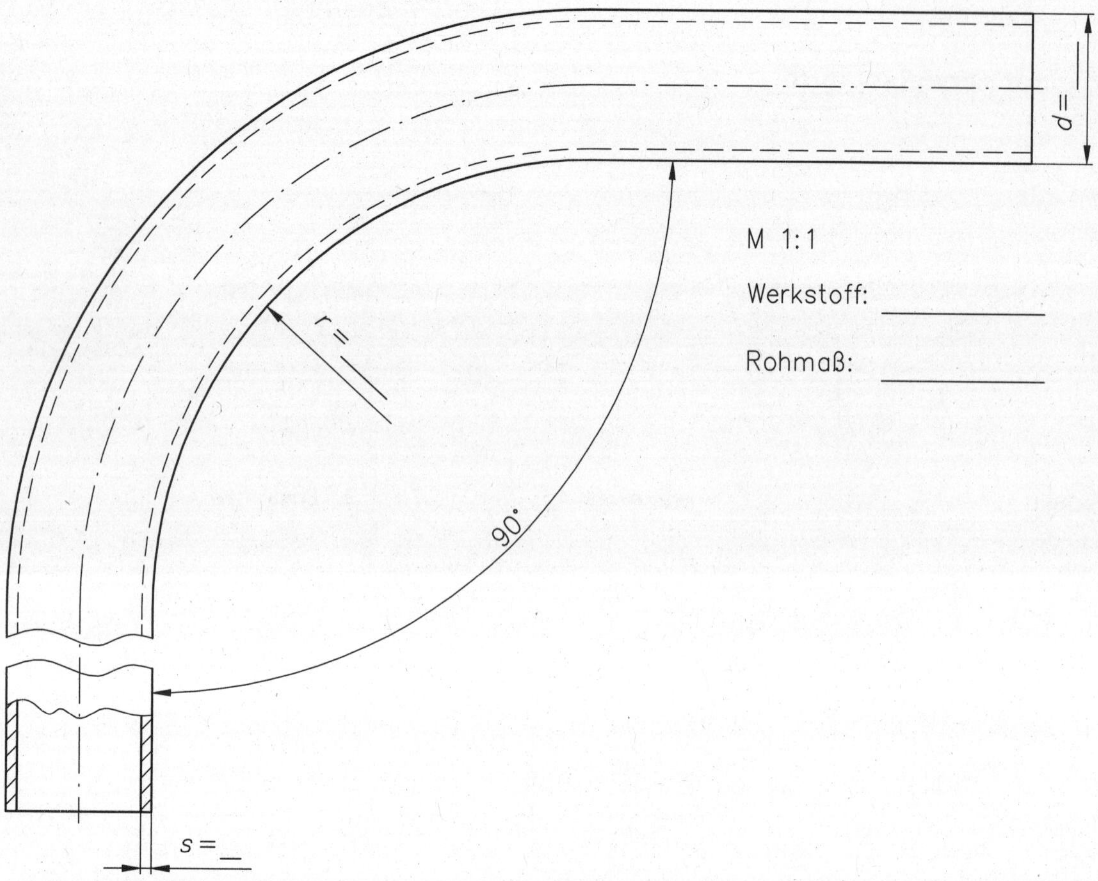

M 1:1

Werkstoff: ____________

Rohmaß: ____________

Geben Sie die Arbeitsstufen an.

1.

2.

3.

4.

5.

Anwärmlänge =

Zugabe auf jeder Seite 30 mm

Erwärmungsbereich: =

6.

7.

Beachten Sie!

1. Heißluft nicht zum Körper richten.
2. Handschuhe tragen.
3. Der Sand ist beim Entleeren sehr heiß.

Thermoplastische Kunststoffe werden stets durch Pressschweißen gefügt.
Nennen Sie solche Kunststoffe:

Der Kunststoff wird erwärmt und mit oder ohne Zusatzwerkstoff unter Druck verschweißt.

A. Heizelementschweißen

Ergänzen Sie die Beschreibung der einzelnen Arbeitsstufen.

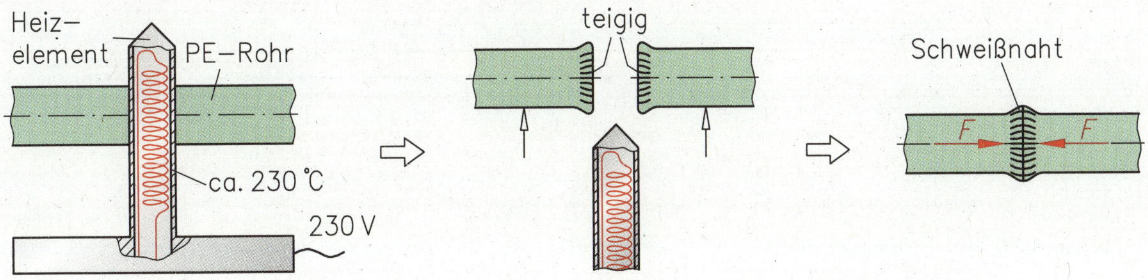

der Stoßenden

der erwärmten Stirnflächen

Fügen durch

B. Schwenkbiegeschweißen (Abkantschweißen)

Benennen Sie die einzelnen Arbeitsstufen.

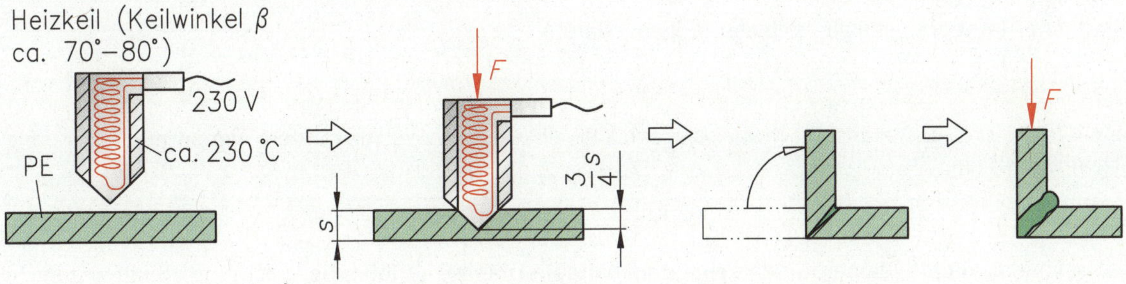

C. Warmgasschweißen (Heißluftschweißen)

Beim Schweißen thermoplastischer Kunststoffe entsteht keine Schmelze, sondern ein teigiger Erweichungszustand. Das Fügen wird durch gleichzeitige Erwärmung des Werkstückes und des Schweißstabes mit Heißluft sowie durch Druck auf den Schweißstab erzielt.

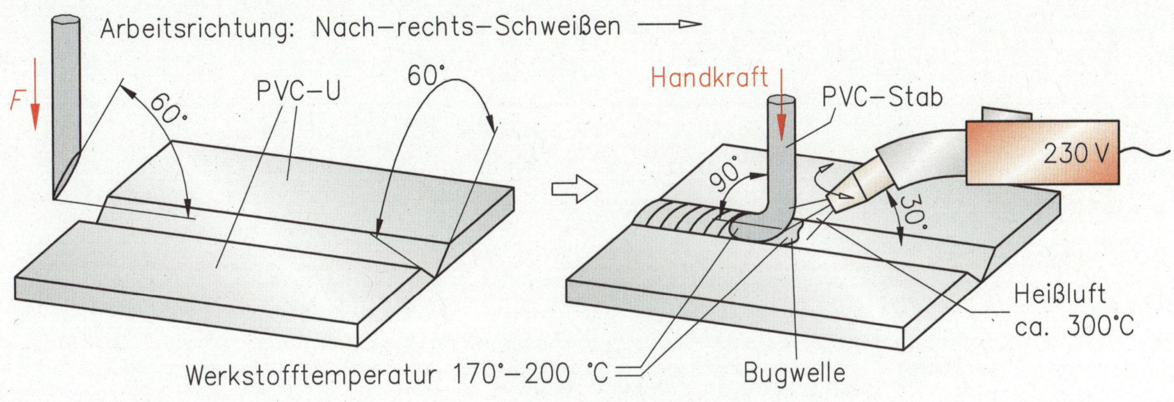

Merke: Düsenbohrungsdurchmesser in mm = 1 bis 2 x Schweißstab-Ø

Temperaturbereiche für thermoplastische Kunststoffe (Auswahl)

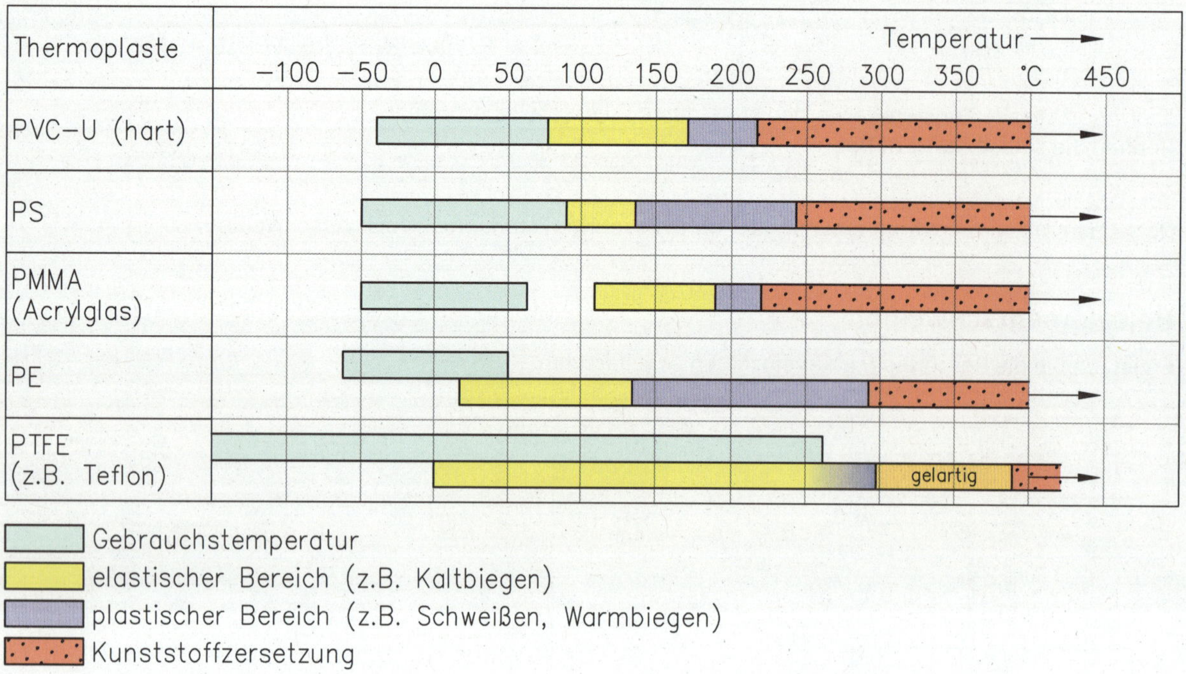

Aufgaben:

1. Zwei Werkstücke aus PVC-U sollen durch Schweißen gefügt werden. Welche mittlere Temperatur stellen Sie am Schweißgerät ein?

2. Eine Acrylglasplatte zeigt bei der Umformerwärmung eine Bläschenbildung. Anschließend entstehen stellenweise verkohlte Bereiche.
   Ab welcher Temperatur zeigen sich diese Eigenschaften?

3. Eine 4 mm dicke PE-Platte soll schwenkbiegegeschweißt werden. Welche mittlere Temperatur stellen Sie am Schweißgerät ein?

4. Auf welche maximale Temperatur darf eine Haushaltsbratpfanne mit Teflonbeschichtung erhitzt werden?

D. Unfallverhütung

Formulieren Sie Unfallverhütungsvorschriften.

Bildnachweis: Di Gaspare, Michele (Bild und Technik Agentur für technische Grafik und Visualisierung)

E. Schwenkbiegeschweißen einer Kunststoffplatte

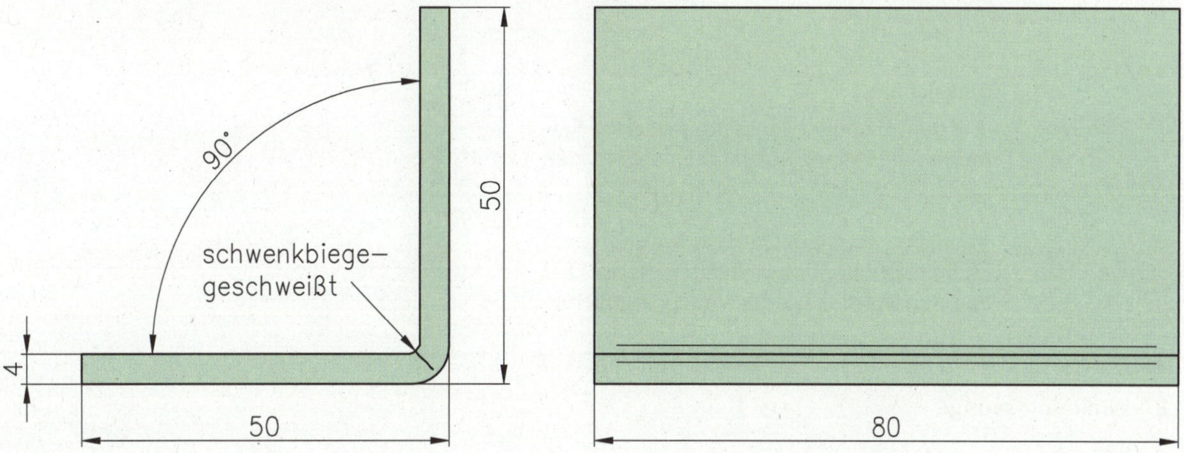

Werkstoff: PE
Rohmaße: 100 x 80 x 4

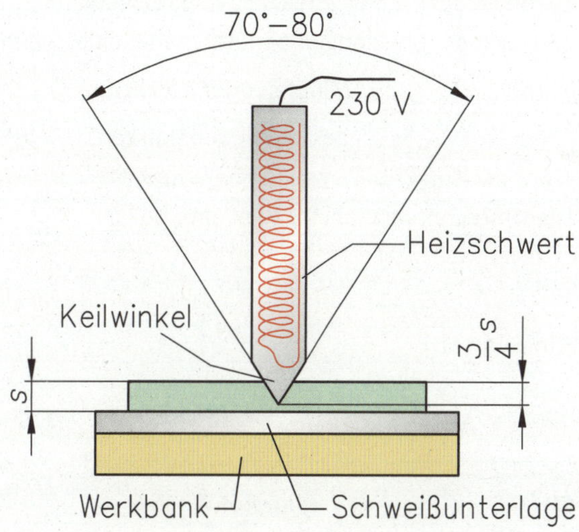

Beschreiben Sie die Arbeitsstufen.

1.

2.

Temperatur des Heizelements ca.

3.

Vorsicht vor heißen Teilen!

Aufgabe: Ein thermoplastischer Kunststoff soll schwenkbiegegeschweißt werden. Die Platte ist 6 mm dick. Wie tief muss die Schneide des Heizelements eingeschmolzen werden?

A. Winkelmaße

1. Bezeichnungen am Dreieck

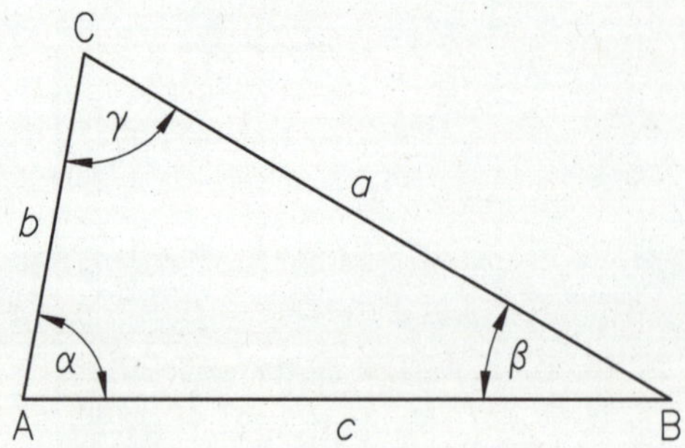

Eckpunkte: Sie werden mit großen Buchstaben bezeichnet: ______

Seiten: Die dem Eckpunkt gegenüberliegende Seite wird mit kleinen Buchstaben bezeichnet: ______

Winkel: Die Eckpunkte des Dreiecks werden auch Scheitelpunkte des Winkels genannt. Sie werden wie diese, jedoch mit griechischen Buchstaben bezeichnet: ______

2. Winkelmessung

Einheit: ______

1 Grad ist der ______. Teil des Vollkreises.

Für genauere Messungen benutzt man kleinere Winkelmaße:

1 Grad = ______ Minuten oder kürzer: ______ = ______

1 Minute = ______ Sekunden oder kürzer: ______ = ______

Die Umrechnungszahl für Winkelmaße ist ______.

z. B. 0,7° = ______ = ______

3. Winkelarten

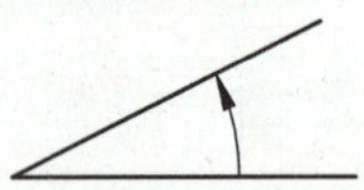

spitzer Winkel

______

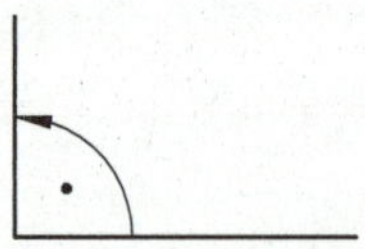

rechter Winkel

______

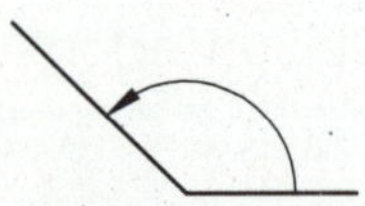

stumpfer Winkel

______

gestreckter Winkel

______

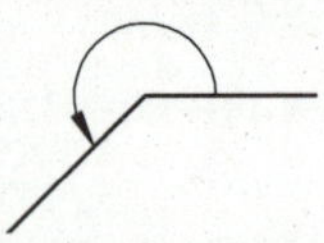

überstumpfer Winkel

______

B. Zeitmaße

Der mittlere Sonnentag hat ______ Stunden. Kleinere Zeiteinheiten:

1 Stunde = ______ oder kürzer: ______ = ______

1 Minute = ______ oder kürzer: ______ = ______

Die Umrechnungszahl für Zeitmaße ist ______.

z. B. 0,4 h = ______ = ______

C. Umrechnungen

1. Addieren Sie:

2 h	17 min	21 s
1 h	24 min	37 s
______		

19°	4′	12″
104°	42′	39″
______		

	59 min	25 s
1 h	14 min	48 s

14°	52‘	49‘‘
37°	16‘	41‘‘

2. Subtrahieren Sie:

3 h	34 min	51 s
1 h	16 min	4 s

48°	32‘	29‘‘
4°	13‘	17‘‘

1 h	7 min	12 s
	37 min	45 s

162°	12‘	16‘‘
41°	24‘	39‘‘

3. Rechnen Sie in h, min, s:

2,16 h =

Rechnen Sie in °, ‘, “:

31,09° =

4. Rechnen Sie in eine Dezimalzahl um:

4 h 24 min 36 s =

24 min =

36 s =

Rechnen Sie in eine Dezimalzahl um:

45° 52‘ 18‘‘ =

52‘ =

48‘‘ =

5. Ein Winkelprofil soll auf 90° ausgeklinkt werden.
   a) Welche Größe hat der Winkel α?
   b) Wie groß ist der Gehrungswinkel β?

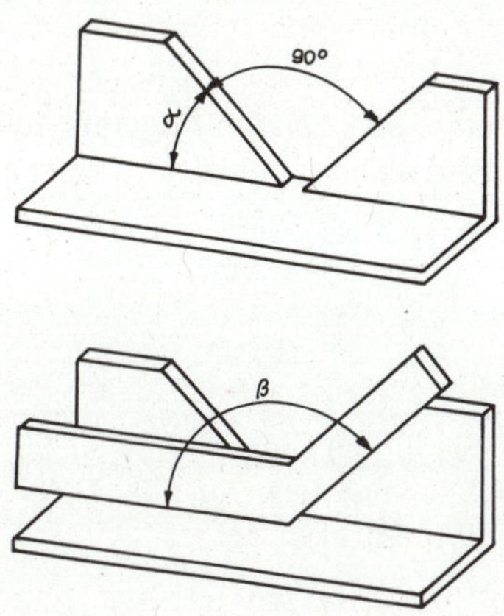

6. An einer Werkzeugschneide wurden folgende Winkel gemessen:
Freiwinkel = 6° 51‘, Spanwinkel = 15° 7‘.
Wie heißt der fehlende Winkel und welche Größe hat er?

Bildnachweis: Di Gaspare, Michele (Bild und Technik Agentur für technische Grafik und Visualisierung)

Mithilfe der Toleranzangaben kann die Maßhaltigkeit von Werkstücken beurteilt werden.
Ergänzen Sie mithilfe des Tabellenbuches folgende Allgemeintoleranzen:

Allgemeintoleranzen für Längenmaße (DIN ISO 2768-1)				
Toleranzklasse (Genauigkeitsgrad)	Grenzabmaße in mm			
	0,5 mm bis 3 mm	über 3 mm bis 6 mm	über 6 mm bis 30 mm	über 30 mm bis 120 mm
f				
m				
c				
v				

Ergänzen Sie auch hier mithilfe des Tabellenbuches:

Allgemeintoleranzen für Winkelmaße (DIN ISO 2768-1)			
Toleranzklasse (Genauigkeitsgrad)	Nennbereich für den kürzesten Schenkel		
	Grenzabmaße in Grad und Minuten		
	bis 10 mm	über 10 mm bis 50 mm	über 50 mm bis 120 mm
f und m			
c			
v			

Wie Sie sehen, spielt bei den Allgemeintoleranzen für Winkelmaße die Größe des Winkels keine Rolle. Wovon hängen sie dann ab?

1. ______________________________

2. ______________________________

1. Aufgabe:

Ermitteln Sie für die Längenmaße 30, 50, 75 und 10 mm die Allgemeintoleranzen nach DIN ISO 2768-1, wenn die Toleranzklasse m ist.

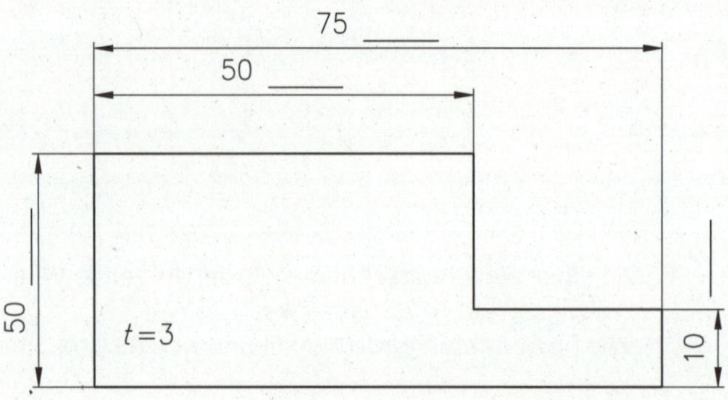

2. Aufgabe:

1. Bestimmen Sie den kürzesten Schenkel.
   Schenkellänge = ________ mm
2. Bestimmen Sie die Allgemeintoleranz des 60°-Winkels bei einem Genauigkeitsgrad c.
   Winkeltoleranz = ________ °

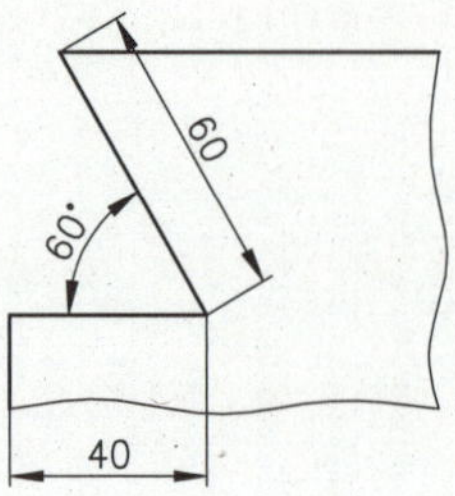

Bildnachweis: Di Gaspare, Michele (Bild und Technik Agentur für technische Grafik und Visualisierung)

Metallbautechnik	Datum:	**Fertigen von Bauelementen mit handgeführten Werkzeugen** *Handgeführte Bankwerkzeuge (Auswahl)*	Lernfeld 1
Name:	Klasse:		**21**

Mit diesen Werkzeugen können an der Werkbank und mithilfe des Schraubstockes Werkstücke bearbeitet werden.

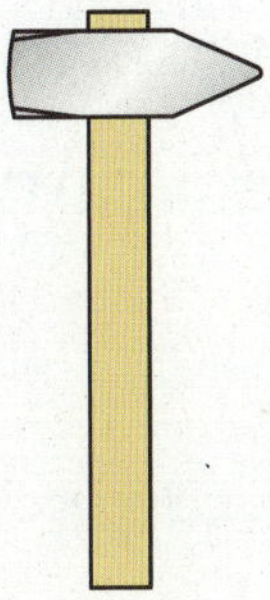	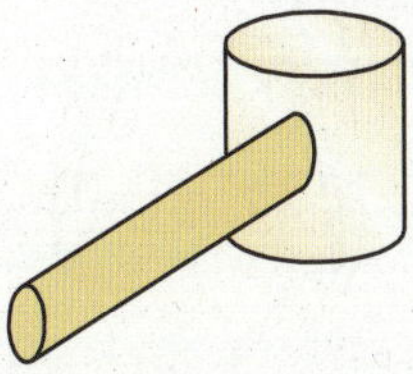		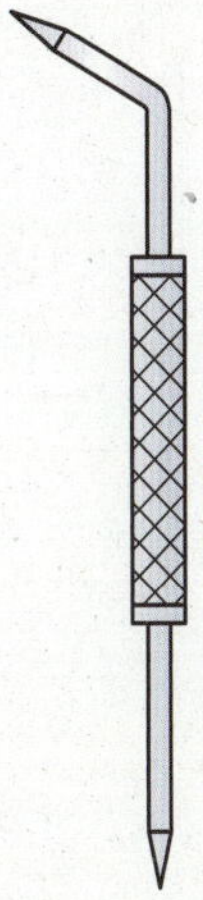	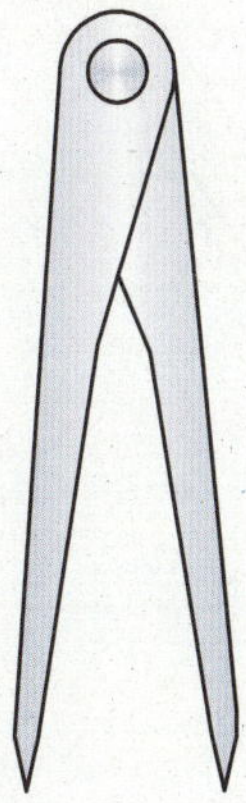
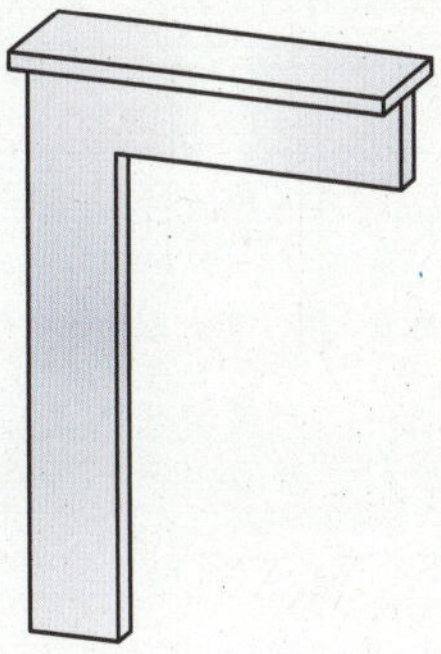	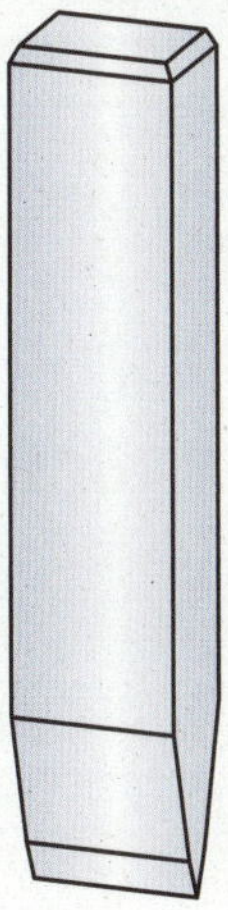	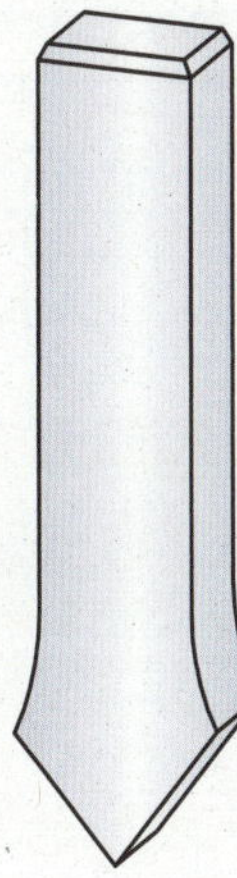	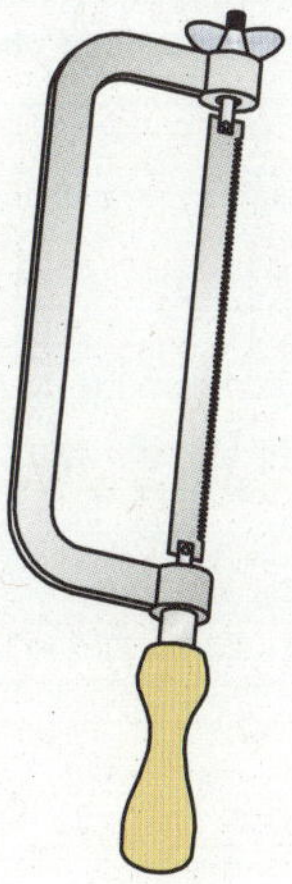	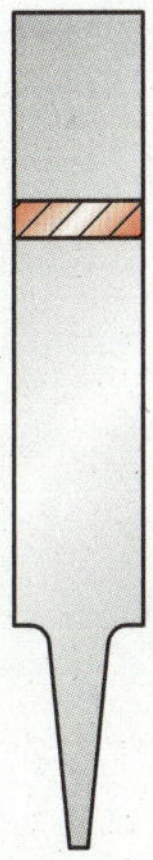
				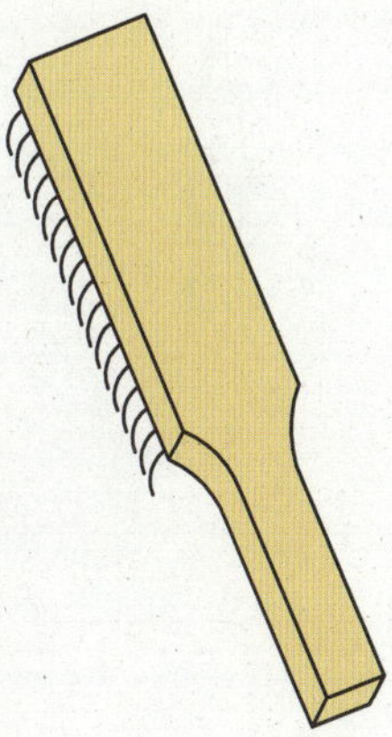

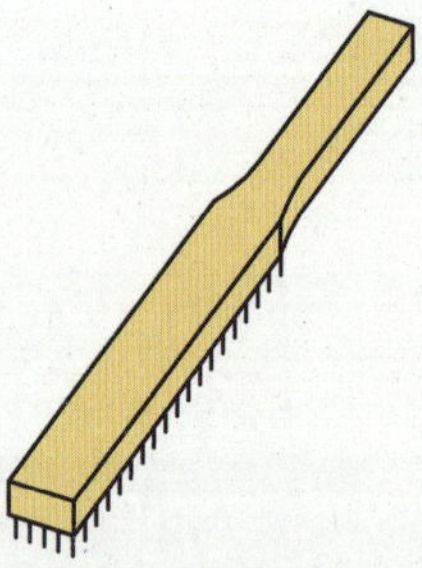
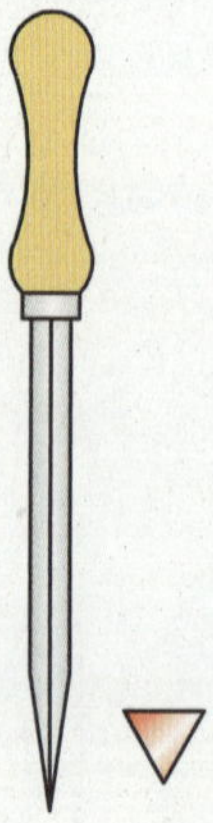
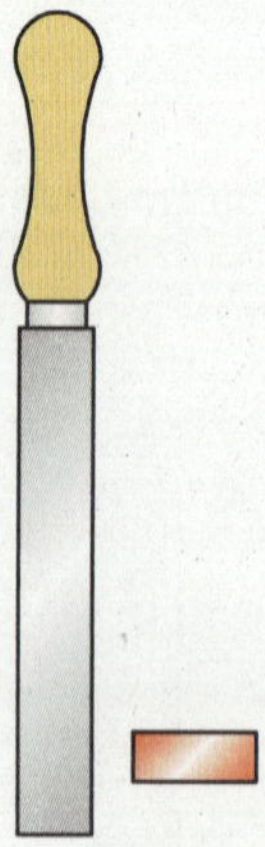

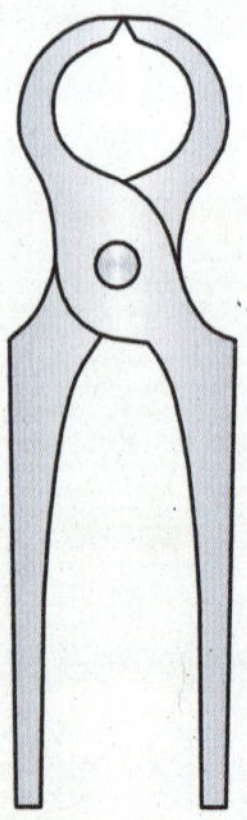
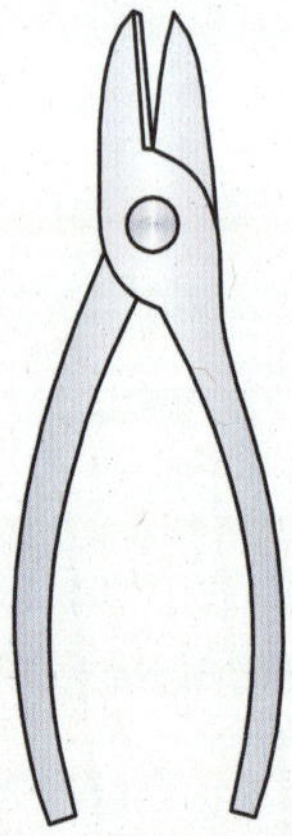
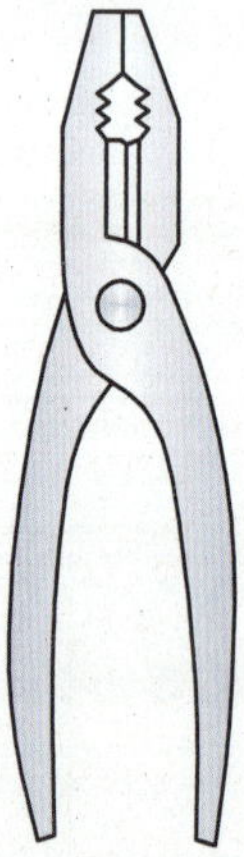
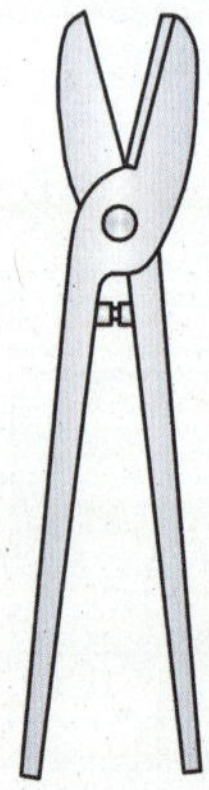
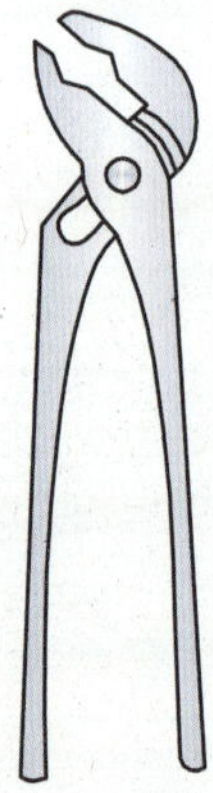

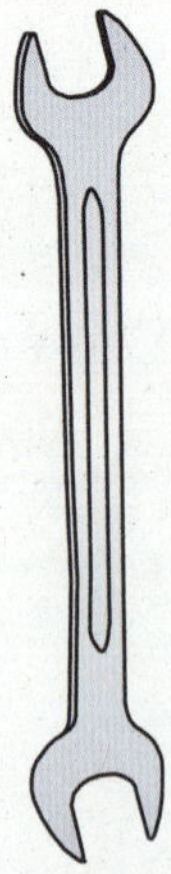
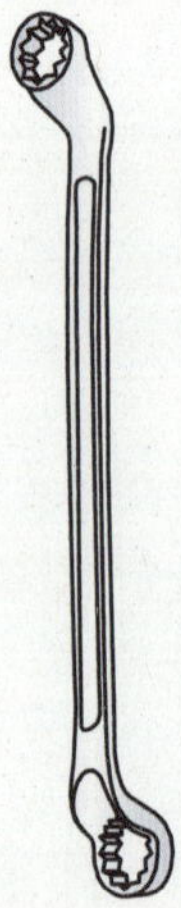
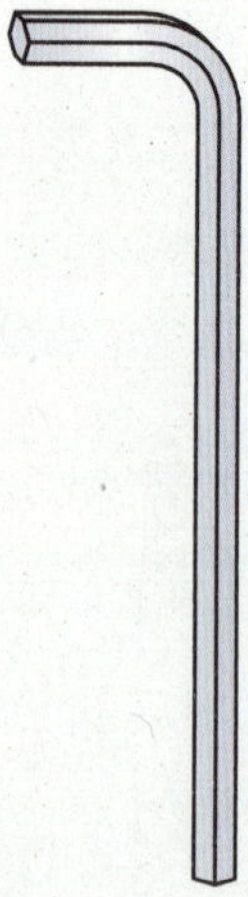

Metallbautechnik	Datum:	**Fertigen von Bauelementen mit handgeführten Werkzeugen**	Lernfeld 1
Name:	Klasse:	*Handgeführte Elektrowerkzeuge (Auswahl)*	**22**

Elektrische Energie erleichtert die Arbeit mit diesen handgeführten Werkzeugen. Sie werden deshalb auch als Hand-Maschinen bezeichnet. Alle abgebildeten Handmaschinen können auch netzunabhängig, also mit Akku betrieben werden. Benennen Sie die skizzierten Handmaschinen und geben Sie ihre Funktionen und Einsatzbereiche an.

 Foto: Bosch	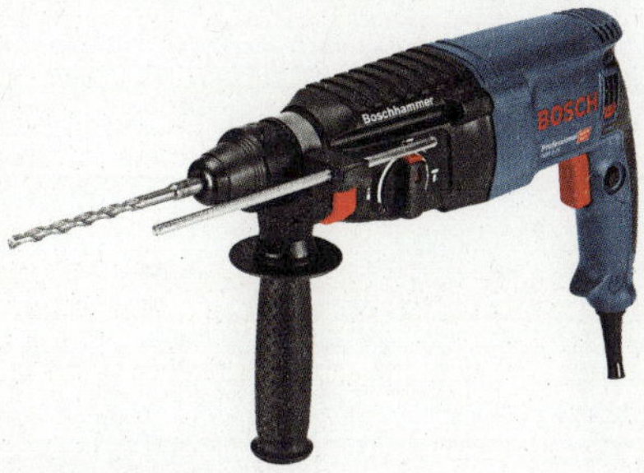 Foto: Bosch	 Foto: Bosch
Bohr- ______ mit ______ -Funktion	Bohr- ______	Bohr- ______

 Foto: Bosch	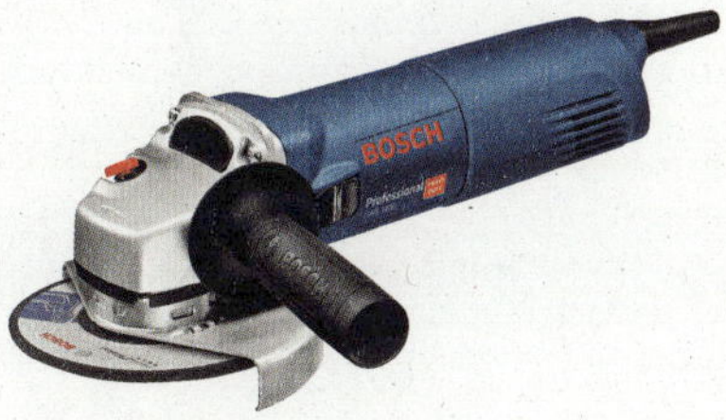 Foto: Bosch	 Foto: Bosch
______ Schrauber	______ Schleifer	Bohr- ______

Bildnachweis: Robert Bosch Power Tools GmbH, Leinfelden-Echterdingen

Foto: Bosch

Foto: Bosch

Foto: Bosch

(Stabform)	(Bügelform)

mit Absaugung

A. Größenangabe

Das Tor hat eine Länge von 3,782 Meter: ______ = ______________

Jede Größenangabe ist das Produkt aus einem ____________________ (z. B. 3,782) und der Maß-__________ (z. B. m).

B. Basisgrößen und Basiseinheiten

Früher gab es für viele Größen eine große Anzahl von Einheiten. Umrechnungen waren deshalb recht schwierig. Heute hat man im „Internationalen Einheitensystem", im sog. SI-System, sieben Basisgrößen und Basiseinheiten festgelegt.

Wichtige Basisgrößen und Basiseinheiten

Basisgröße		Basiseinheit	
Name	**Formelzeichen**	**Name**	**Formelzeichen**
Länge	l	Meter	m
Masse			
Zeit			
Stromstärke			
Temperatur			

Alle anderen Maßeinheiten, z. B. Quadratmeter für die ______________, Kubikmeter für das ______________ oder Meter pro Sekunde für die ____________________ sind von den Basisgrößen und ihren Einheiten abgeleitet.

C. Vielfache und Teile von Einheiten

Ein Schweißstab hat einen Durchmesser von 0,002 m, die Entfernung von A nach B beträgt 140 000 m.
Häufig ergibt sich mit der Basiseinheit ein zu kleiner oder zu großer Zahlenwert.
Zu viele Nullen vor oder hinter dem Komma können zu Fehlern führen.

Vielfache von Einheiten

	Zehnerpotenz	Vorsätze	Vorsatzzeichen
Zehnfache			
Hundertfache			
Tausendfache			
Millionenfache			

Teile von Einheiten

	Zehnerpotenz	Vorsätze	Vorsatzzeichen
Zehntel			
Hundertstel			
Tausendstel			
Millionstel			

D. Abgeleitete Einheiten und ihre Größen

Physikalische Größe	Formelzeichen	Definition	Einheit	Einheiten-zeichen	Umrechnungs-zahl
Fläche		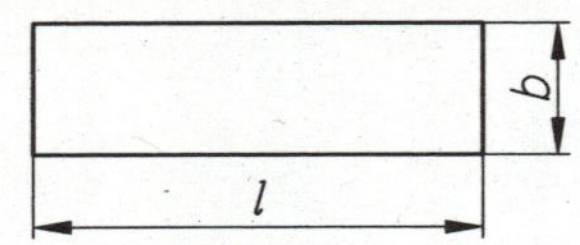	Quadratmeter Quadratdezimeter Quadratzentimeter Quadratmillimeter		
Volumen		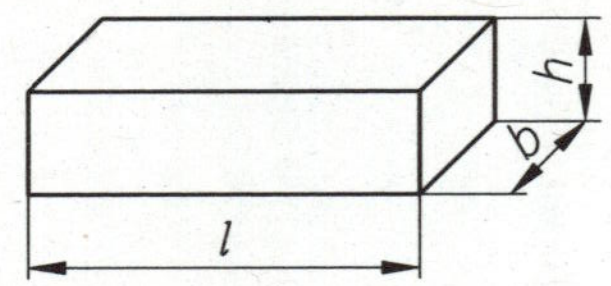	Kubikmeter Kubikdezimeter = Liter Kubikzentimeter Kubikmillimeter		
Masse		Stoffmenge eines Körpers	Tonne Kilogramm (Basiseinheit) Gramm		
Dichte	(rho)	Stoffmenge je Volumeneinheit	Tonne je Kubikmeter Kilogramm je Kubikdezimeter Gramm je Kubikzentimeter		
Temperatur	(theta) manchmal	Wärmezustand, Bewegung der Moleküle eines Stoffes	Grad Celsius		
Zeit			Stunde Minute Sekunde (Basiseinheit)		
Winkel	(alpha) (beta) (gamma) (delta)	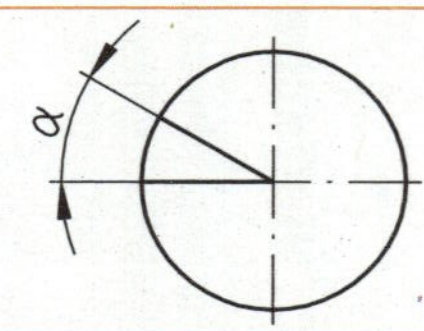	Grad Minute Sekunde		

Bildnachweis: Di Gaspare, Michele (Bild und Technik Agentur für technische Grafik und Visualisierung)

A. Metrisches Maßsystem

Die Basisgröße für die Länge ist das Meter. Bis 1983 war festgelegt, dass 1 m der 40-millionste Teil des Erdumfanges, gemessen von Pol zu Pol ist. Heute ist 1 m die Strecke, die das Licht im luftleeren Raum in rund 1/300-millionstel Sekunde durchläuft.

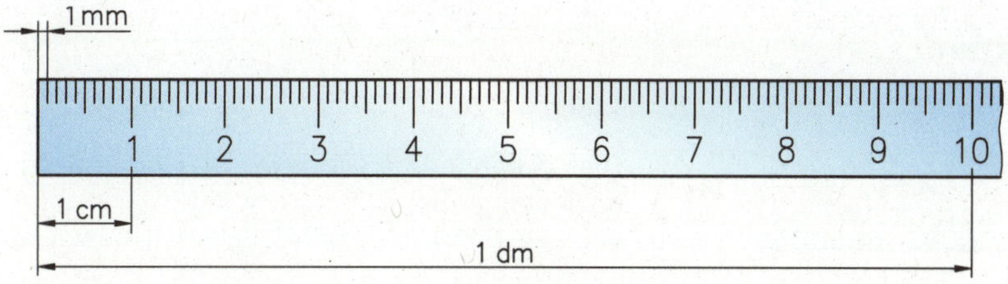

1 m = ______ dm = ______ cm = ______ mm

1 dm = ______ cm = ______ mm

1 cm = ______ mm

Z. B. 3 dm = ______ m   12 mm = ______ dm

5 cm = ______ mm   1,3 m = ______ cm

Merke: Die Umrechnungszahl bei den Längenmaßen ist ______. Das Komma wandert dabei von Einheit zu Einheit um ______.

In den Metallberufen verwendet man stets die Längeneinheit ______.

Folgende Abkürzungen werden verwendet:

- l_1, l_2, l_3, → Teillängen
- L → Gesamtlänge
- n → Anzahl der Bohrungen, Anzahl der Gitterstäbe u. Ä.
- P → Steigung, Teilung
- s → Schnittbreite

Beispiel

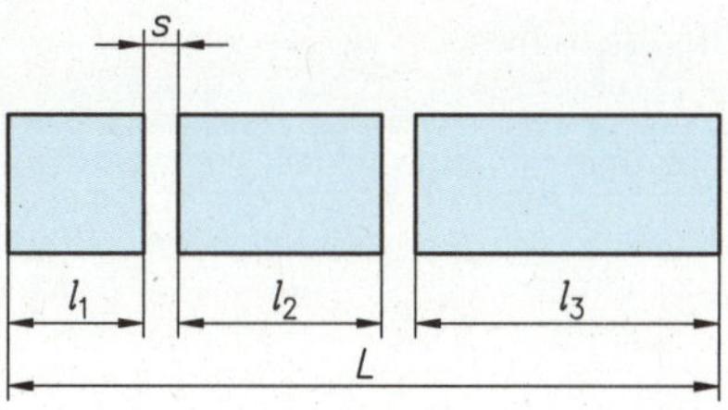

Von einem 1,45 m langen Profilstahl werden die Teillängen von $l_1 = 3{,}8$ dm und $l_2 = 52$ cm benötigt.
Berechnen Sie bei 1,5 mm Schnittbreite die Restlänge l_3 in mm.

Geg.: ______

Ges.: ______

B. Teilen von Längen

Randabstände = Teilung

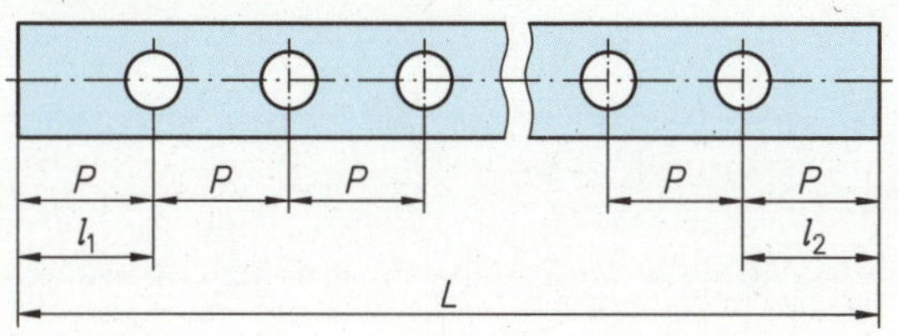

$P = l_1 = l_2$

Geg.: $n = 7$, $L = 376$ mm
Ges.: P

$P =$

$P =$ ______

Randabstände $\neq$ Teilung

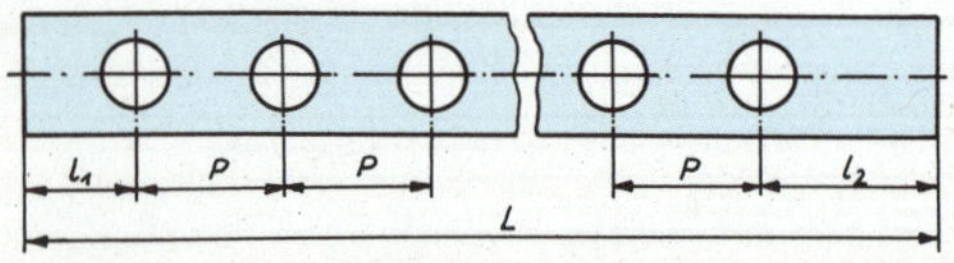

Geg.: $n = 7$, $L = 468$ mm, $l_1 = 23$ mm, $l_2 = 37$ mm
Ges.: P

$P =$ ________________

$P =$ ________

$P \neq l_1 \neq l_2$

C. Inch-Maßsystem

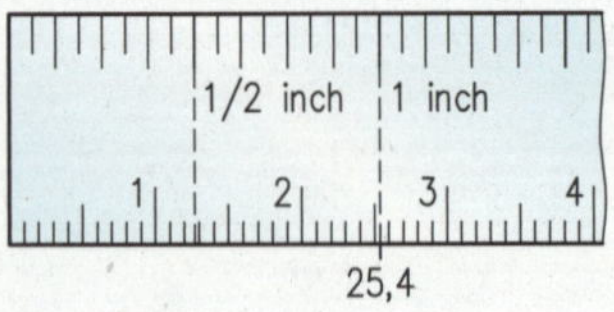

1 inch = 1 Zoll = 1'' = ________ mm

Dieses Längenmaß ist keine SI-Einheit. Trotzdem wird es auch heute noch verwendet:

____

Beispiel: Bei einer Schraube mit metrischem Regelgewinde werden für 7 Gänge 12,25 mm gemessen.
Wie groß (in mm) ist die Steigung P und um welches Gewinde handelt es sich? Tabellenbuch verwenden!

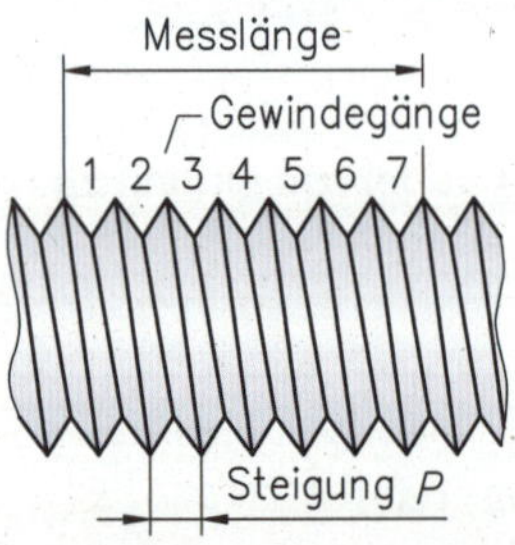

Auf ____ Gänge → ________ mm

auf ________ → ________ = ________ = mm → M ______

$P =$ ________

Beim Zollgewinde ist die Messlänge stets 1 inch, also 25,4 mm.

1. Aufgabe: Von einem 4,28 m langen Rohr werden Teilstücke mit je 17,2 cm Länge abgeschnitten. Die Sägeschnittbreite beträgt 2 mm.
Berechnen Sie die Anzahl der Teilstücke und die Restlänge in mm.

2. Aufgabe: Flachstahl von 7,20 dm Länge soll 15 Bohrungen mit gleichem Abstand erhalten. Die Mittelpunkte der Randlöcher sind 2,8 und 4,1 cm vom Stabende entfernt.
Wie viel mm beträgt der Mittenabstand der Bohrungen?

3. Aufgabe: Ein Rohrgewinde hat 11 Gänge auf 1 inch.
a) Wie viel mm beträgt die Gewindesteigung?
b) Das Rohr soll um 20 mm eingeschraubt werden. Wie viele Umdrehungen sind dazu notwendig?

Bildnachweis: Di Gaspare, Michele (Bild und Technik Agentur für technische Grafik und Visualisierung)

A. Formeln sind Gleichungen und deshalb mit einer Balkenwaage vergleichbar:

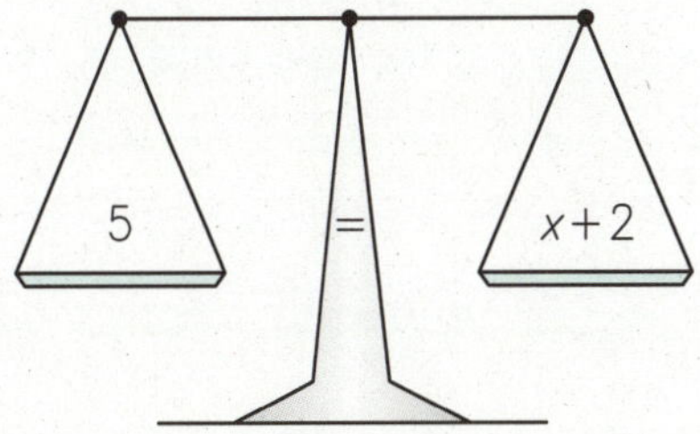

B. Die gesuchte Größe (hier *x*) soll

1. ______________________________

2. ______________________________

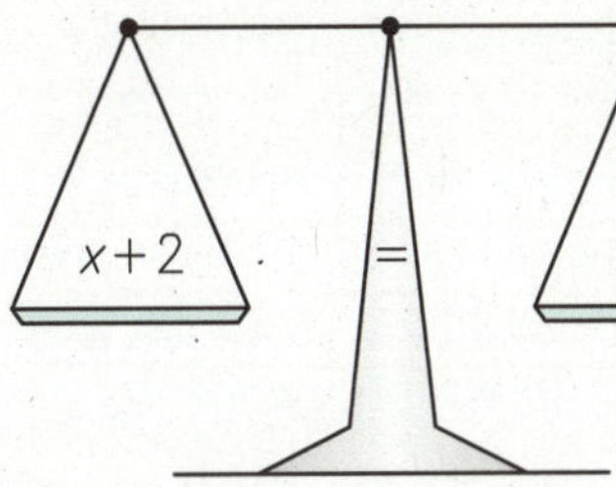

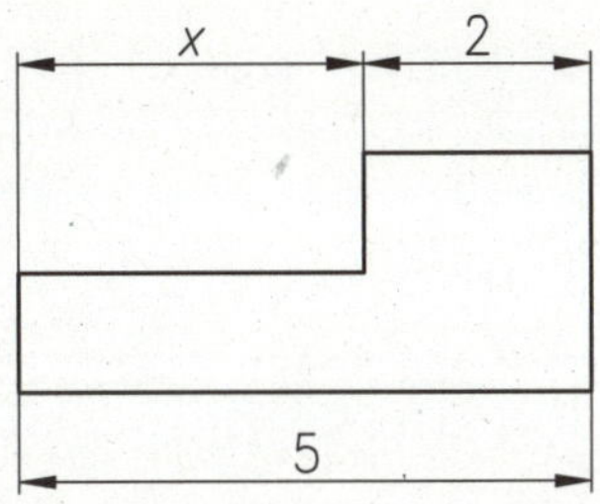

_____ = _____

_____ = _____

Wie Sie sehen, wurde durch den Seitenwechsel aus _____ eine _____.

Ähnliches geschieht auch hier. Denken Sie aber auch daran, dass die gesuchte Größe allein stehen soll!

$x - 5 = 8$ _____ $\frac{x}{3} = 12$ _____ $4 \cdot x = 24$ _____

_____ = _____ _____ = _____ _____ = _____

_____ = _____ _____ = _____ _____ = _____

Zusammenfassung:

Aus _____ wird _____ Aus _____ wird _____

Aus _____ wird _____ Aus _____ wird _____

C. Aufgaben

Stellen Sie nach allen Größen um:

1. $A = l \cdot b$

2. $l = l_1 + l_2$

3. $v = \frac{s}{t}$

4. $i = \frac{n_1}{n_2}$

5. $P = F \cdot \frac{s}{t}$

6. $v = \frac{d \cdot \pi \cdot n}{60}$

Bezeichnungen

Länge = ____, Breite = ____, Umfang = ____, Fläche = ____

Informieren Sie sich im Tabellenbuch.

A. Quadrat

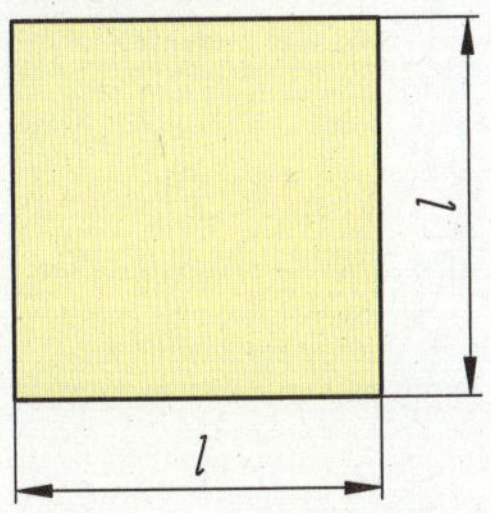

U = ______

A = ______

Geg.: $l = 16$ mm

Ges.: U (mm), A (mm^2)

B. Rechteck

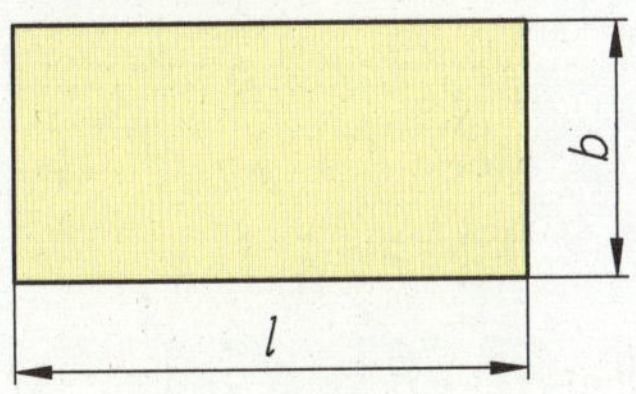

U = ______

A = ______

Geg.: $l = 32$ mm, $b = 18$ mm

Ges.: U (mm), A (cm^2)

C. Parallelogramm (Rhomboid)

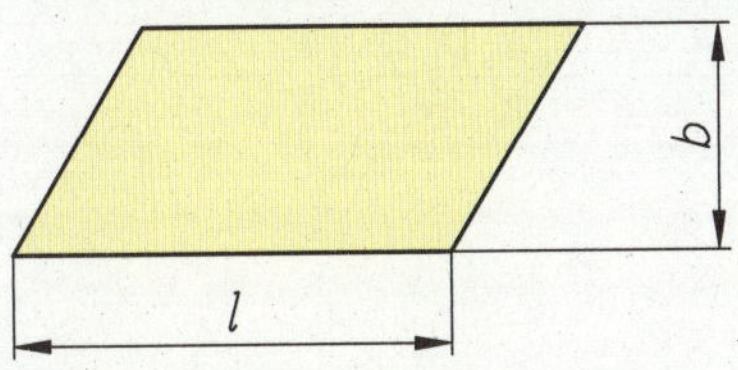

A = ______

Geg.: $l = 280$ mm, $b = 17$ cm

Ges.: A (dm^2)

D. Raute (Rhombus)

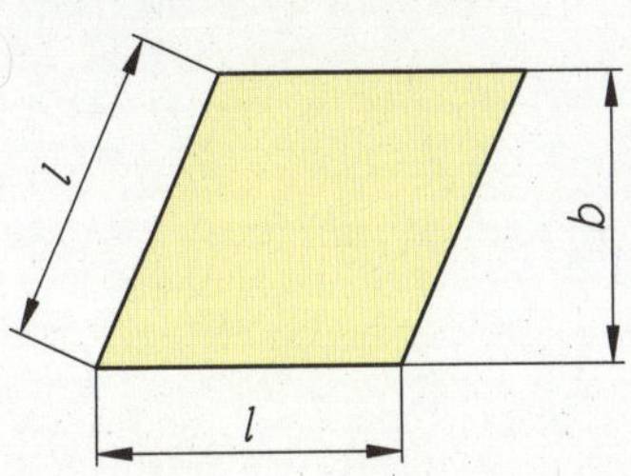

A = ______

Geg.: $l = 1{,}3$ dm, $b = 12$ cm

Ges.: A (cm^2)

Bildnachweis: Di Gaspare, Michele (Bild und Technik Agentur für technische Grafik und Visualisierung)

E. Dreieck

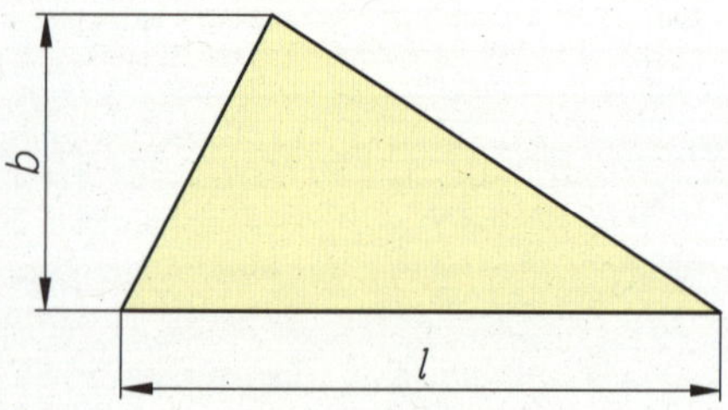

A =

Geg.: $l = 0{,}42$ m, $b = 31$ cm
Ges.: A (dm^2, cm^2)

F. Trapez

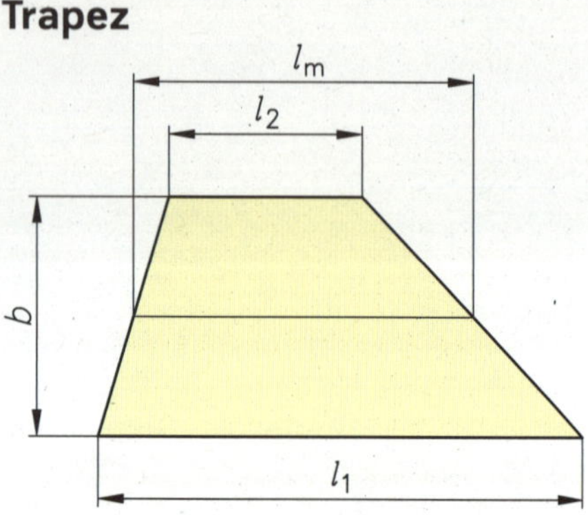

A =

Geg.: $l_1 = 30{,}6$ cm, $l_2 = 1{,}92$ dm, $b = 204$ mm
Ges.: A (mm^2, dm^2)

G. Aufgabe

Für eine Ablage (siehe Skizze) sollen
a) der Blechbedarf mit Verschnitt,
b) die benötigte Fläche ohne Verschnitt und
c) der Verschnitt (in cm^2) berechnet werden.

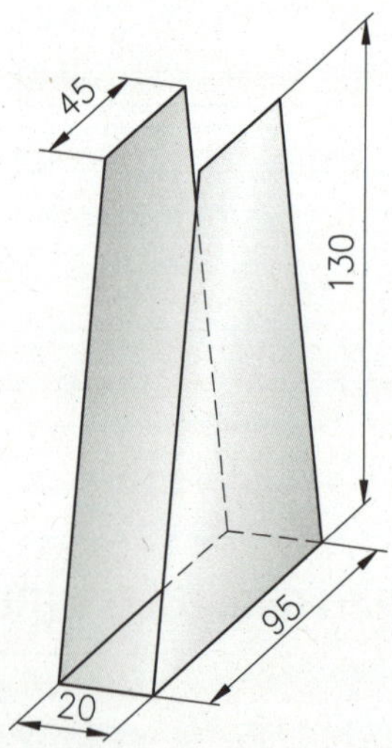

Bezeichnungen

Durchmesser = ____ oder ____, mittlerer Durchmesser = ____, Länge = ____, Breite = ____,

Zentriwinkel = ____, Umfang = ____, Fläche = ____.

A. Kreis

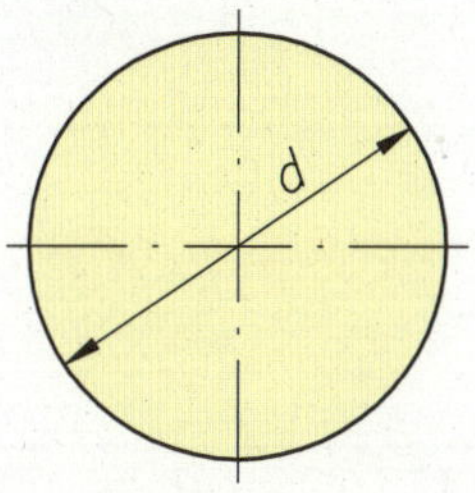

$U =$ ____

$A =$ ____

Geg.: $d = 23$ mm
Ges.: U (mm), A (mm^2)

B. Kreisring

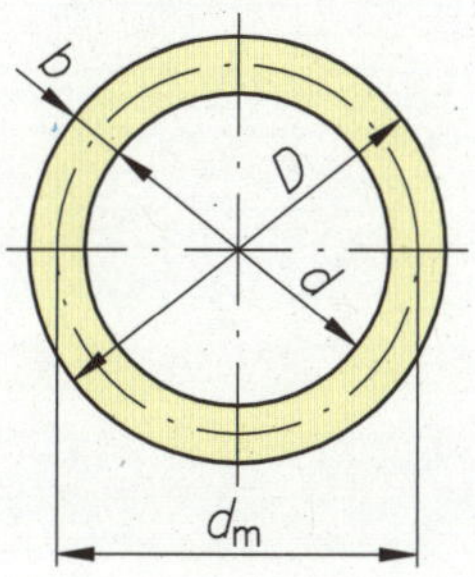

$A =$ ____ oder $A =$ ____

$d_m =$ ____

$b =$ ____

Geg.: $D = 50$ mm, $d = 30$ mm
Ges.: A (mm^2)

C. Kreisausschnitt

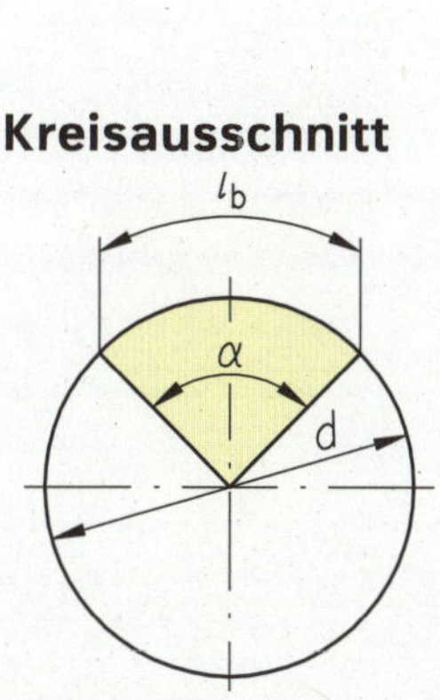

$l_B =$ ____

$A =$ ____

Geg.: $d = 60$ mm, $\alpha = 75°$
Ges.: l_B (mm), A (mm^2)

D. Ellipse

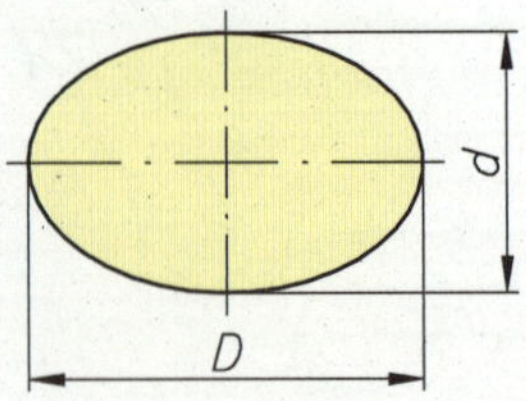

$U \approx$

$A =$

Geg.: $D = 120$ mm, $d = 60$ mm
Ges.: U (mm), A (cm^2)

E. Aufgabe

Der Schutz einer Schleifscheibe hat die skizzierte Form.

a) Wie groß (in cm^2) ist der Blechbedarf für ein Seitenteil?

b) Wie lang (in mm) ist der rechteckige Verbindungsstreifen zweier Seitenteile?

c) Welche Fläche hat dieser 56 mm breite Verbindungsstreifen (in cm^2)?

d) Wie viel cm^2 Fläche besitzt der gesamte Schutz für die Schleifscheibe?

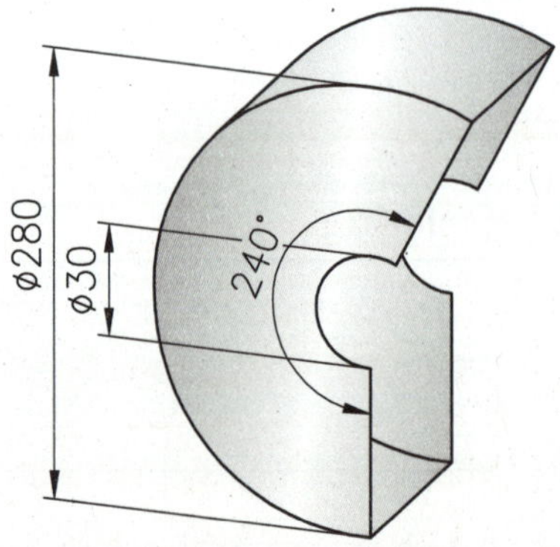

Bezeichnungen

Länge = ____, Breite = ____, Höhe = ____, Durchmesser = ____ oder ____, Volumen = ____,

Grundfläche = ____, Deckfläche = ____, Mantelfläche = ____, Oberfläche = ____

A. Säule (Prisma)

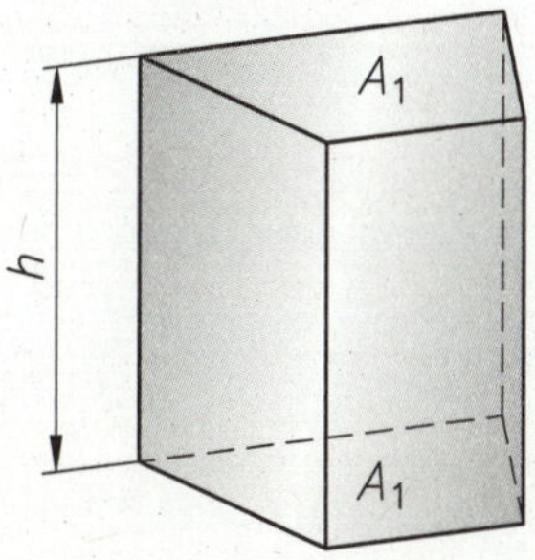

$V =$ ____

$A_O =$ ____

Geg.: $A_1 = 92\ \text{cm}^2$, $h = 50\ \text{mm}$
Ges.: $V\ (\text{cm}^3)$

B. Rechtecksäule (Vierkantprisma)

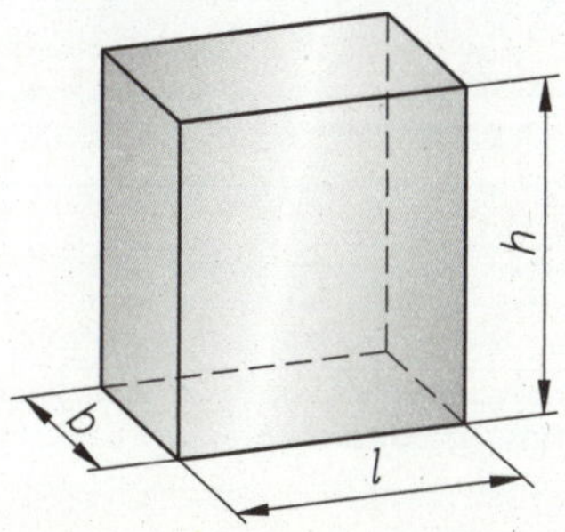

$V =$ ____

$A_O =$ ____

Geg.: $l = 40\ \text{mm}$, $b = 30\ \text{mm}$, $h = 50\ \text{mm}$
Ges.: $V\ (\text{cm}^3)$, $A_O\ (\text{cm}^2)$

C. Würfel

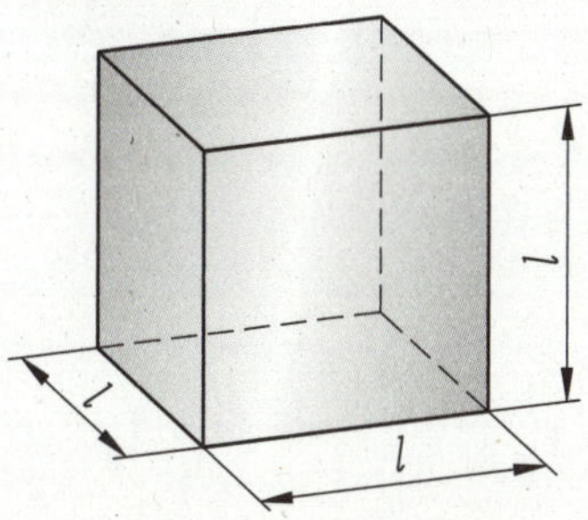

$V =$ ____

$A_O =$ ____

Geg.: $l = 70\ \text{mm}$
Ges.: $V\ (\text{cm}^3)$, $A_O\ (\text{dm}^2)$

D. Rundsäule (Zylinder)

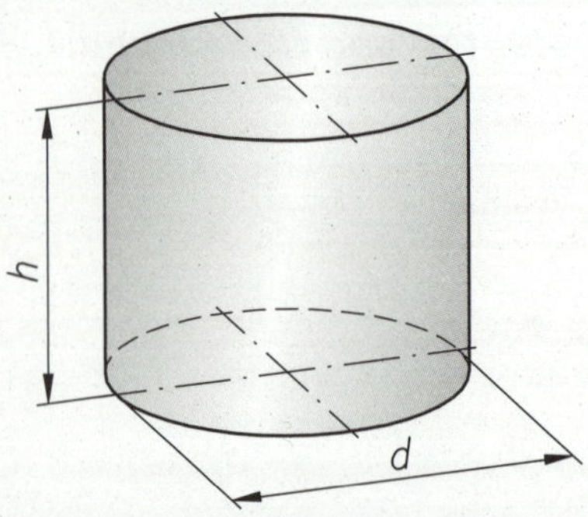

$V =$

$A_M =$

$A_O =$

Geg.: $d = 62$ mm, $h = 1{,}4$ dm
Ges.: V (cm³), A_O (cm²)

E. Hohlzylinder

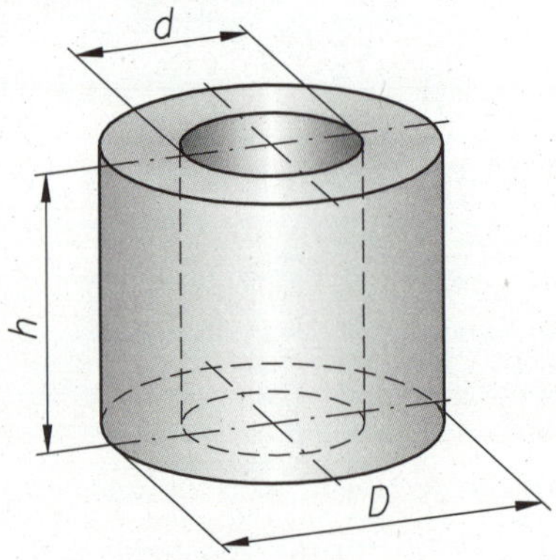

$V =$

Geg.: $D = 52$ mm, $d = 45$ mm, $h = 6$ m
Ges.: V (dm³)

F. Pyramide

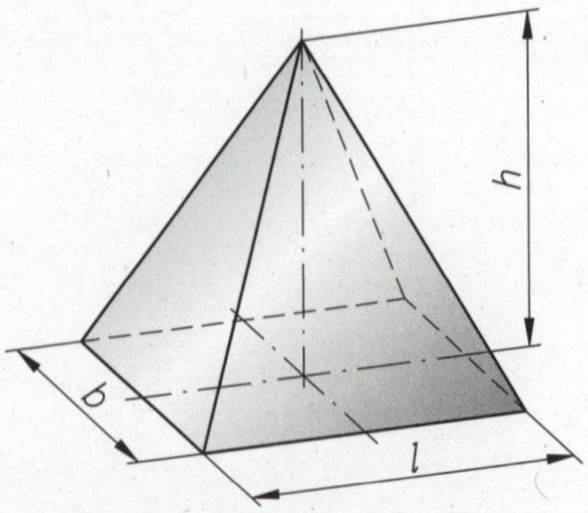

$V =$

Geg.: $l = 1{,}25$ dm, $b = 82$ mm, $h = 0{,}3$ m
Ges.: V (cm³)

G. Kegel

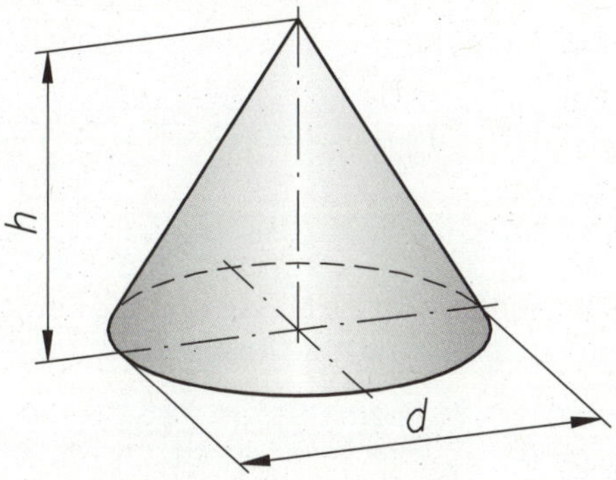

$V =$

Geg.: $d = 86$ mm, $h = 160$ mm
Ges.: V (cm^3)

H. Pyramidenstumpf

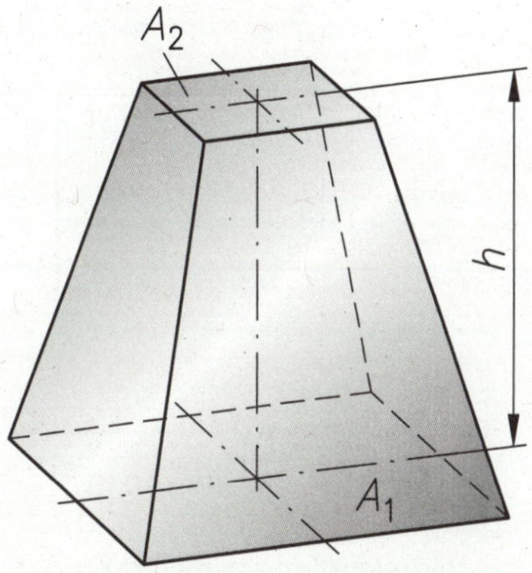

$V =$

Geg.: $A_1 = 400$ cm^2, $A_2 = 2{,}8$ dm^2, $h = 0{,}12$ m
Ges.: V (dm^3)

I. Kegelstumpf

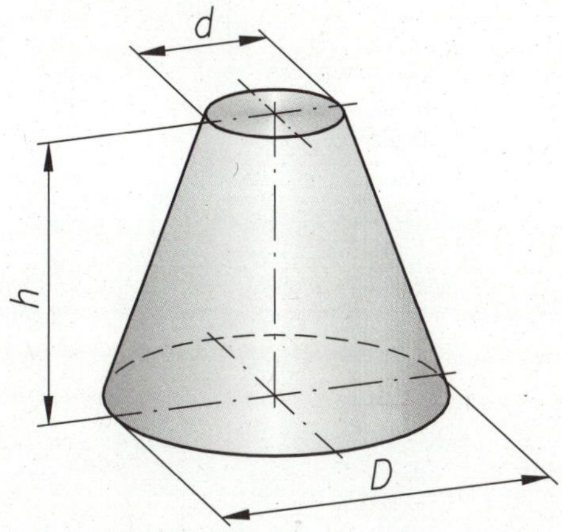

$V =$

Geg.: $D = 380$ mm, $d = 18$ cm, $h = 6{,}2$ dm
Ges.: V (dm^3)

J. Kugel

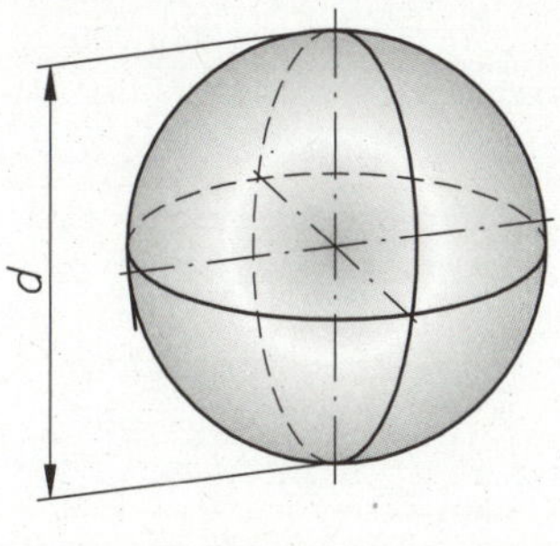

$V =$

Geg.: $d = 128$ mm
Ges.: V (cm^3)

Wie viel kg wiegt das skizzierte Gegengewicht aus Stahl, wenn sein Volumen 12 dm^3 beträgt?

A. Masse

Die Masse eines Körpers kann mit der Balkenwaage bestimmt werden. Im Handel wird die Masse auch als Gewicht bezeichnet.

Maßeinheiten:

______

______

______

Umrechnungen:

1 kg = ______ g

1 t = ______ kg

Umwandlungszahl: ______

B. Dichte

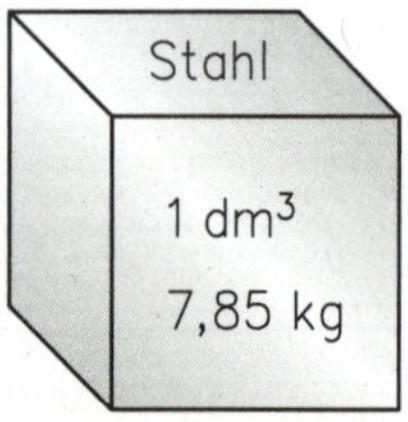

Die Stoffteilchen sind im Stahl dichter angeordnet als im Aluminium.
Die Masse von Stoffen mit gleichem Volumen (z. B. 1 dm^3) heißt Dichte.
Stahl hat eine Dichte ϱ (rho) von 7,85 kg/dm^3.

Maßeinheiten

Masse *m*	kg	g	t	
Volumen *V*	______	______	______	Umwandlungszahl: 1000
Dichte ϱ	______	______	______	Umwandlungszahl: 1000

Stahl hat eine Dichte von 7,85 kg/dm^3 oder ______ g/cm^3 oder ______ t/m^3.

Entnehmen Sie die Dichte der folgenden Stoffe einem Tabellenbuch:

Aluminium ______	Kupfer ______	Cu-Zn-Leg. ~ ______
Blei ______	Stahl ______	PVC-U ______
Grauguss ______	Zinn ______	Wasser (4 °C) ______

C. Berechnung der Masse

Um die Masse eines Stoffes berechnen zu können, müssen bekannt sein:

______

Geg.: ______

Ges.: ______

1 dm^3 → ______ kg

______ dm^3 → ______ = ______ kg

m = ______

Bildnachweis: Di Gaspare, Michele (Bild und Technik Agentur für technische Grafik und Visualisierung)

1. Aufgabe: Die Skizze zeigt die Abwicklung einer rechteckigen Ölauffangwanne aus Aluminium.
Berechnen Sie die Masse des leeren Behälters (in kg).

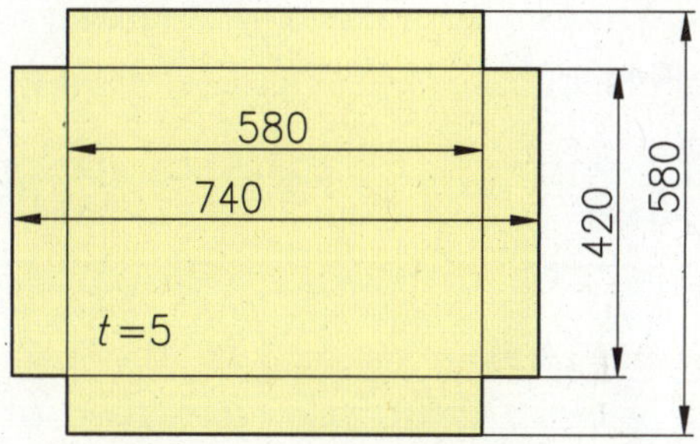

2. Aufgabe: Wie viel Masse (in kg) hat der skizzierte Stahlflansch?

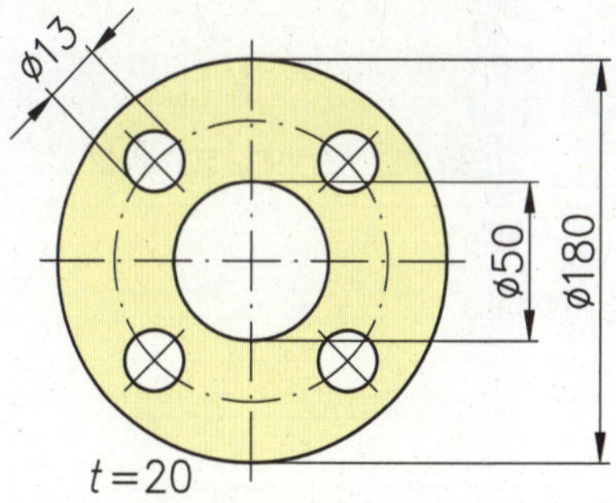

Berechnen Sie die Masse der gezeichneten Stahlwelle.

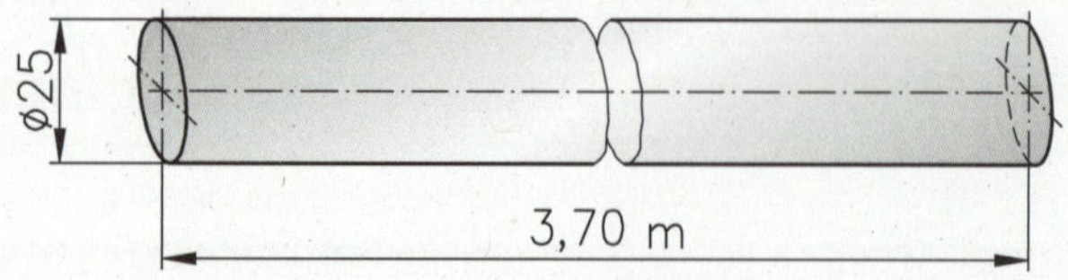

Geg.: ______

______

Ges.: ______

A = ______ V = ______

V = ______

A = ______ V = ______

A = ______

m = ______

m = ______

m = ______

Die Masseberechnung auf diese Weise ist recht umständlich.

A. Längenbezogene Masse

Bei genormten Profilen verwendet man zur Masseberechnung Tabellen.

3,7 m ⟶ ______ kg

1 m ⟶ ______ = ______ kg (siehe Tabellenbuch)

1 m Rundstahl mit 25 mm Durchmesser hat die Masse von ______ kg. Diese Zahl gibt also an, welche Masse das Profil je Meter Länge hat; sie wird deshalb als längenbezogene Masse (______) bezeichnet.

Aufgabe: Wie viel kg haben 2,8 m ungleichschenkeliger Winkelstahl 60 x 40 x 6 mm?

Geg.: ______

Ges.: ______

1 m ⟶ ______ kg

___ m ⟶ ______ = ______

m = ______

B. Flächenbezogene Masse

Aufgabe: Berechnen Sie nach Tabelle die Masse von 1,8 m^2 Stahlblech mit 1,50 mm Dicke.

Geg.: ______

Ges.: ______

Nach Tabelle hat 1 m^2 Stahlblech von 1,50 mm Dicke die Masse von ______ kg; diese Zahl heißt flächenbezogene Masse (______).

1 m^2 ⟶ ______ kg

1,8 m^2 ⟶ ______ = ______ kg

m = ______

1. Aufgabe: Wie viel kg Masse hat ein Stahlträger IPE 240 mit 4,8 m Länge?

2. Aufgabe: Ein Balkongeländer ist nach Zeichnung aus kaltgefertigtem, geschweißtem Rohr herzustellen. Die lägenbezogene Masse des Rechteckstahlrohrs beträgt 2,92 kg/m.
Welche Masse (in kg) hat es?

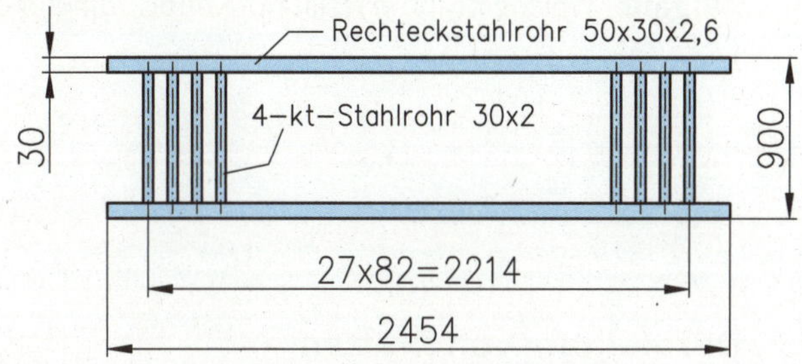

3. Aufgabe: Das Flachdach der skizzierten Garage erhält eine Abdeckung aus 0,8 mm dickem Kupferblech.
Berechnen Sie die Masse des Bleches (in kg), wenn für Falze und Verschnitt 5 % Zuschlag gerechnet werden.

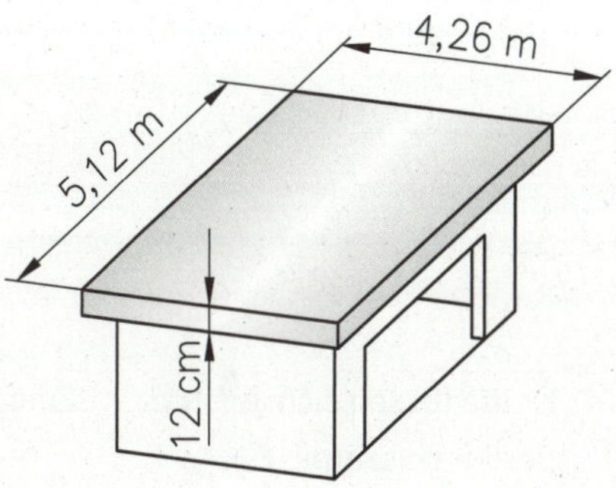

Soll Masse beschleunigt oder verzögert (abgebremst) werden, ist Kraft (____) notwendig.

Messgerät: ____________-Waage

Maßeinheit: ____________ (____)

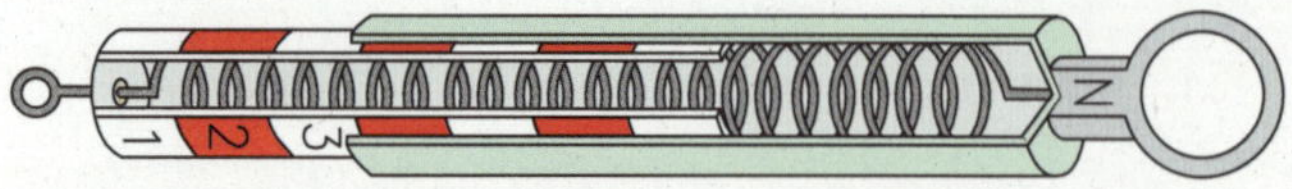

Wirkt auf die Masse *m* die Erdanziehung *g* als Beschleunigung, so wird aus ihr eine ____________ (*F*), die als ____________-Kraft (F_G) bezeichnet wird. Sie ist vom Ort ____________.

Formel: ____________

g = 9,81

g ~ ____

Unterscheiden Sie:

Masse	mass	*m*
Gewichtskraft	Force	____
Erdanziehung	gravitation	____

Aufgabe: Welche Kraft (in N) ist notwendig, um auf der Erde die Masse 1 kg zu heben?

____ = ____

____ = ____

____ = ____

! Um auf der Erde 1 kg zu heben, ist die Kraft von ____ notwendig.

1 kg ≙ ____

A. Darstellung von Kräften

Um eine Kraft zeichnen zu können, müssen bekannt sein:

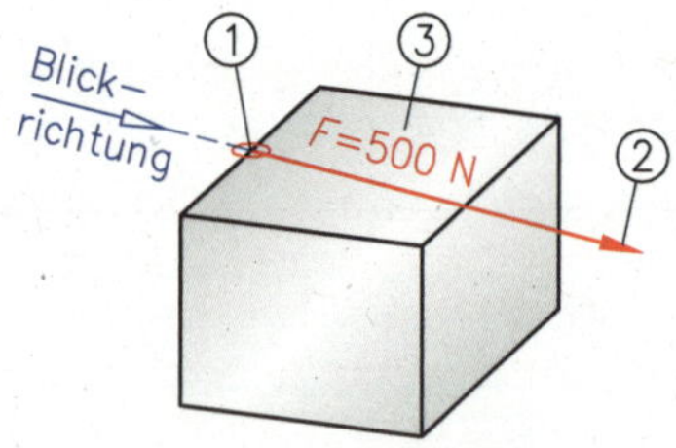

① ____________

② ____________. Diese ist festgelegt durch die Wirkungslinie und den Richtungspfeil.
Wie wirken Gewichtskräfte auf der Erde?

____

③ ____________. Dazu muss ein geeigneter Kräftemaßstab (KM) gewählt werden, z. B. 1 cm ≙ 100 N.

B. Zwei Kräfte in gleicher Richtung

Die beiden Kräfte F_1 und F_2 wirken in gleicher Richtung. Zeichnen Sie die beiden Kräfte auf die freie Wirkungslinie und bestimmen Sie die Ersatzkraft *F*.

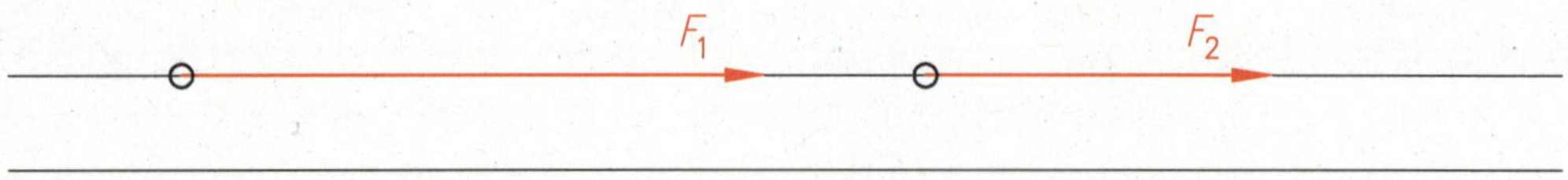

Kräfte lassen sich auf ihrer Wirkungslinie beliebig verschieben. Die Ersatzkraft oder die Resultierende ist die Summe der Einzelkräfte: *F* = ____________.

C. Zwei Kräfte in entgegengesetzter Richtung

Zeichnen Sie die beiden Kräfte auf die freie Wirkungslinie und bestimmen Sie die Resultierende *F*.

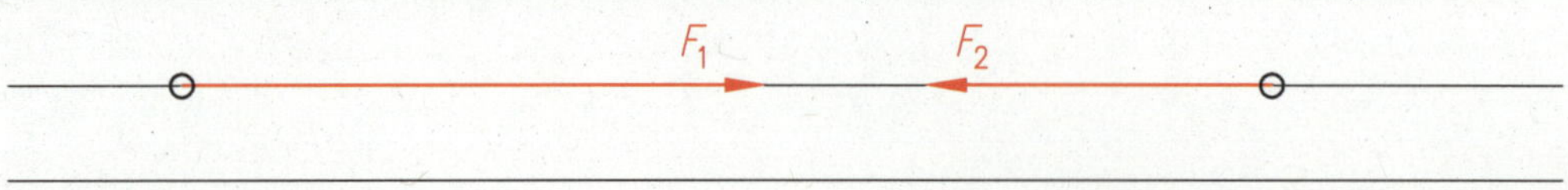

Die Resultierende ist die Differenz der Einzelkräfte: *F* = ____________.

D. Zwei Kräfte unter einem Winkel

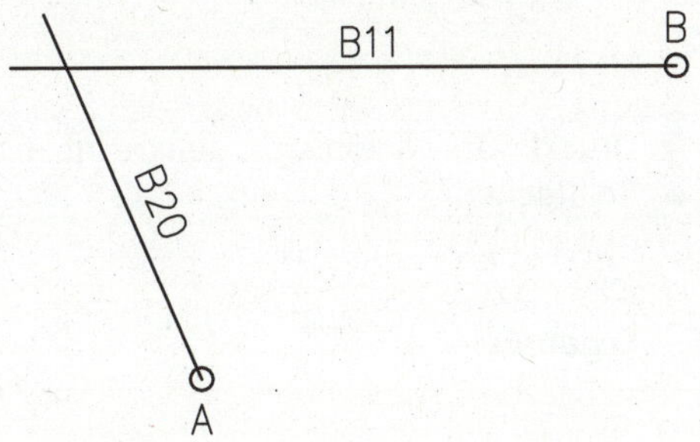

1. Ein Pkw ist über die B 20 und B 11 von A nach B gefahren. Wie viel km Luftlinie ist er von A entfernt?

   M: 1 cm ≙ 10 km

   Ergebnis: ______ cm ≙ ________ km

   Das Ergebnis oder Resultat ist der Pfeil von A nach B

   = ______________________.

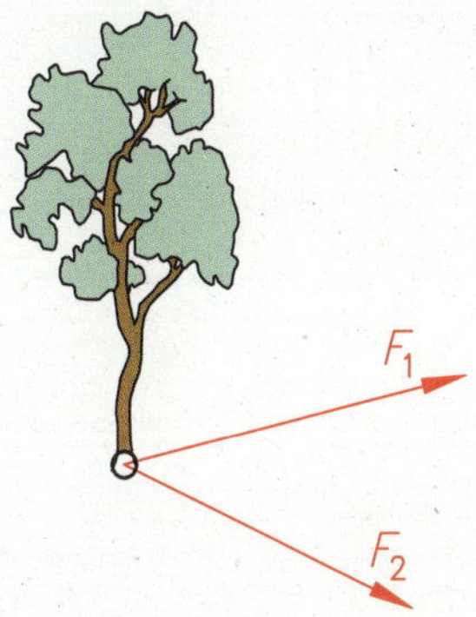

2. Bestimmen Sie zeichnerisch die Fallrichtung des Baumes und die Größe der Ersatzkraft.

   KM: 1 cm ≙ 1000 N

   Für die Lösung müssen die beiden Kräfte F_1 und F_2 parallel verschoben werden. Die Figur heißt Parallelogramm.

   Die Resultierende ist die Diagonale dieses Kräfteparallelogramms.

   Ergebnis: F_R = ______ cm ≙ ________ N

3. Wenn sich **zwei** Kräfte durch **eine** Kraft ersetzen lassen, muss sich umgekehrt auch **eine** Kraft in **zwei** Kräfte zerlegen lassen.
   Ermitteln Sie die Größe der Kräfte F_1 und F_2.

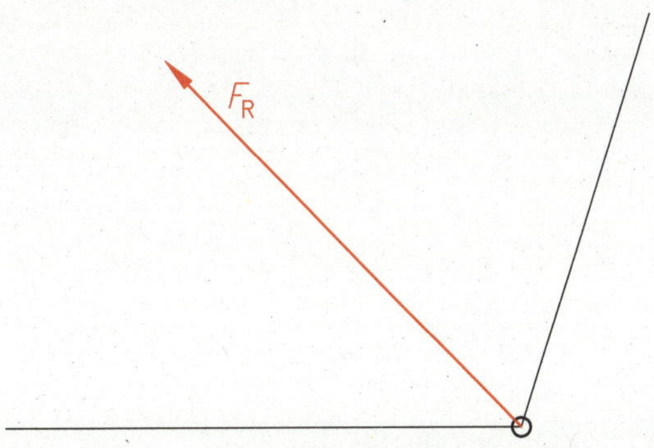

KM: 1 cm ≙ 10 kN

Um die Aufgabe lösen zu können, müssen die Wirkungslinien der Kräfte F_1 und F_2 bekannt sein.
F_1 und F_2 sind die Seiten des Kräfteparallelogramms.

Ergebnis: F_1 = ______ cm ≙ ________ kN

F_2 = ______ cm ≙ ________ kN

Beispiel: An der Deichsel eines Werkstattwagens wird mit der Kraft von 300 N schräg nach oben gezogen (siehe Skizze). Zerlegen Sie diese Resultierende in ihre waagrechte und senkrechte Teilkraft. Wählen Sie dazu einen geeigneten Kräftemaßstab.

KM: 1 cm ≙ ________

Ergebnis:

Waagrechte Kraft F_W = ______ cm ≙ ________ N

Senkrechte Kraft F_S = ______ cm ≙ ________ N

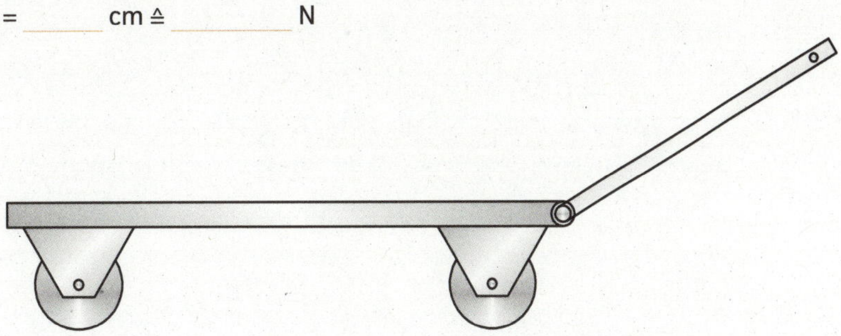

Bildnachweis: Di Gaspare, Michele (Bild und Technik Agentur für technische Grafik und Visualisierung)

Das skizzierte Werkstück soll mit Keilen getrennt werden. Die Hammerkraft F_R beträgt in beiden Fällen 300 N. Ermitteln Sie zeichnerisch die Größe der beiden Druckkräfte (= Trennkräfte) F_1 und F_2.

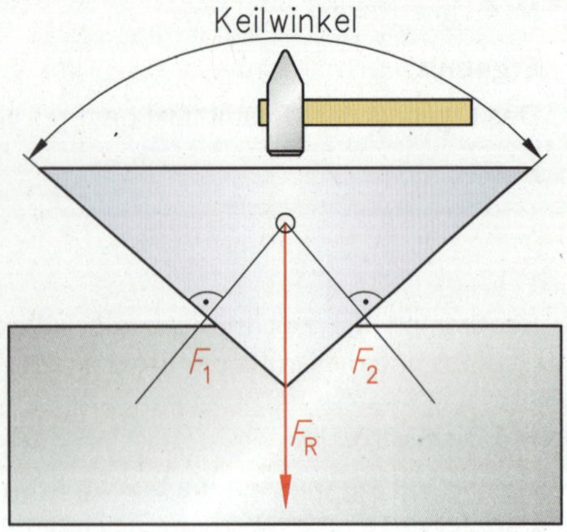

! Druckkräfte wirken stets senkrecht zu den Keilflächen.

KM: 1 cm ≙ ______ N

Ergebnis:

F_1 = ______ cm ≙ ______ N

F_2 = ______ cm ≙ ______ N

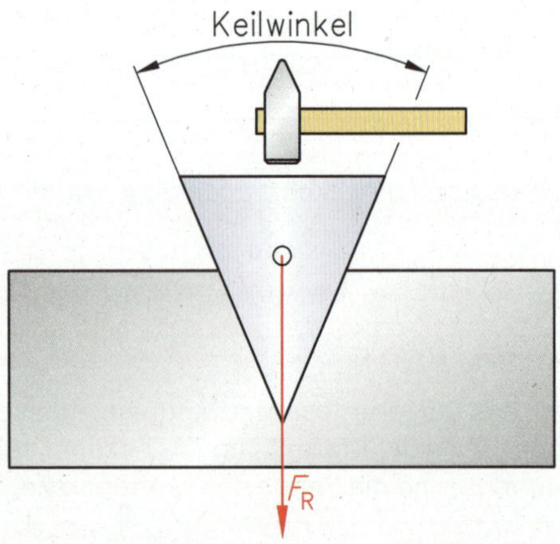

KM: 1 cm ≙ ______ N

Ergebnis:

F_1 = ______ cm ≙ ______ N

F_2 = ______ cm ≙ ______ N

Erkenntnis:

Großer Keilwinkel

______ Druckkräfte,
______ Eindringtiefe,
______ Kraftaufwand,

geeignet zur Bearbeitung
______ Werkstoffe

Kleiner Keilwinkel

______ Druckkräfte,
______ Eindringtiefe,
______ Kraftaufwand,

geeignet zur Bearbeitung
______ Werkstoffe

Die Grundform jeder Werkzeugschneide ist ein Keil.

A. Anforderungen an die Werkzeugschneide

Welche Anforderungen werden an jede Werkzeugschneide gestellt? Denken Sie an Härte und Standzeit.

1. ____________________

2. ____________________

____

B. Winkel

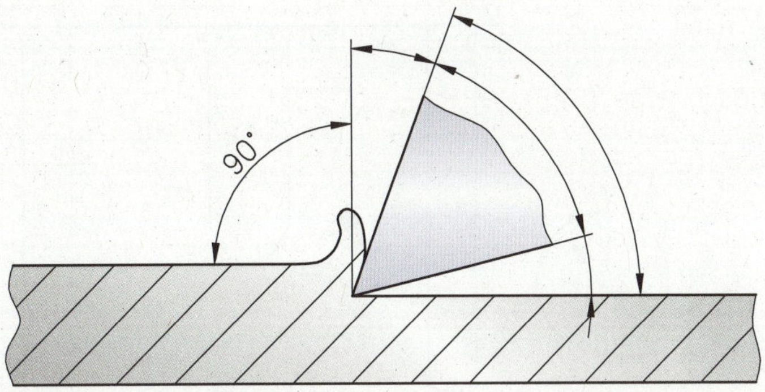

Bezeichnung	Kurzzeichen	Aussprache
______ -Winkel ______ -Winkel ______ -Winkel		
______ -Winkel		

Die obige Skizze enthält zwei Gesetzmäßigkeiten. Geben Sie diese in Formeln an:

______ = 90° δ = ______

C. Schnittwinkel

Tragen Sie die Winkel mit ihren Kurzzeichen in die Skizzen ein.

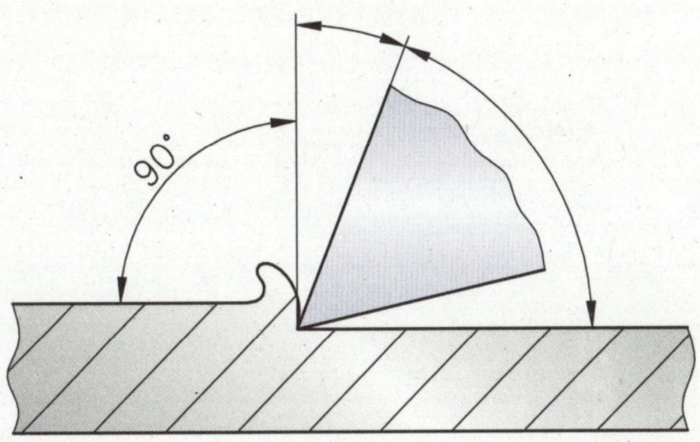 90°	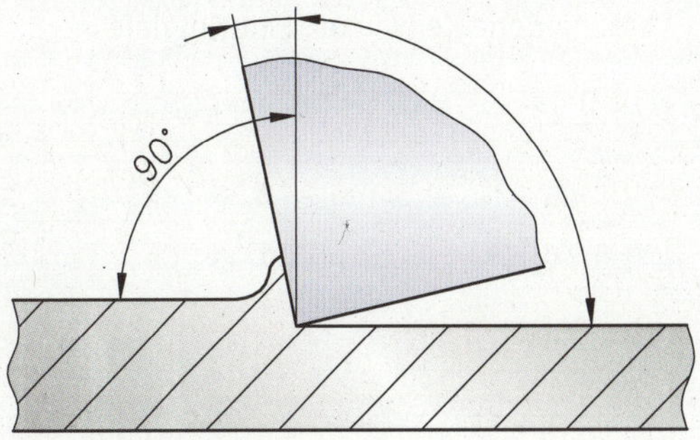 90°
Schnittwinkel δ ist ______ als 90°; Spanwinkel γ ist ______; ergibt ______ Wirkung.	Schnittwinkel δ ist ______ als 90°; Spanwinkel γ ist ______; ergibt ______ Wirkung.

Bildnachweis: Di Gaspare, Michele (Bild und Technik Agentur für technische Grafik und Visualisierung)

Die Grundform jeder Werkzeugschneide ist der Keil. Der Keilwinkel heißt β. Metalle können verschieden fest sein; sie besitzen unterschiedliche Festigkeiten.
Beurteilen Sie die Festigkeit.

Werkzeugschneide ______ Werkstück ______

Versuchsaufbau

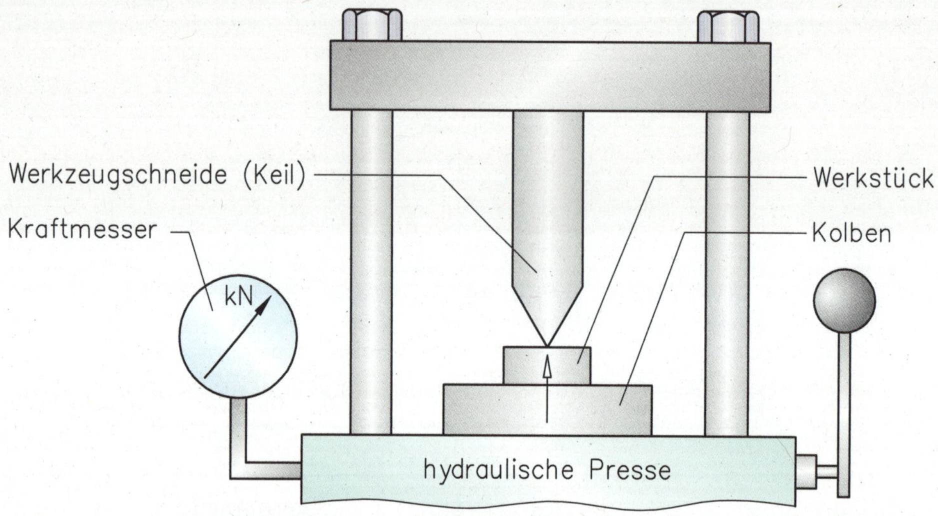

1. Versuch

Keilwinkel = ______, Eindringtiefe = ______

Werkstück	Aluminium	Messing	Stahl
Festigkeit (Tabellenbuch)			
Eindringkraft (Messgerät)			

Erkenntnis: Große Festigkeit des Werkstücks → ______ Eindringkraft.

2. Versuch

Verschiedene Keilwinkel, Eindringtiefe = ______

Werkstück	**Eindringkraft**		
	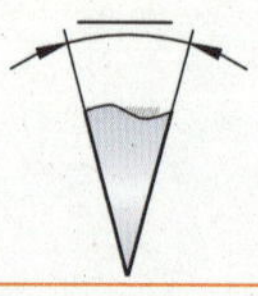	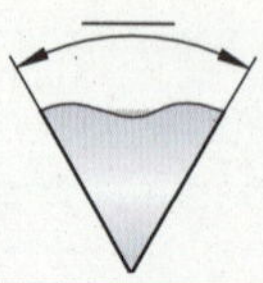	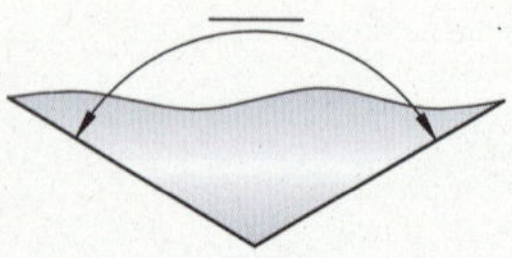
Aluminium			
Stahl			

Erkenntnis: Kleiner Keilwinkel → ______ Eindringkraft

Bei der Fertigung von Werkstücken können verschiedene Verfahren angewendet werden.
Nennen Sie einige Beispiele beim Fertigen eines Gartentores:

Die Fertigungsverfahren lassen sich in sechs Hauptgruppen einteilen:

A. Urformen

Weitere Beispiele:

B. Umformen

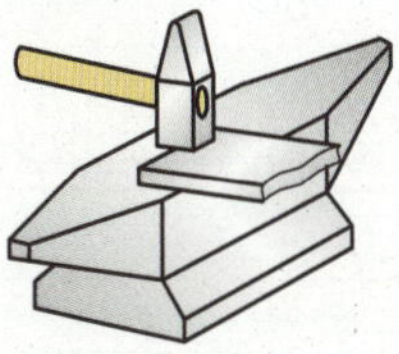

Weitere Beispiele:

C. Trennen

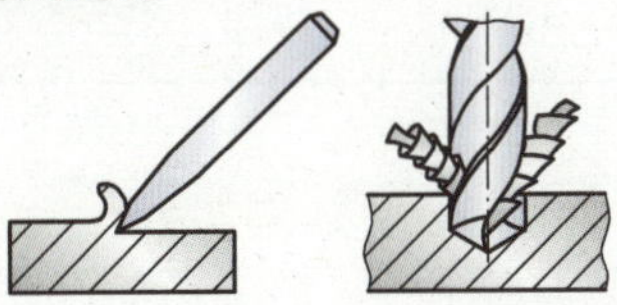

Weitere Beispiele:

D. Fügen

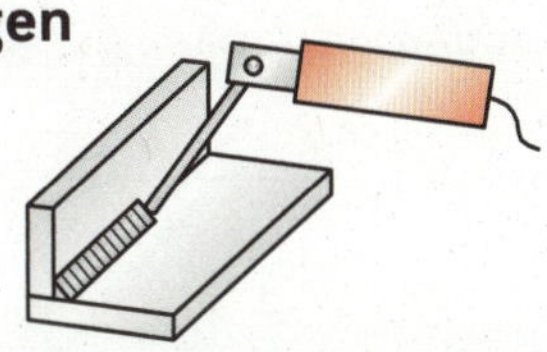

Weitere Beispiele:

E. Beschichten

Weitere Beispiele:

F. Ändern der Stoffeigenschaft

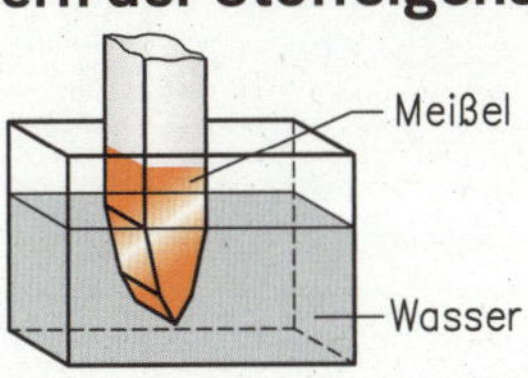

Weitere Beispiele:

Fertigen von Bauelementen mit handgeführten Werkzeugen

Trennende Wirkung der Werkzeugschneide

A. Trennen von Werkstoffen:

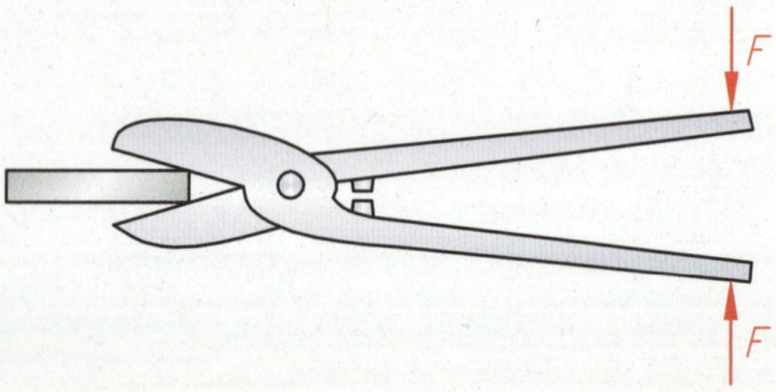

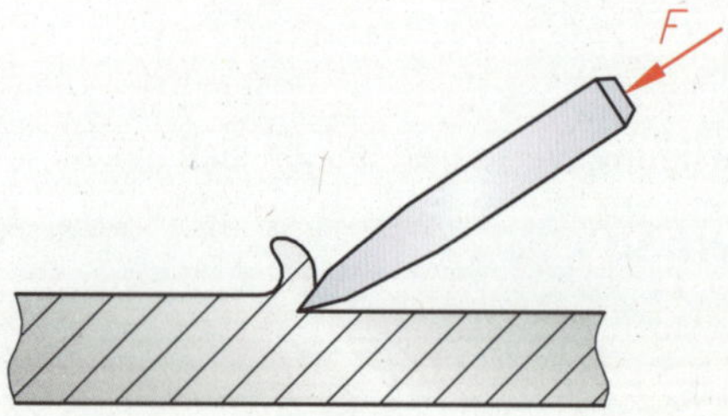

z. B. Scheren, Schneiden

z. B. Meißeln, Sägen, Bohren

B. Werkstücke können auf verschiedene Arten zerteilt oder zerspant werden:

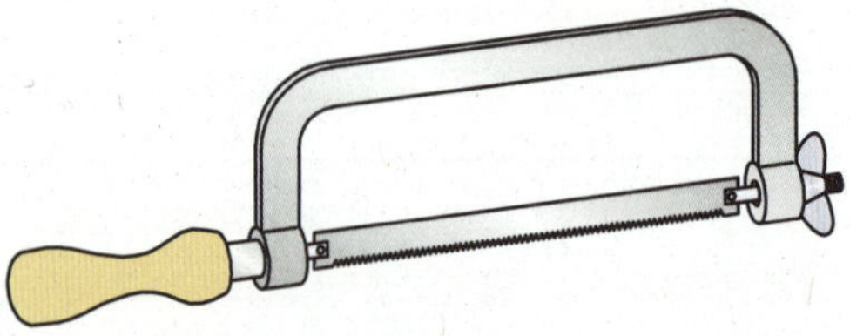

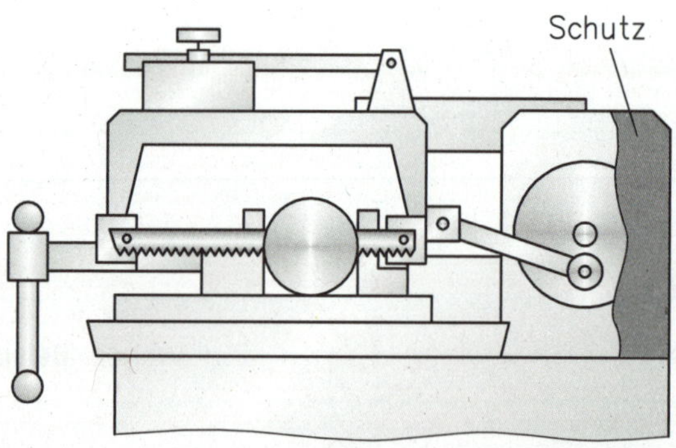

Verfahren

Verfahren

Sammeln und ordnen Sie weitere Verfahren. Beachten Sie, dass manche Verfahren sowohl mit der Hand, also manuell, als auch maschinell ausgeführt werden können.

A. Teile des Meißels

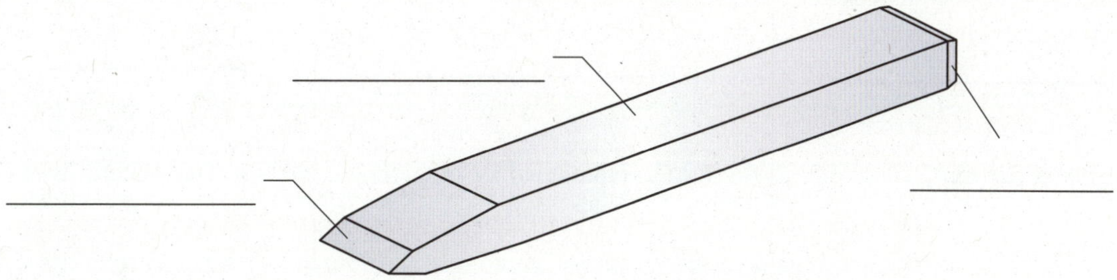

B. Bezeichnung der Flächen

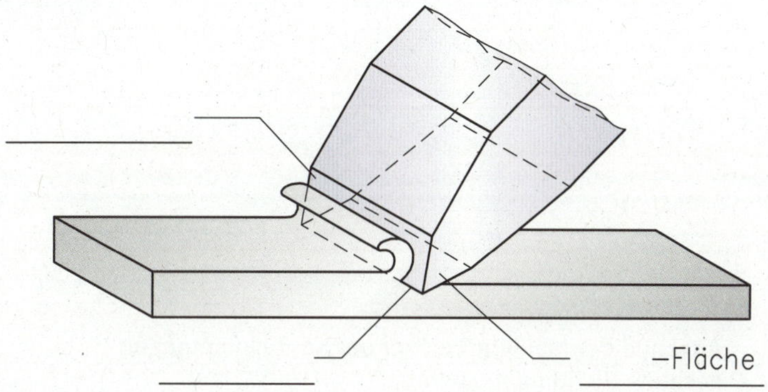

C. Arten und Verwendung

Welche Meißelart ist dargestellt und wozu wird sie verwendet?

	Meißelart	Verwendung
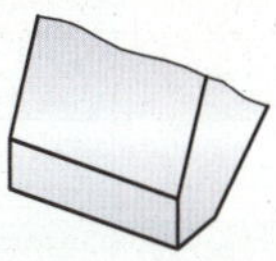	______-Meißel, die Schneide ist ______.	
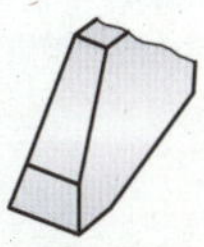	______-Meißel, die Schneide ist ______.	
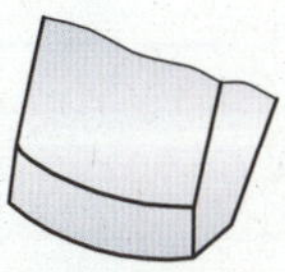	______-Meißel, die Schneide ist ______.	
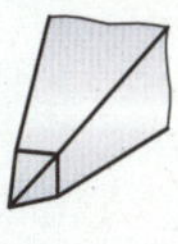	______-Meißel	

D. Wirkungsweise

Der Trennvorgang erfolgt in drei Schritten.

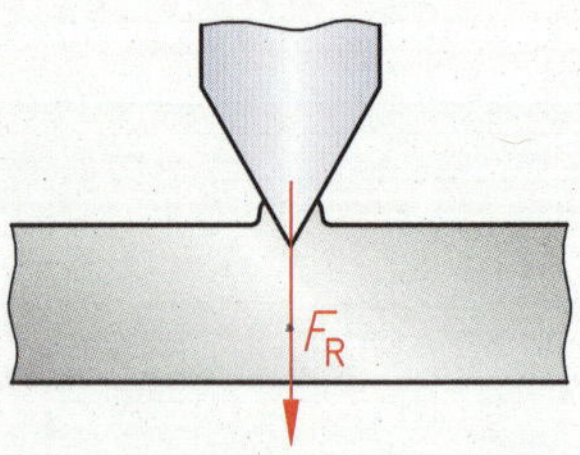

1. Es bildet sich ein ______________________.

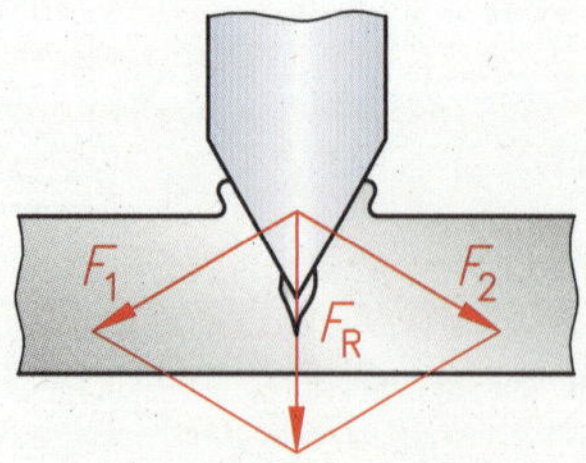

2. Es entsteht ein ______________________.

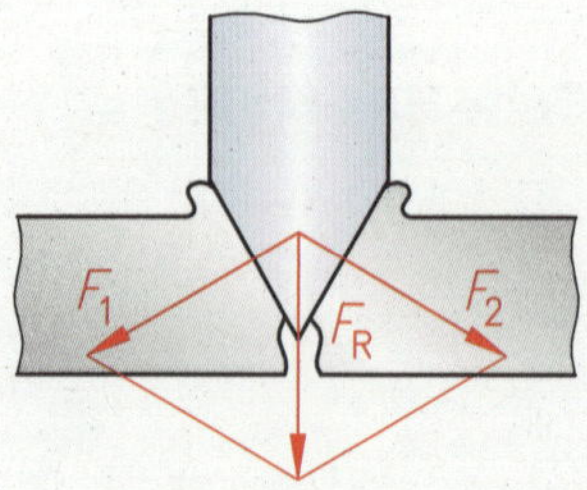

3. Das Material wird ______________________.

E. Unfallverhütung

Formulieren Sie in Befehlssätzen mithilfe der Stichwörter Unfallverhütungsvorschriften.

(Meißelbart) ______________________________

(Hammerstiel) ______________________________

____

(Augenverletzungen) ______________________________

____

(Schutz anderer) ______________________________

____

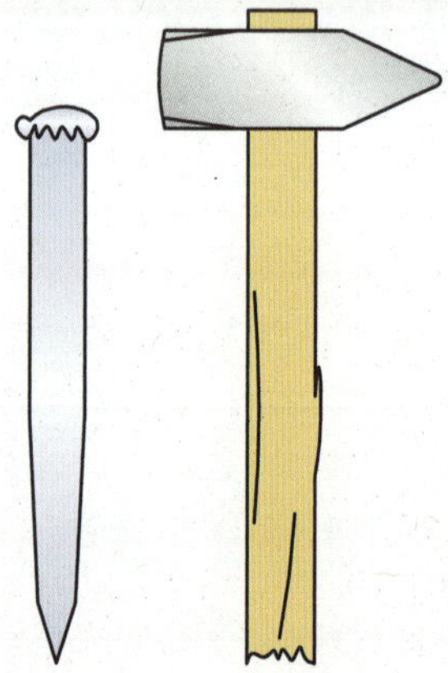

Am Ende der Meißelarbeit vor der Kante in entgegengesetzte Richtung meißeln!
Gemeißelte Werkstücke haben scharfe Kanten; sie müssen stets entgratet werden!

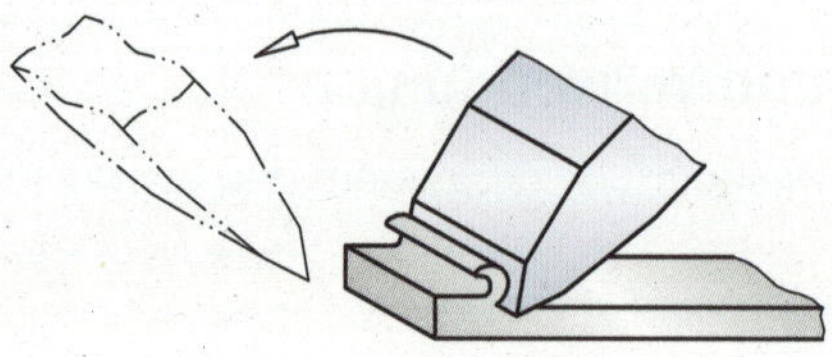

Mit der Säge werden Werkstücke getrennt.

A. Teile der Säge

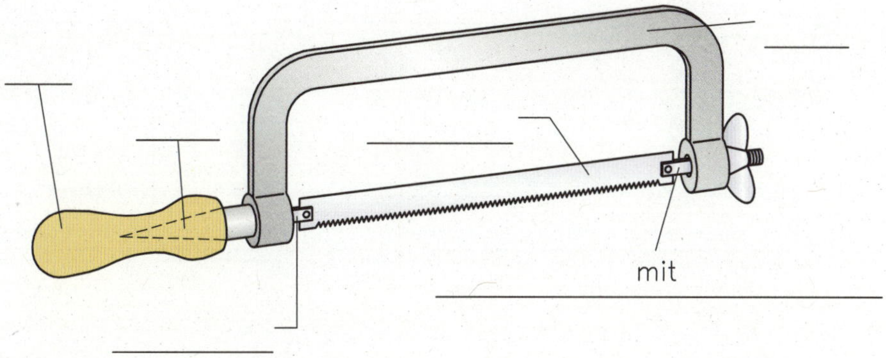

B. Arten

1. Die Skizze zeigt eine Handbügelsäge.
2. Außer den Handsägen gibt es noch Maschinensägen, z. B.

C. Wirkungsweise

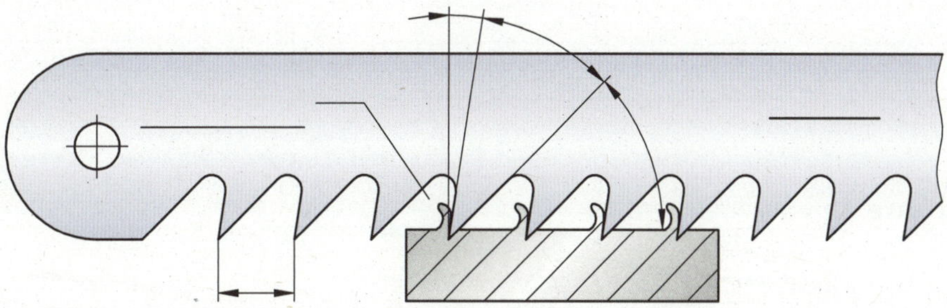

Das Sägeblatt besteht aus vielen hintereinander liegenden ________-förmigen Schneiden, die gehärtet sind.

Aufgaben:
1. Tragen Sie in die Skizze die Winkel der Werkzeugschneide ein.
2. Geben Sie mit einem Pfeil die Schnittrichtung an.
3. Tragen Sie ein: Spanraum, Zahnteilung (*t*).

D. Zahnteilung

Zahnteilung	____ Zähne auf 1'' = ____ Teilung	____ Zähne auf 1'' = ____ Teilung	____ Zähne auf 1'' = ____ Teilung
Ordnen Sie den Skizzen zu.	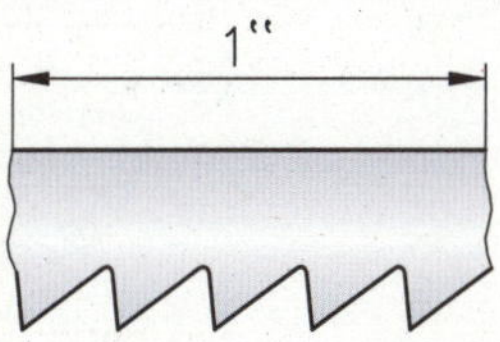	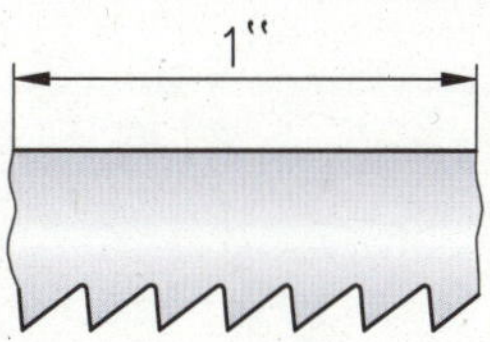	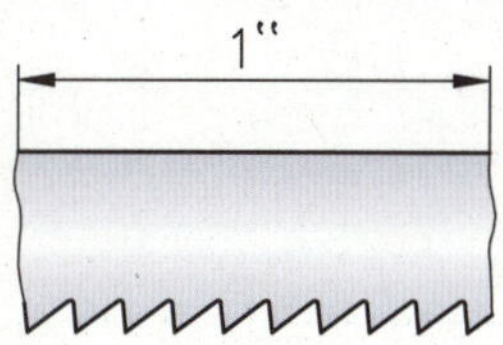
Werkstofffestigkeit: hart, mittel, weich	z. B.	z. B.	z. B.
Wandstärke des Werkstoffes: dick, mittel, dünn			

Erkenntnisse:

Weicher Werkstoff: ____________ Zahnteilung

Kurze Schnittlänge: ____________ Zahnteilung

E. Freischneiden

Wie verhalten sich die beiden Sägeblätter beim Sägen?

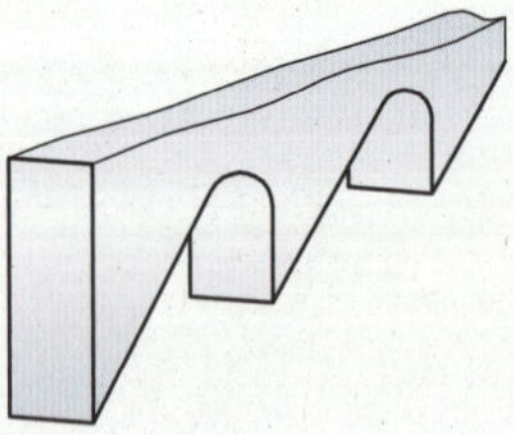

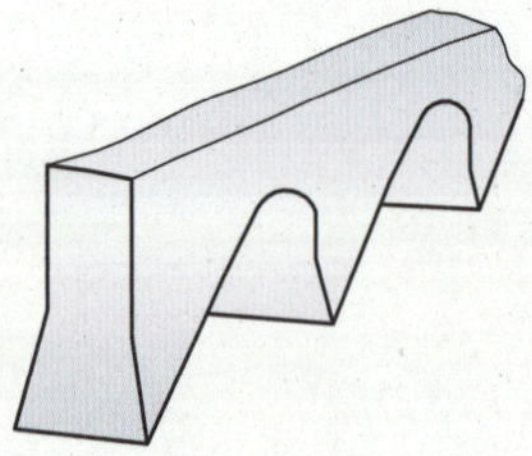

____

____

Möglichkeiten

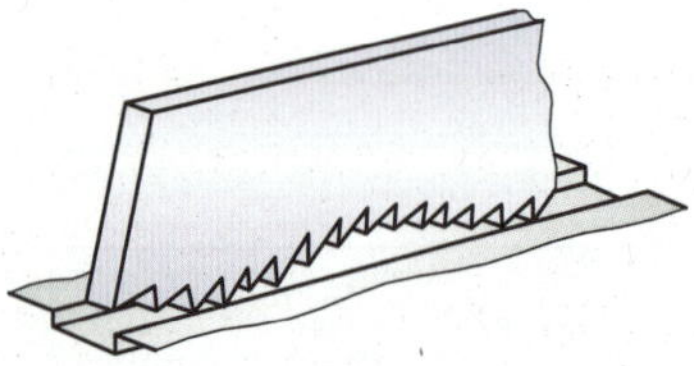

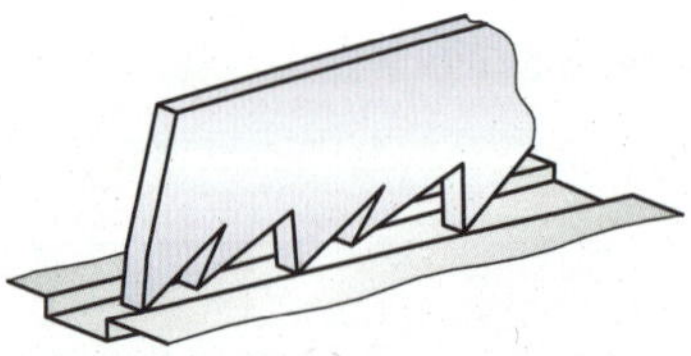

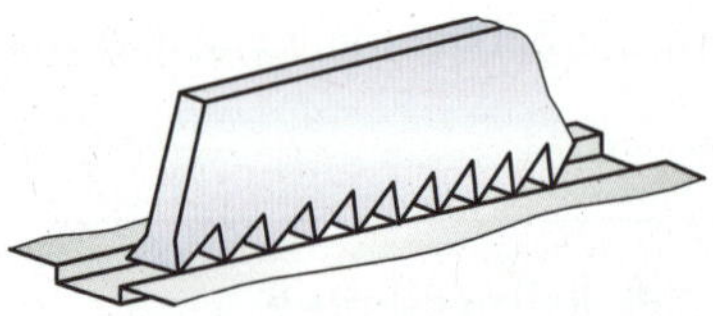

____________ Blatt ____________ Blatt ____________ Blatt

F. Unfallverhütung

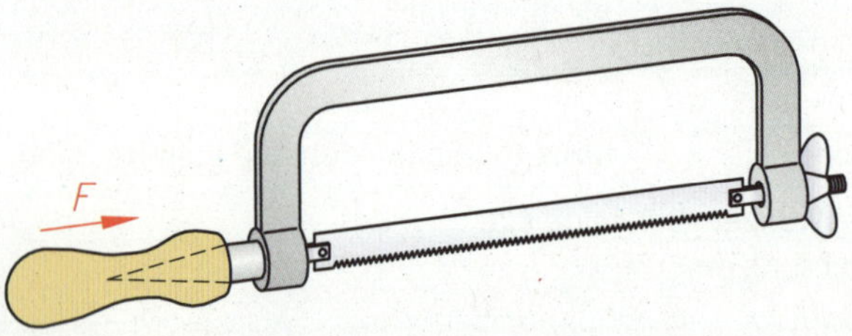

Das ____________ muss fest auf der ____________ sitzen!

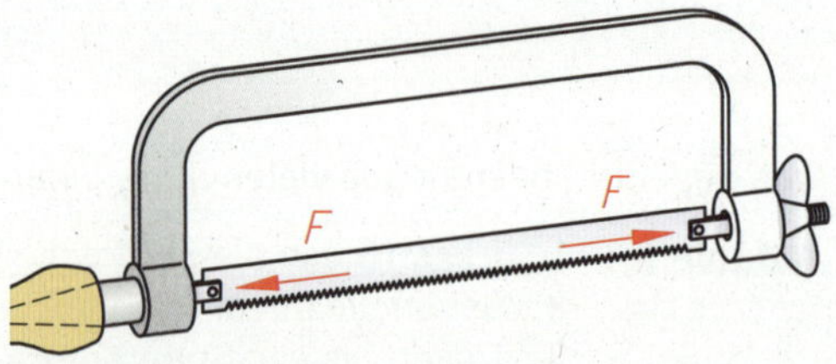

Das Sägeblatt soll ____________ gespannt sein!

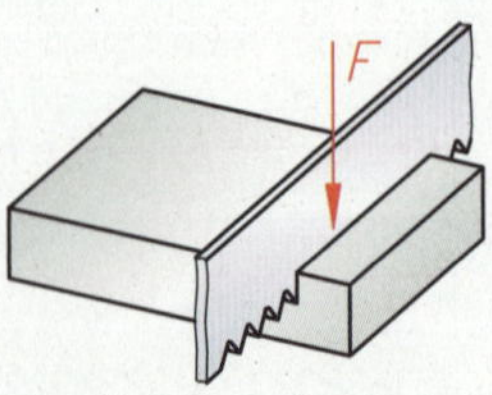

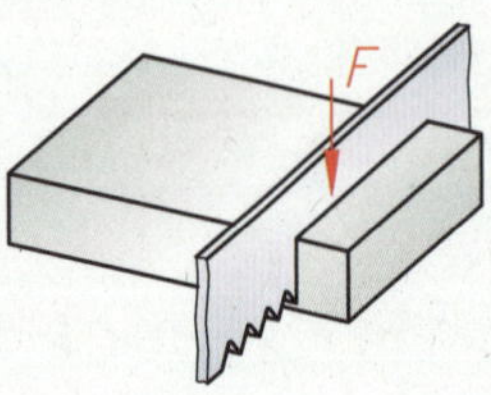

Am Ende der Sägearbeit den ____________ verringern!

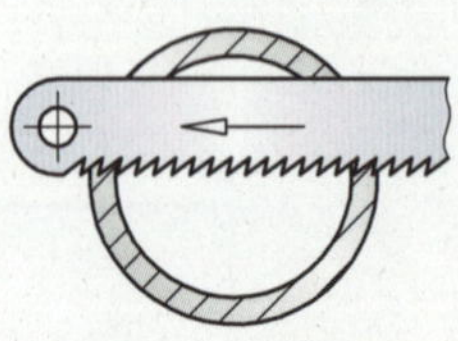

richtig – falsch

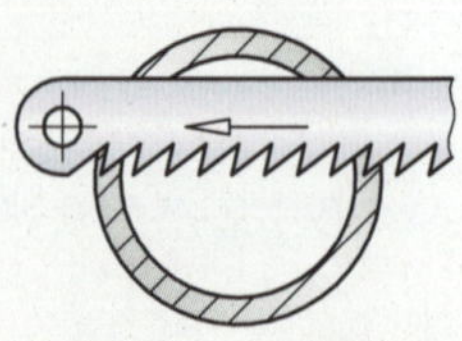

richtig – falsch

Damit bei dünnwandigen Werkstücken das Sägeblatt nicht einhakt, sollen mindestens ______ Zähne im Einsatz sein.

Metallbautechnik	Datum:	Fertigen von Bauelementen mit handgeführten Werkzeugen	Lernfeld 1
Name:	Klasse:	*Feilen*	39

A. Aufbau der Feile

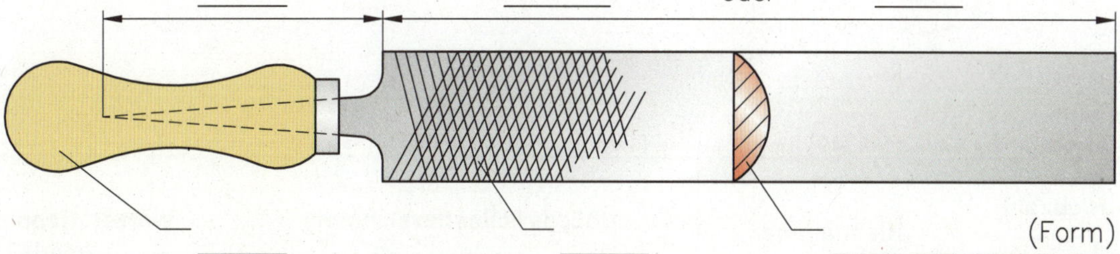

B. Einteilung

1. Nach dem Querschnitt der Feile

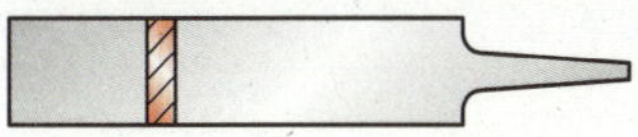

____________- Feile

____________- Feile

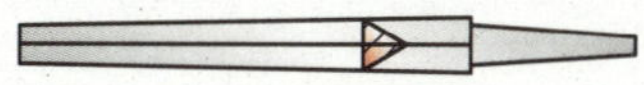

____________- Feile

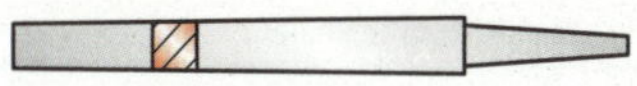

____________- Feile

____________- Feile

____________- Feile

2. Nach der Zahnform

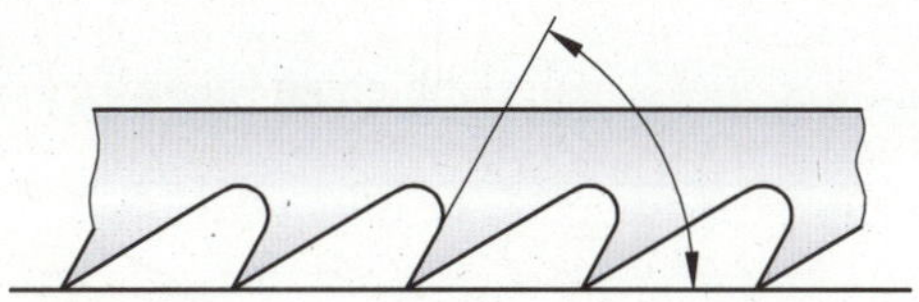

____________ Feile

Schnittwinkel kleiner als 90° ergibt schneidende Wirkung. Geeignet für weiche Metalle,

z. B. ____________

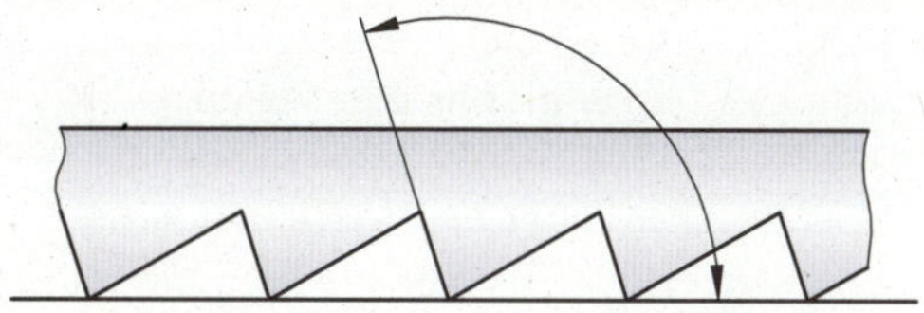

____________ Feile

Schnittwinkel größer als 90° ergibt schabende Wirkung. Geeignet für harte Metalle,

z. B. ____________

3. Nach dem Feilenhieb

Der Feilenhieb kann gehauen oder gefräst werden.

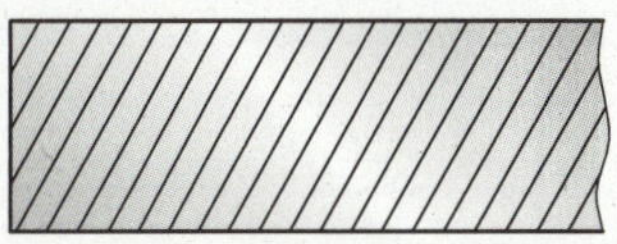

____________-Hieb-Feile

Geeignet für ____________ Metalle, z. B.

____________-Hieb-Feile oder ____________-Hieb-Feile

Geeignet für ____________ Metalle, z. B.

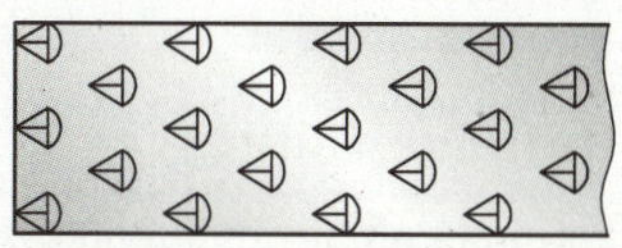

____________-Hieb-Feile oder ____________-Hieb-Feile

Geeignet für ____________

4. Nach der Hiebzahl und Hiebnummer

Hiebzahl

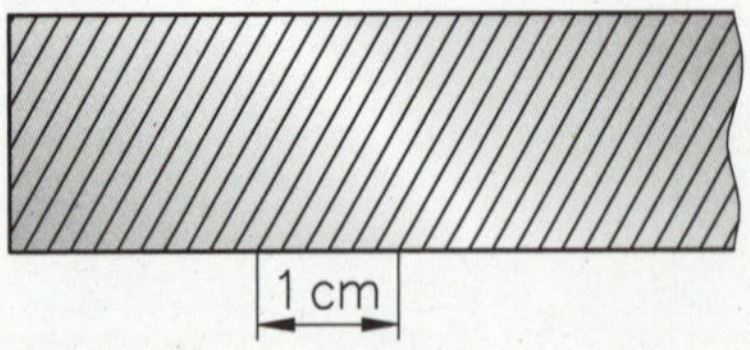

Die Hiebzahl ist die Anzahl der Hiebe auf die Länge von 1 cm. Im Beispiel hat die Feile ______ Hiebe/cm.

Hiebnummer

Hiebtafel (Auszug aus DIN 8349) für gehauene Feilen mit 300 mm Blattlänge.

Hiebzahl $\left(\frac{\text{Hiebe}}{\text{cm}}\right)$	**Hiebnummer**	**Übliche Feilenbezeichnung** in der Werkstatt	**Werkstoffabnahme** (mm)
15	______	______ -Feile	> 0,5
20	______	______ -Feile	~ 0,5
25	______	______ -Feile	~ 0,4 – 0,2
30	______	______ -Feile	< 0,2

Erkenntnis:

____

____

C. Reinigen der Feilen

Zwischen den Zähnen der Feilen können sich Späne festsetzen. Diese müssen entfernt werden.
Man verwendet:

Für grobhiebige Feilen

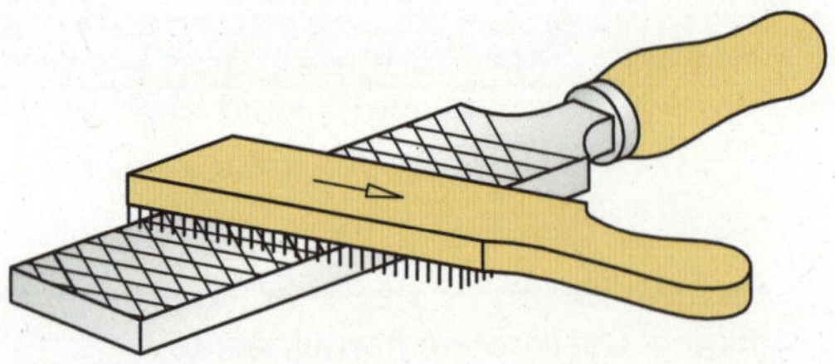

____

Für feinhiebige Feilen

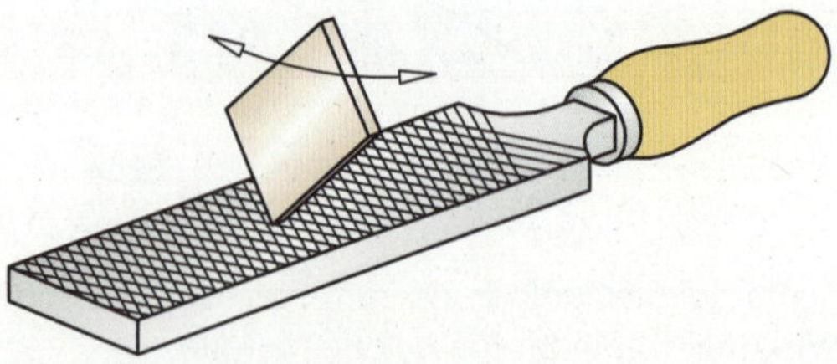

Blech aus ______________ oder ______________

D. Unfallverhütung

Formulieren Sie in Befehlssätzen mithilfe der Stichwörter je eine Unfallverhütungsvorschrift.

(Heft, Angel) 1. ____

____

(Werkstück, Schraubstock) 2. ____

____

(Heft, Schraubstockbacke) 3. ____

____

Metallbautechnik	Datum:	Fertigen von Bauelementen mit handgeführten Werkzeugen	Lernfeld 1
Name:	Klasse:	*Gewindeschneiden*	40

A. Wichtige Gewindemaße

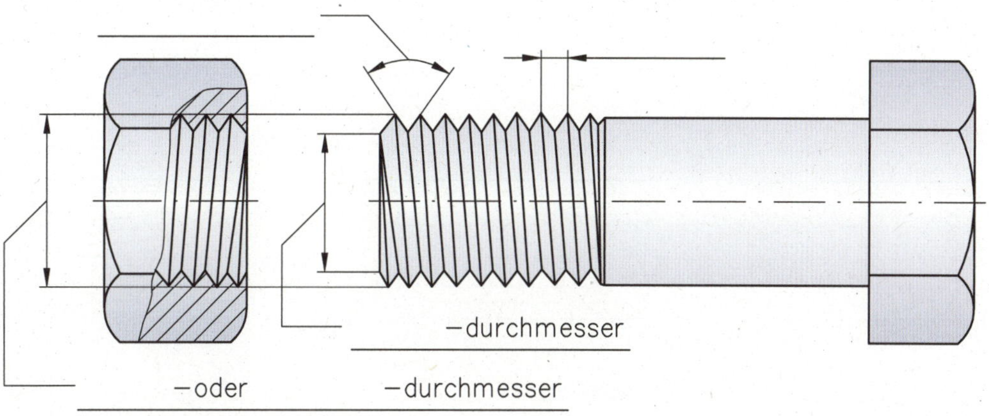

B. Schneiden von Innengewinden

1. Werkzeuge

Gewindebohrer

 ein Ring ____ - Schneider  zwei Ringe ____ - Schneider  ____ - Schneider ____ Ringe oder	 ein Ring ____ - Schneider  ____ - Schneider ____ Ringe	 ①  ②
____ Hand-Gewinde-Bohrer-Satz	____ Hand-Gewinde-Bohrer-Satz	① gerader oder ② gewendelter Einschnitt-Gewindebohrer (= ____ Gewindebohrer)
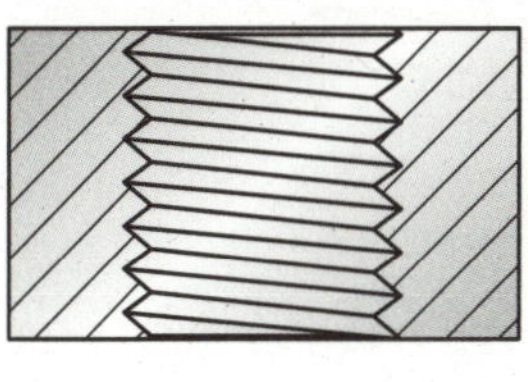 für ____ Gewinde	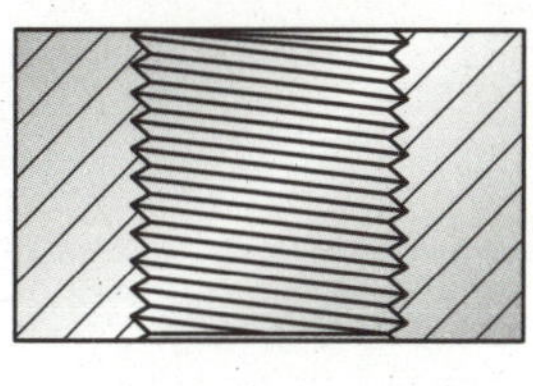 für ____ Gewinde	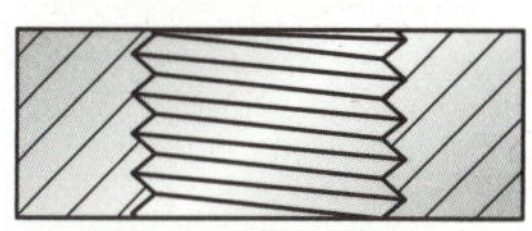 für ____ Gewinde

Windeisen

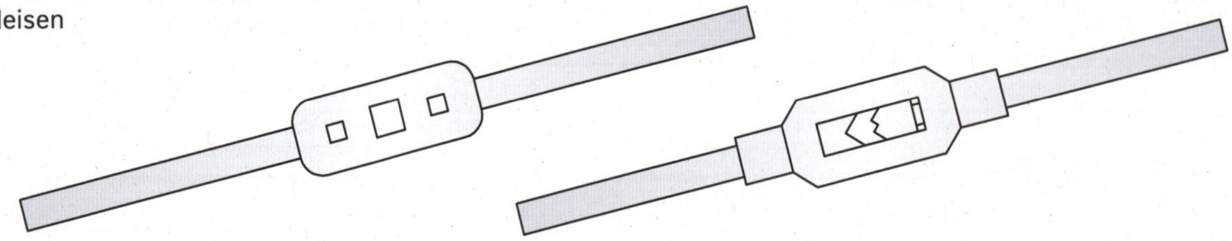

2. Arbeitsstufen

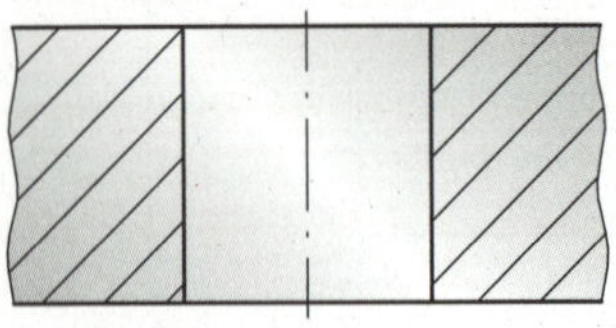	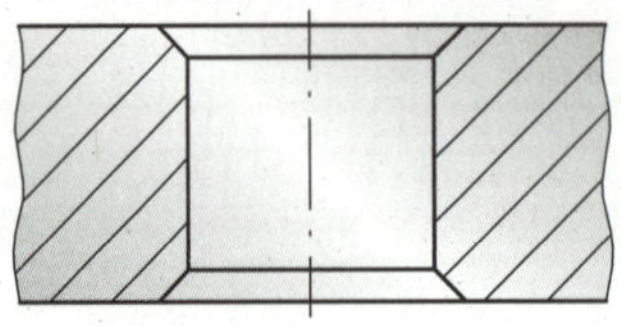	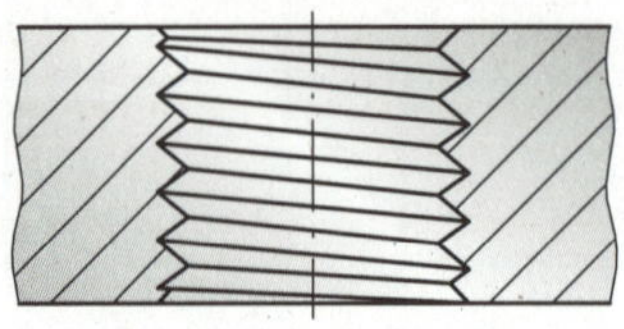
1. Bohren des ______ -Loches	2. Beidseitiges ______ mit dem ______	3. ______ des Gewindes. Geeigneten Kühlschmierstoff verwenden.

C. Schneiden von Außengewinden

1. Werkzeuge

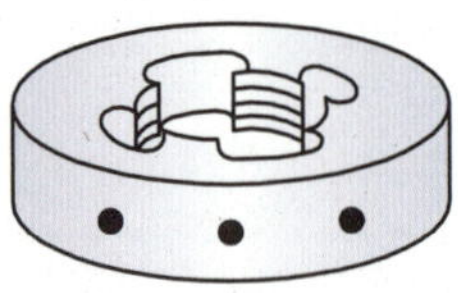	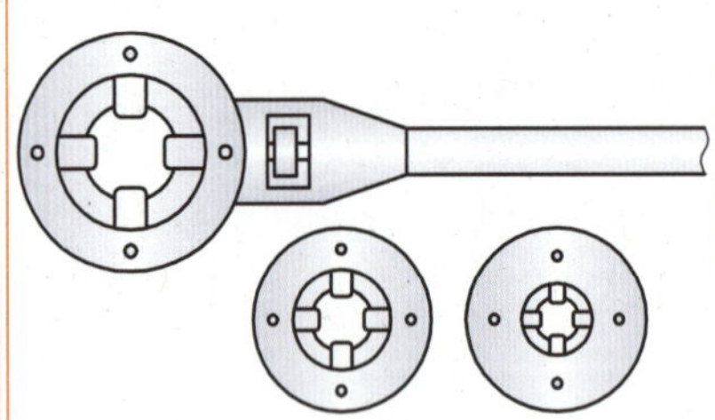	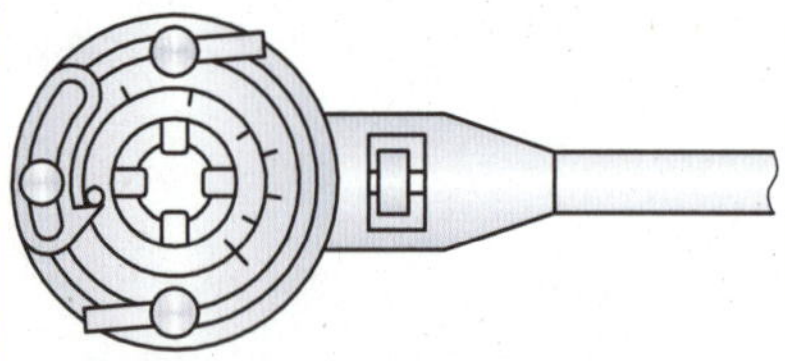
______	______ mit austauschbaren ______	______ Gewindeschneidkluppe
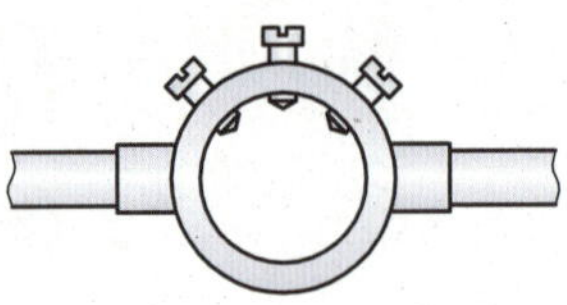 ______	Für Rohrgewinde. Schmiermittel für Trinkwasserleitungen sind rot eingefärbt.	

2. Arbeitsstufen

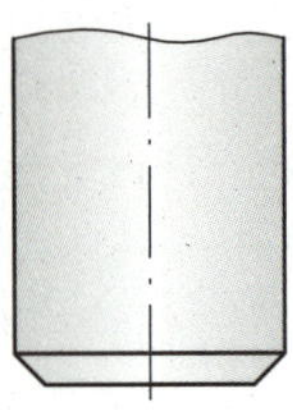	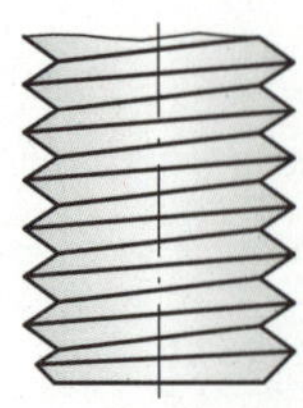
1. ______ des Bolzens	2. ______ des Gewindes ______

Beim Schneiden wird der Werkstoff mit Scheren getrennt oder abgeschnitten.

A. Handscheren

Benennen Sie die skizzierten Handscheren. Beschreiben Sie die Schneiden und geben Sie Verwendungsbeispiele an.

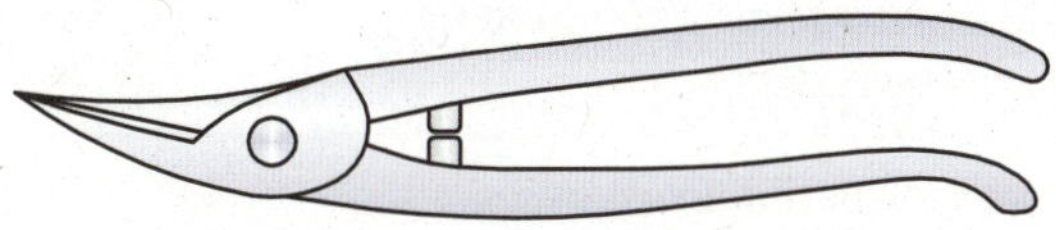	______-Schere
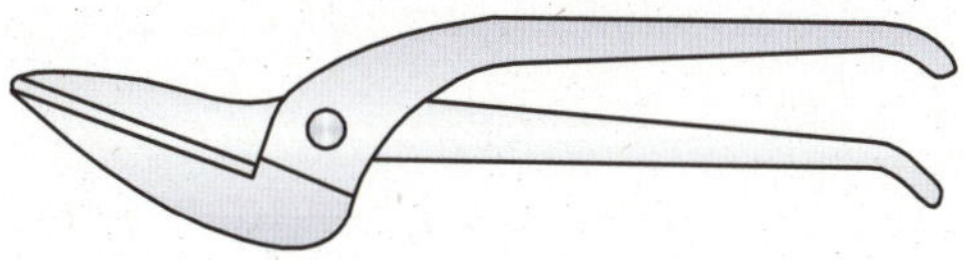	______-Schere
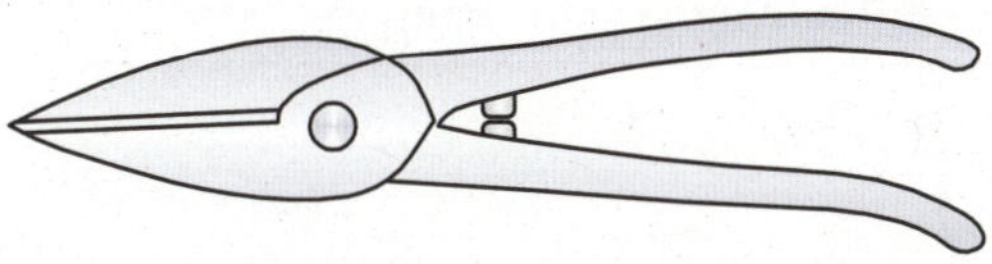	______-Schere

Merke: Handscheren werden zum Schneiden von Dünnblechen bis 1,5 mm Dicke verwendet.
Tiefes Einschieben des Werkstückes und lange Handgriffe der Schere bringen einen Vorteil!

Der Öffnungswinkel der Handschere soll jedoch nicht größer als 14° sein.

B. Maschinenscheren

Man unterscheidet:

Elektro-Handmaschinen (Auswahl)

Nibbel-Handmaschine
(Elektro-Handknabber)

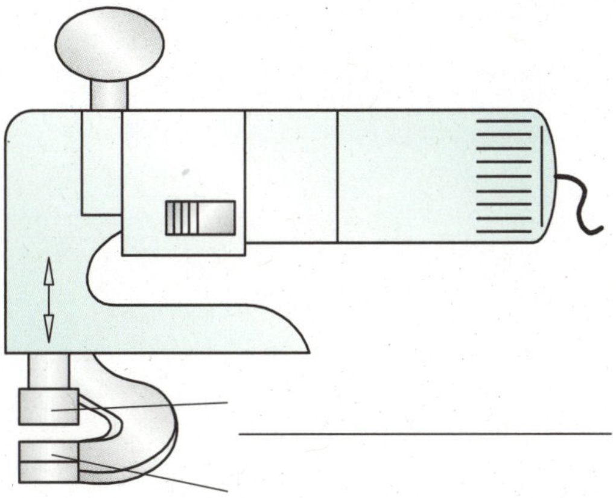

Elektro-Handschere

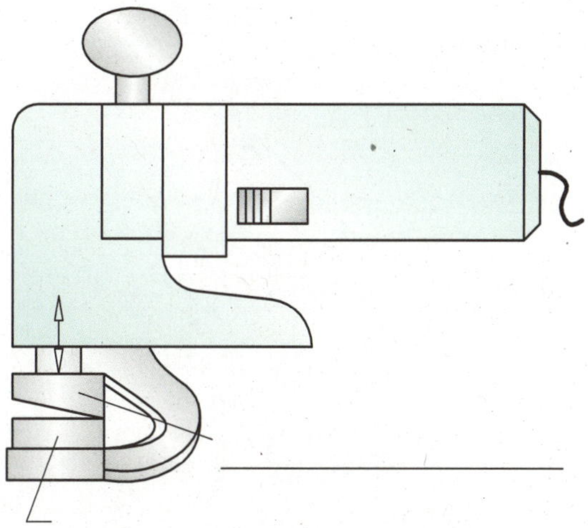

Schnittlänge bei den Handscheren:

Hebelscheren

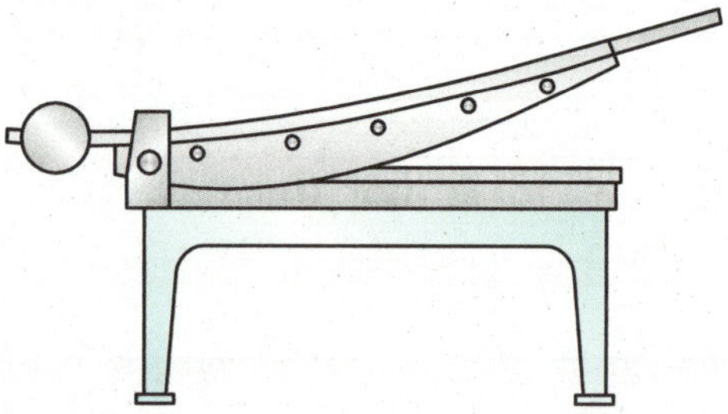

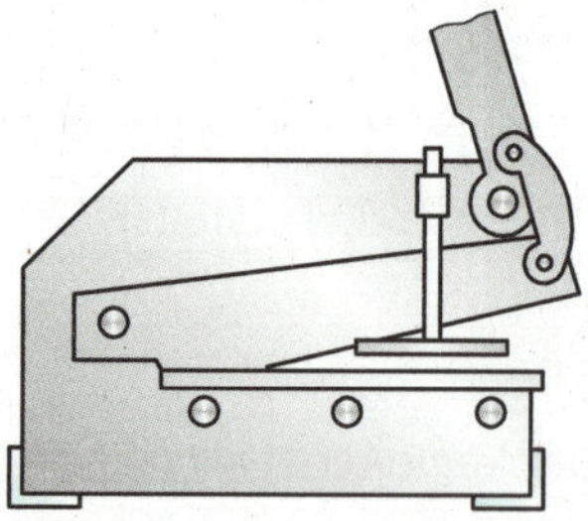

________-oder ________-Schere — ________-Schere

Blechdicke: ________ — Blechdicke: ________

Scherlänge: ________ — Scherlänge: ________

Für das Trennen von dicken Blechen und Profilen verwendet man meist hydraulische Antriebe.

Sonderbauarten
Nennen Sie einige Sonderscheren:

____

Formstahlscheren
Beim Trennen von Profilen müssen Ober- und Untermesser dem Profilquerschnitt angepasst sein. Der Trennschnitt erfolgt schlagartig.

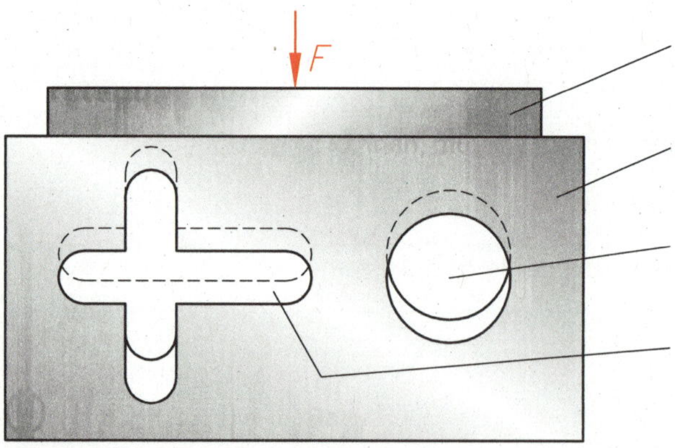

____

____

____

____

____

Unfallverhütung

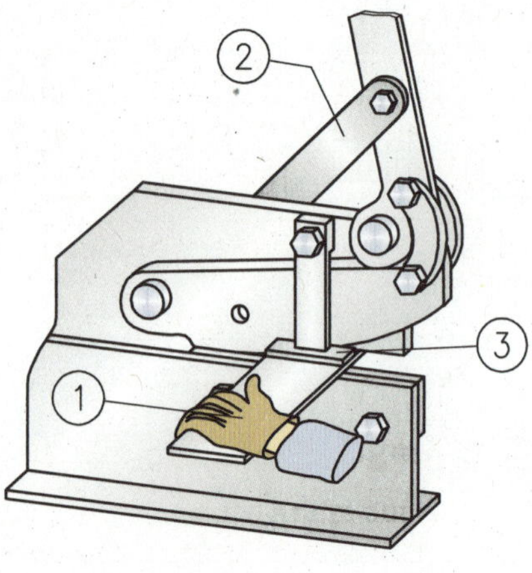

① ________

② ________

③ ________

④ Schermaschinen nicht überlasten (Herstellervorschriften beachten).
⑤ Das Hochschnellen von langen Profilabschnitten verhindert ein passender Hilfsbock.
⑥ Schnittkanten müssen entgratet werden.

A. Wichtige Umformverfahren

Wie heißen die skizzierten Umformverfahren?

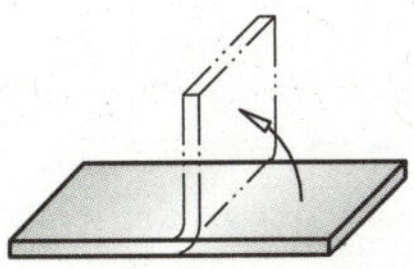		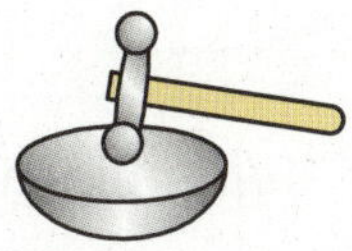	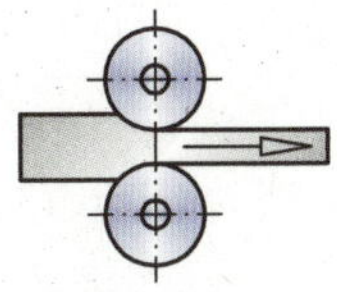

B. Vorgang beim Biegen

Durch das Walzen wird das Gefüge faserförmig angeordnet.

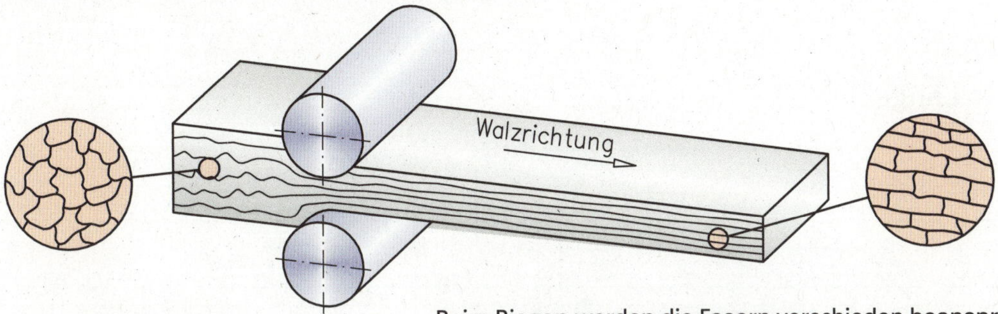

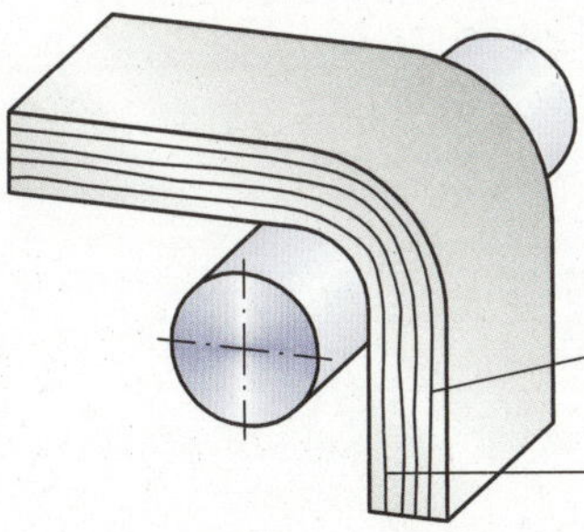

Beim Biegen werden die Fasern verschieden beansprucht.

Eine Faser wird in der Länge nicht verändert.
Heben Sie diese (= ____________ Faser) in der Zeichnung farbig hervor.

____________ Faser

____________ Faser

C. Walzrichtung (z. B. beim Abkanten)

≋ = Walzrichtung (Faserverlauf)

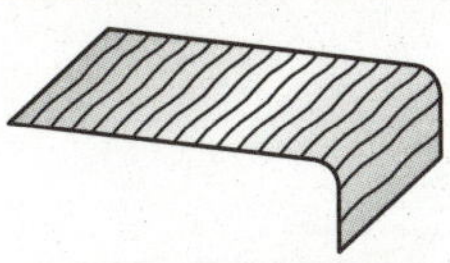	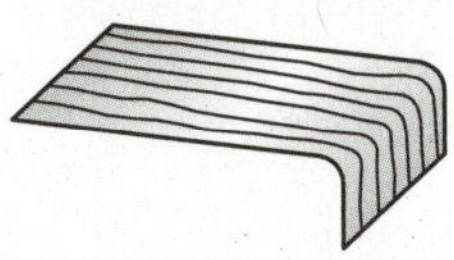	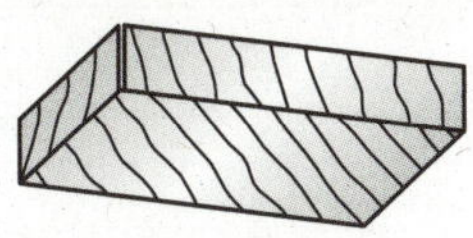
richtig – falsch	richtig – falsch	richtig – falsch

! Beim Biegen muss die Biegekante stets quer oder schräg zur ____________ liegen.

D. Biegeradius

Zeichnen Sie den Mindestbiegeradius ein.

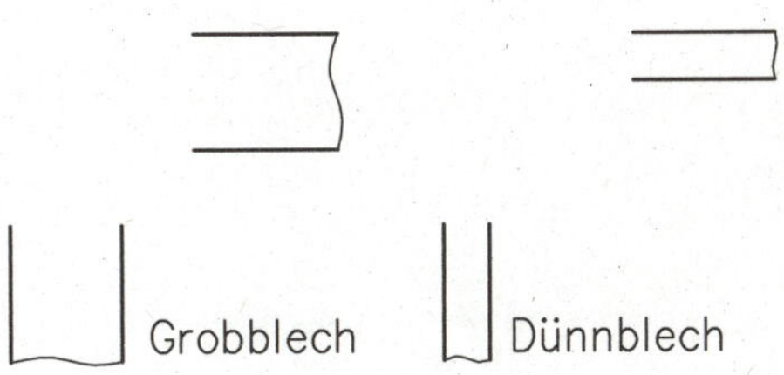	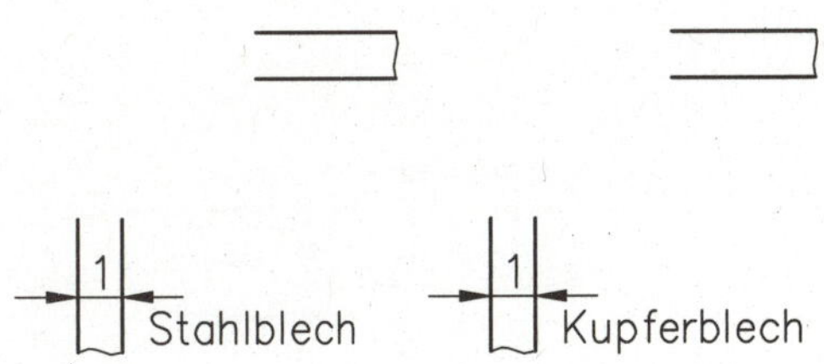
____________ Bleche ⟶	____________ Werkstoffe ⟶
____________ Biegeradius	____________ Biegeradius

E. Rückfederung

Beim Biegen federn die Werkstücke zurück.
Zeichnen Sie die Abkantung für den Abkantwinkel 90° ein.

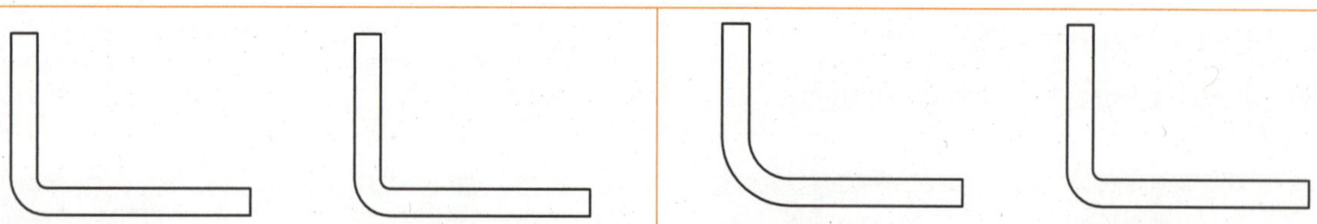

Stahlblech	Kupferblech	Großer Biegeradius	Kleiner Biegeradius
Harter Werkstoff →		Großer Biegeradius →	
______ Rückfederung →		______ Rückfederung →	
______ Überbiegung		______ Überbiegung	

F. Gestreckte Länge

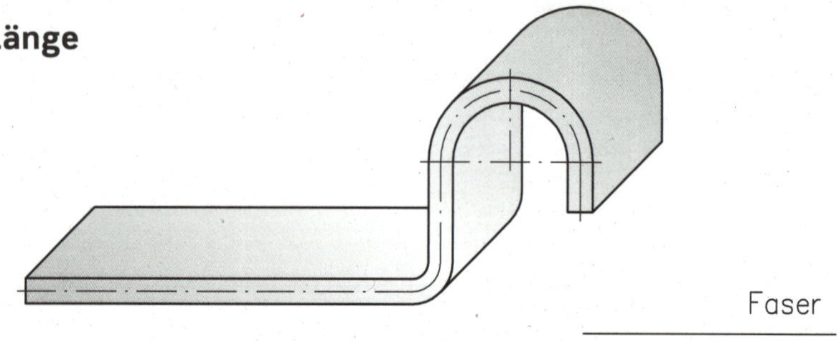

Die gestreckte Länge eines Werkstückes ist die Länge der ______________________.

G. Biegewerkzeuge

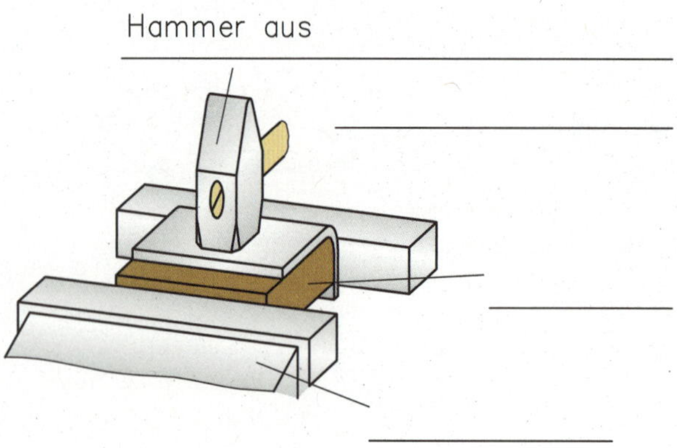

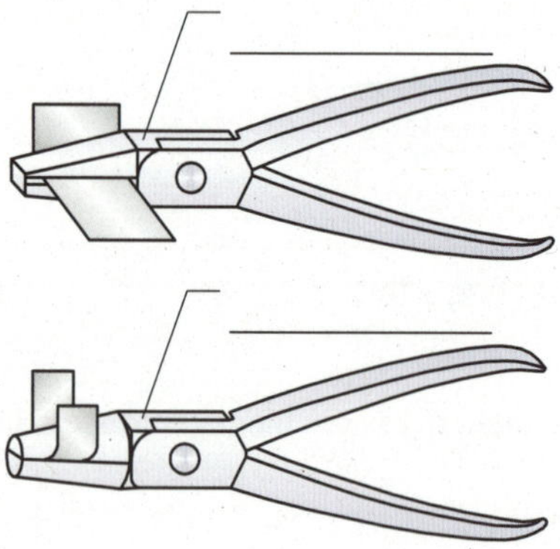

A. Biegen von Rohren

Rohre können warm oder kalt gebogen werden.
Der Biegewiderstand ist beim Warmumformen kleiner als beim Kaltumformen.

1. Querschnittsänderung beim Biegen

Ergänzen Sie den Rohrquerschnitt in der rechten Zeichnung.

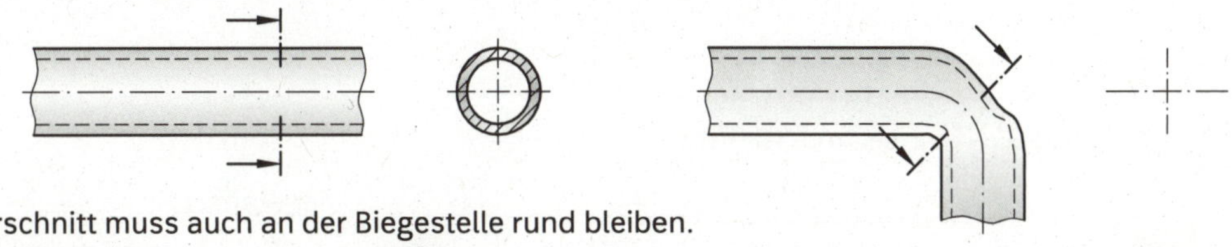

Der Rohrquerschnitt muss auch an der Biegestelle rund bleiben.
Dies wird erreicht durch:

Biegen in einer ______________________ (beim Kaltbiegen)

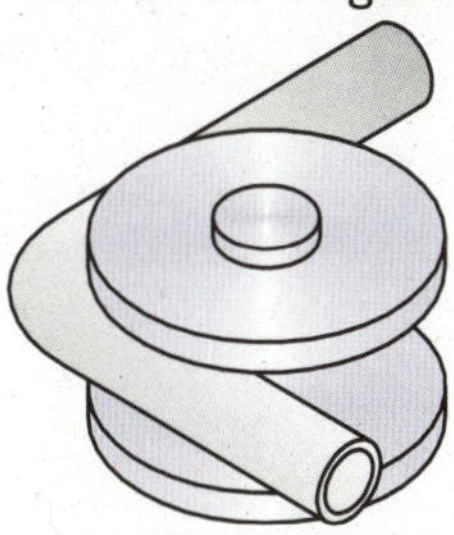

Biegen mit Rohr- ______________________ (beim Kalt- und Warmbiegen)

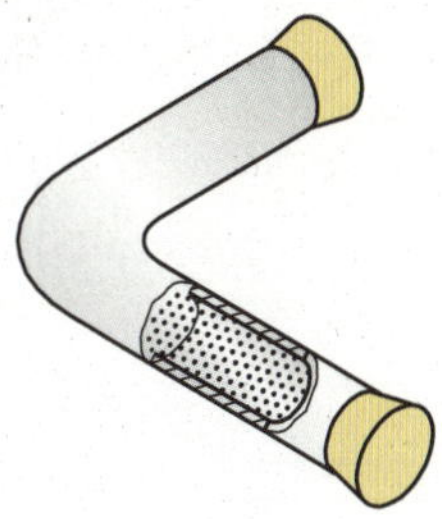

2. Lage der Schweißnaht beim Biegen geschweißter Rohre

Rohre werden beim Biegen am Innenradius gestaucht,
am Außenradius gestreckt.
Zeichnen Sie in das gebogene Rohr die Lage der Schweißnaht ein.
Wo muss beim Biegen geschweißter Rohre die Schweißnaht liegen?

____

3. Kaltbiegen

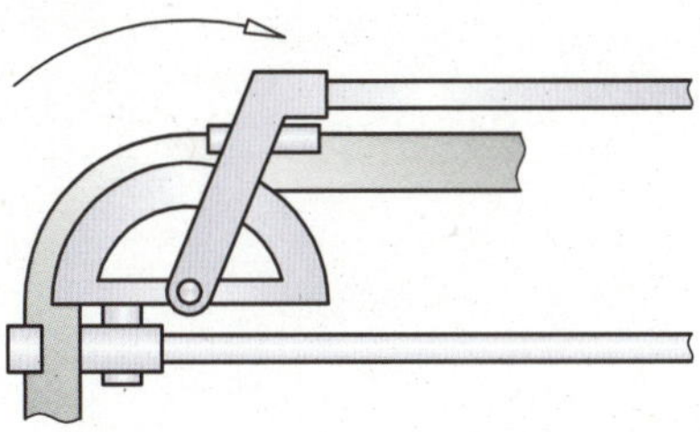

____

Verwendung: Zum Biegen von Rohren aus ______________________

und ______________________ Stahlrohren.

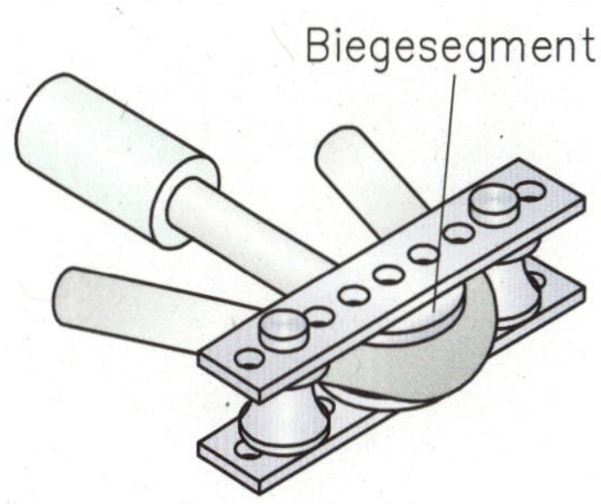

____

Das auswechselbare Biegesegment muss dem Rohr- ______________________ angepasst sein.

4. Warmbiegen mit Rohrfüllung

Ergänzen Sie die dargestellten Arbeitschritte.

Füllen mit ______ Sand	______ der Rohrfüllung	______ mit Stopfen	______ des Rohres	______ des Rohres

Weitere Füllmaterialien: ____.

5. **Warmbiegen ohne Rohrfüllung**

Beim Warmbiegen ohne Rohrfüllung oder ohne Biegeform wird der Rohrquerschnitt verformt.
Abhilfe:

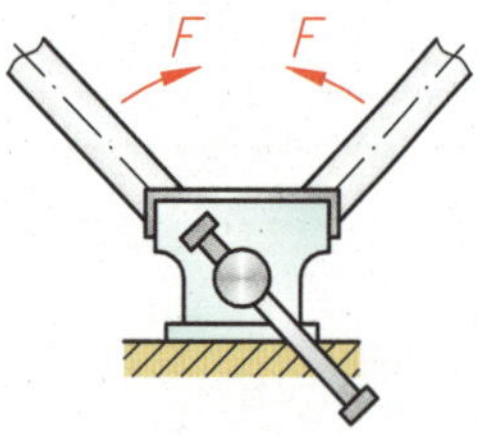

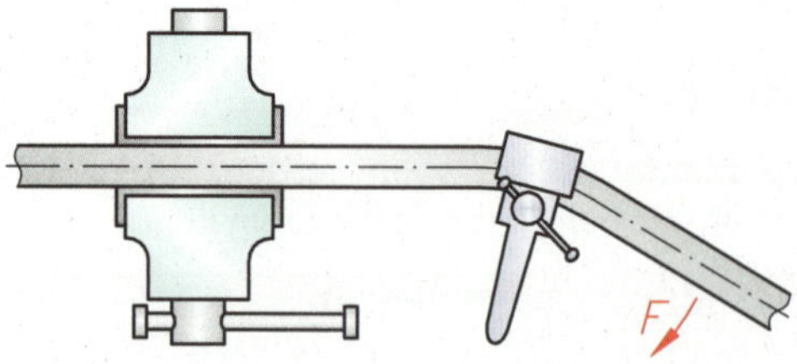

Pressen im ______________________ oder mit ______________________.

6. **Biegen eines 90°-Bogens aus Stahlrohr**

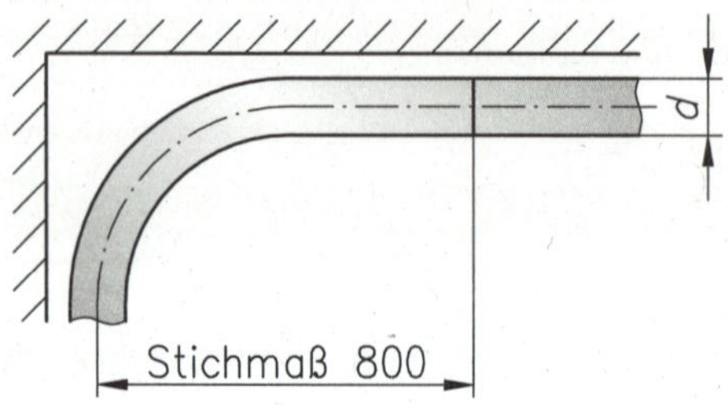

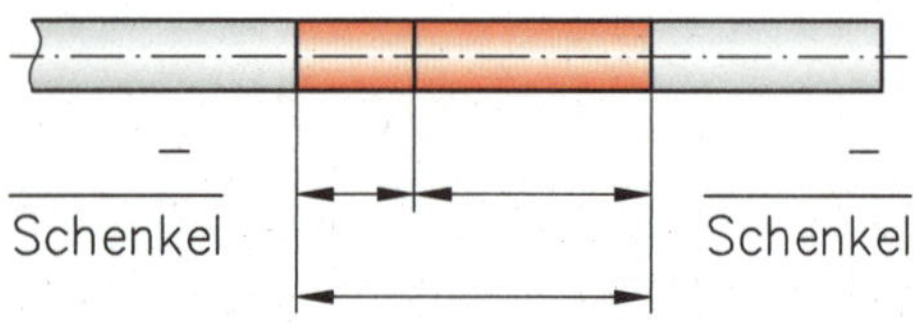

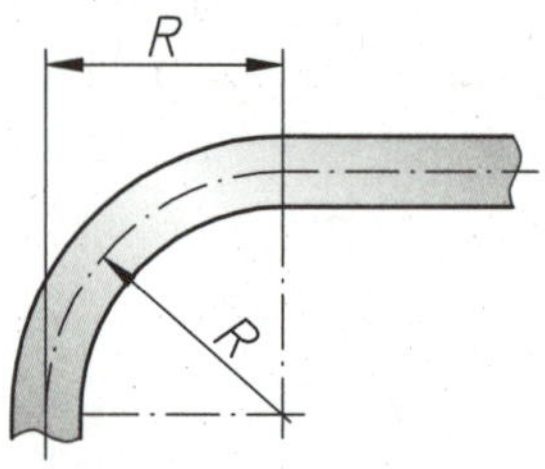

Biegeradius R:

$R = 3 \cdot d$

Berechnung der Anwärmlänge l:
Kreisumfang: $U =$ ______________

oder $U =$ ______________

90° ≙ ________ Kreisumfang

$l =$ ______________ $(\pi \approx 3)$

$l \approx$ ______________

Für $R = 3 \cdot d$ eingesetzt:

$l =$ ______________

$l \approx$ ______________

B. Biegen von Profilen

1. **Widerstand beim Biegen**

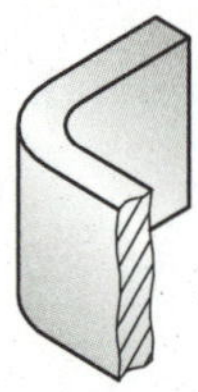

groß – klein

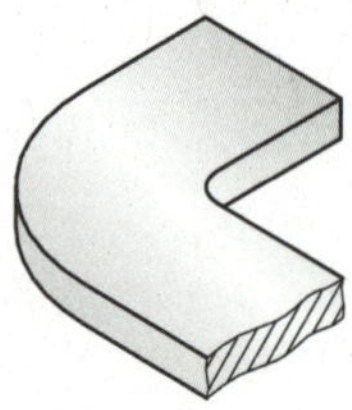

groß – klein

2. **Biegen der Winkel- und T-Profile**

Vor dem scharfkantigen Biegen müssen Winkel- und T-Stähle ausgeklinkt werden.

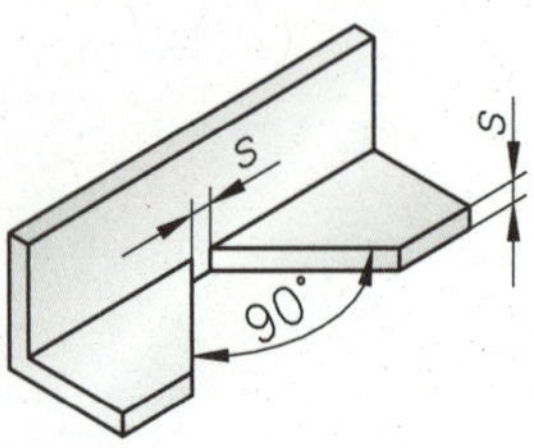

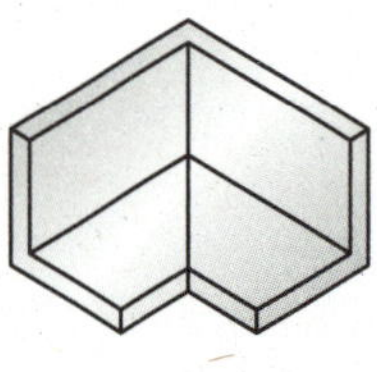

Häufig werden Profile auch in besonderen Vorrichtungen gebogen.

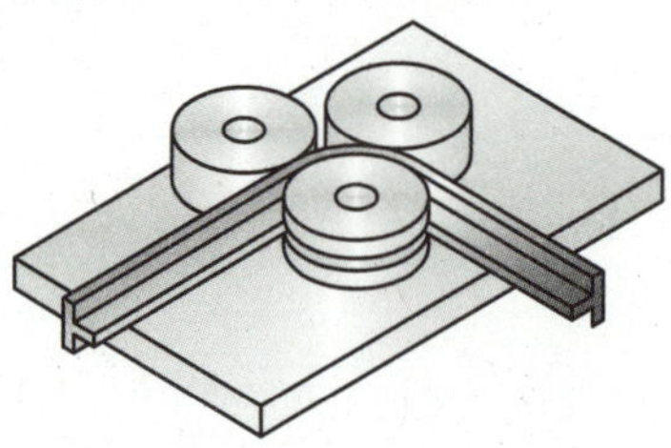

Metallbautechnik	Datum:	Fertigen von Bauelementen mit handgeführten Werkzeugen	Lernfeld 1
Name:	Klasse:	*Kanten und Runden von Blechen*	44

A. Kanten von Blechen

Kanten ist ein Biegen mit sehr kleinem Biegeradius. Es gelten dabei die gleichen Regeln wie beim Biegen (Walzrichtung, Rückfederung).

1. Mindestbiegeradius

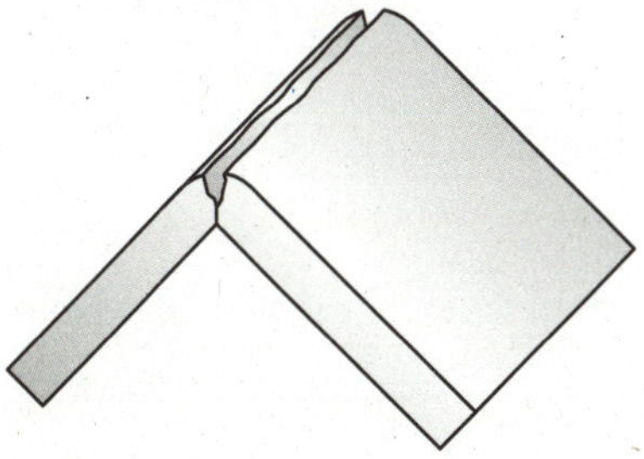

Überdehnung des Werkstoffes am Außenradius führt zur

____________-Bildung.

Abhilfe:

____

____

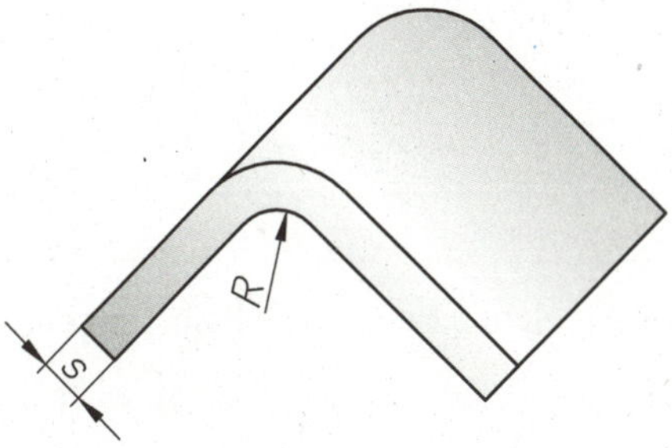

Diesen finden Sie in Tabellenbüchern.
Er hängt ab:

1. ______________________________
2. ______________________________
3. ______________________________

____

2. Handwerkzeuge

Benennen Sie die dargestellten Handwerkzeuge.

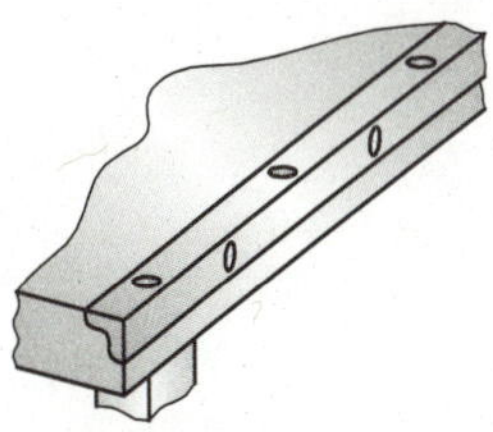 ____________	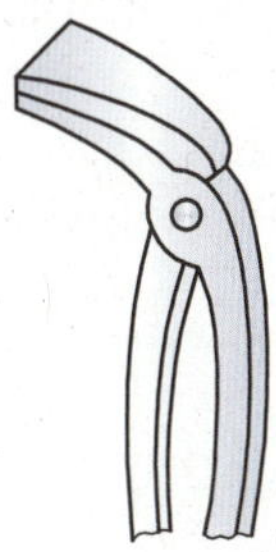 ____________-Zange	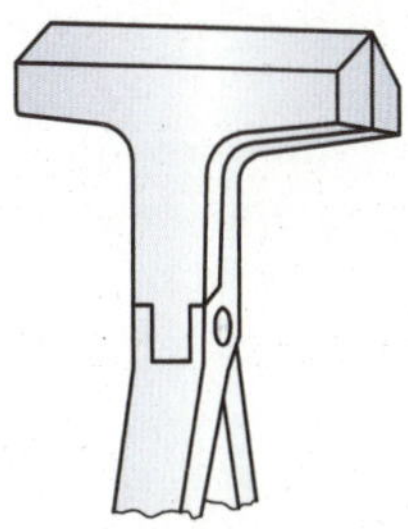 ____________-Zange	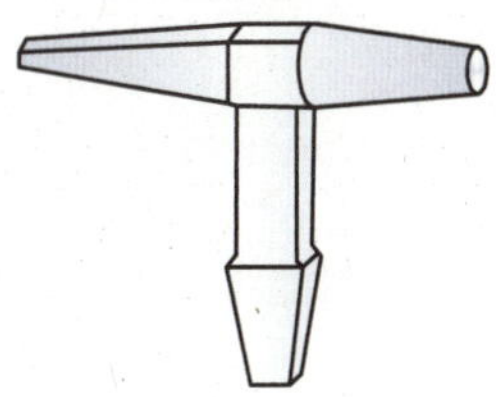 ____________
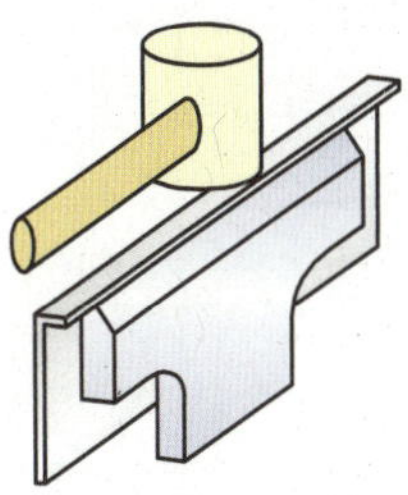 ____________	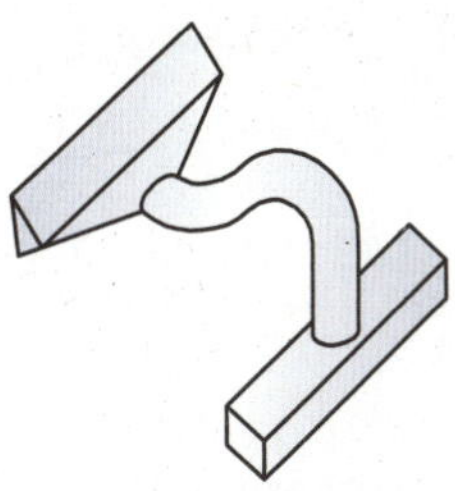 ____________	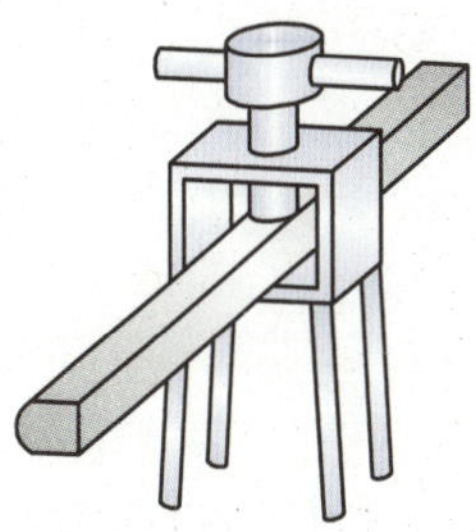 ____________	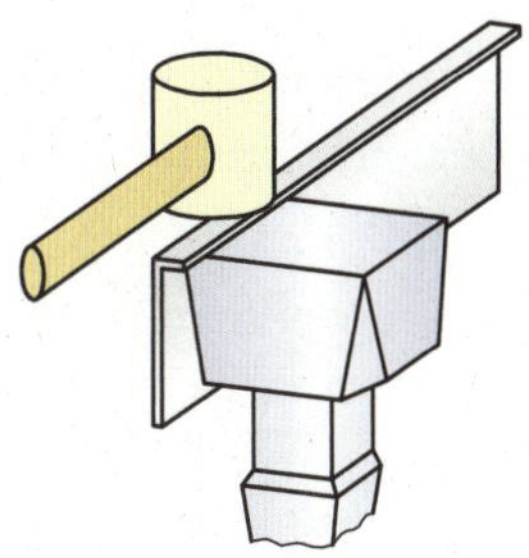 ____________

Bildnachweis: Di Gaspare, Michele (Bild und Technik Agentur für technische Grafik und Visualisierung)

3. Schwenkbiegemaschine (= Abkantmaschine)

Tragen Sie in der Zeichnung die entsprechenden Ziffern ein.

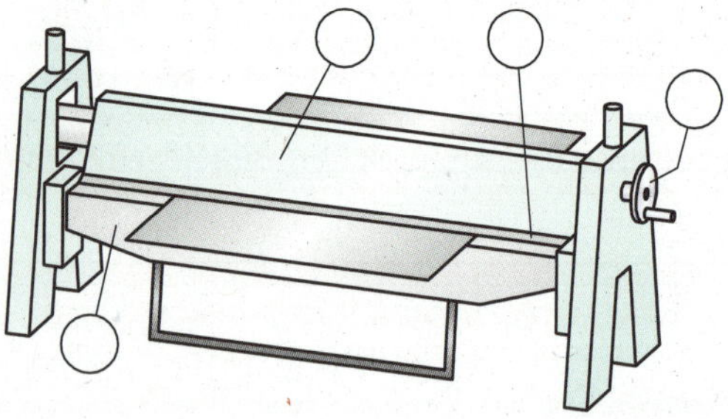

① Oberwange
② dreh- und verstellbare Biegewange
③ Handrad zum Verstellen der Oberwange
④ auswechselbare Biegeschiene

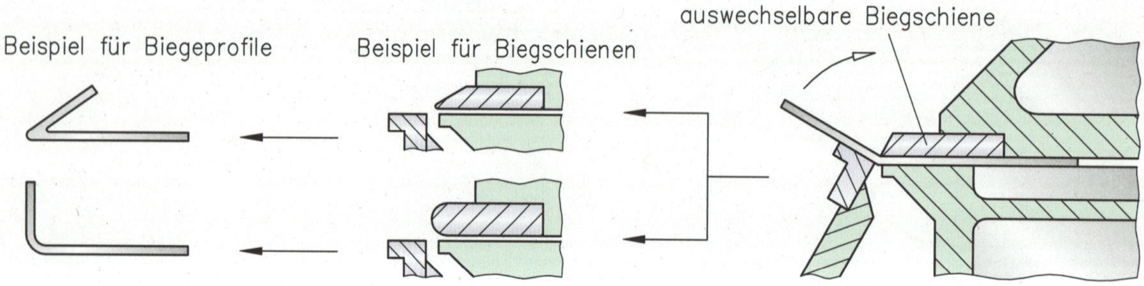

B. Runden von Blechen

Runden ist das Biegen mit sehr großem Biegeradius. Auch hier gelten die gleichen Regeln wie beim Biegen.

1. Handwerkzeuge

Benennen Sie die Handwerkzeuge zum Runden.

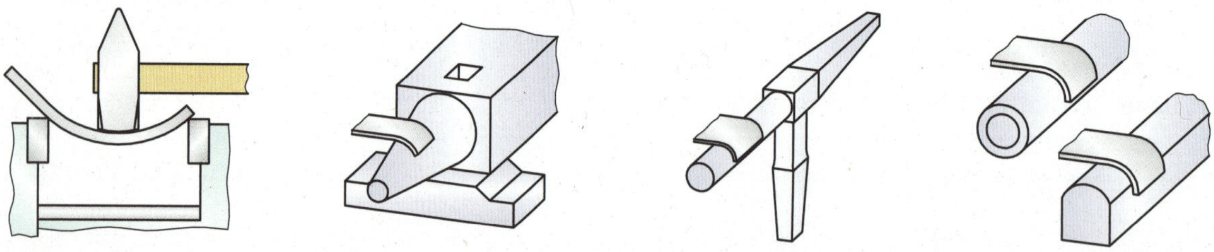

oder

2. Rundmaschine

Ergänzen Sie die Ziffern in den Zeichnungen.

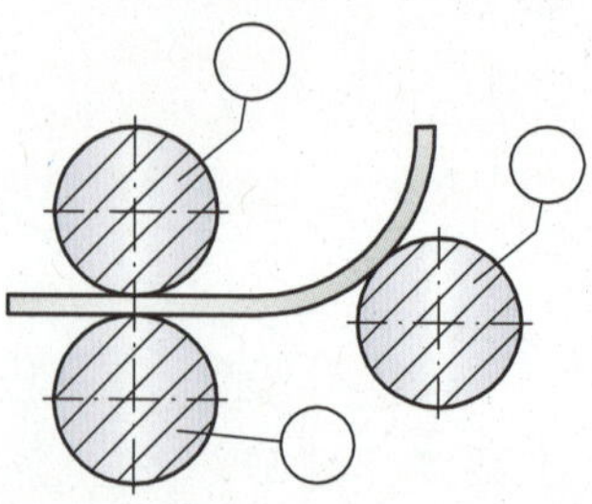

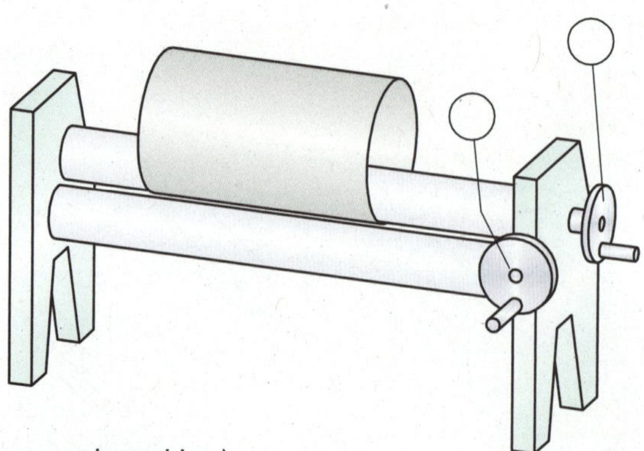

① Oberwalze (zum Entnehmen der Werkstücke ist sie ausschwenkbar)
② verstellbare Unterwalze (Zweck: Einstellen der Blechdicke). Ober- und Unterwalze heißen auch Blechzuführwalzen
③ verstellbare Hinter- oder Biegewalze (Zweck: Einstellen des Biegeradius)
④ Hinterwalzenverstellung
⑤ Unterwalzenverstellung

A. Aufgabe

Stellen Sie das skizzierte Werkstück her.

B. Fertigungsplan

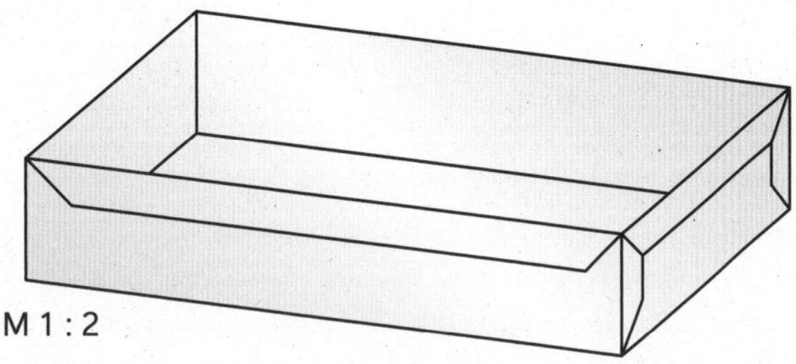

M 1 : 2

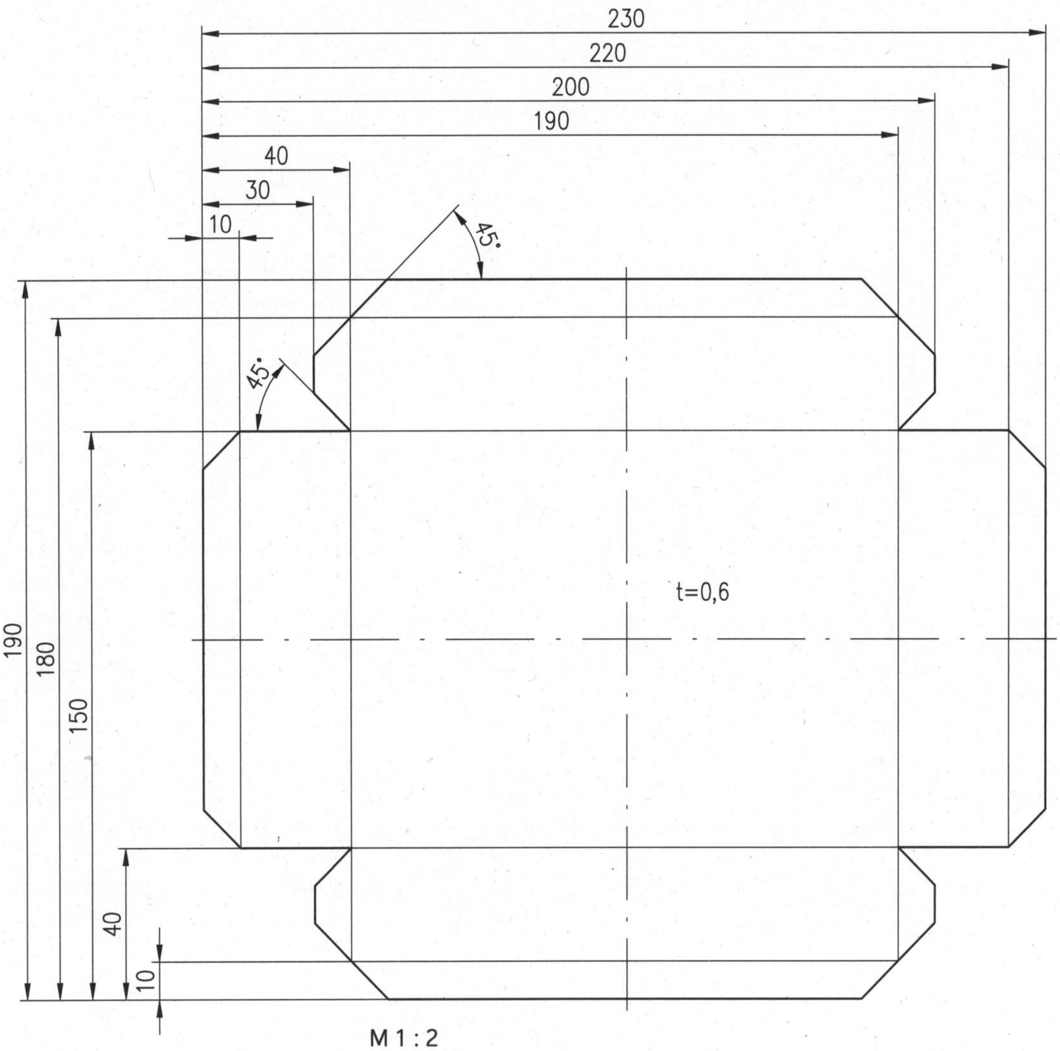

M 1 : 2
Werkstoff:

C. Berechnungen

a) Berechnen Sie die Fläche des Werkstückes mit Verschnitt (in cm^2).
b) Wie groß (in cm^2) ist die Fläche ohne Verschnitt?
c) Wie viel cm^2 beträgt der Verschnitt?
d) Wie viel Prozent entspricht dies, bezogen auf die Fläche des Bleches mit Verschnitt?
e) Wie viel Werkstücke können aus einer Tafel Blech mit 2000 x 1000 mm hergestellt werden?

Einziehen und Schweifen

A. Werkstoffverhalten

Einziehen		Schweifen
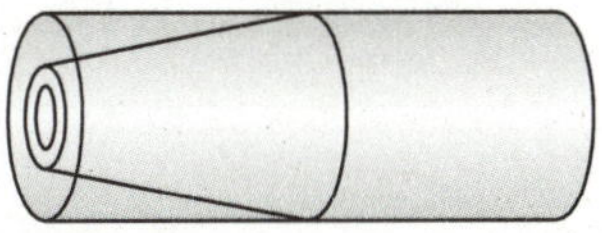		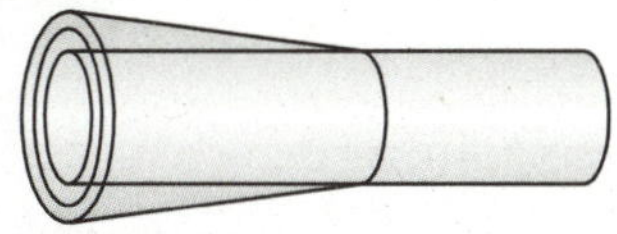
______	Der Durchmesser wird	______
______	Der Werkstoff wird	______
______	Die Wandstärke wird	______

B. Werkzeuge

Welche Werkzeuge kommen zum Einsatz?

	Für Serienherstellung:		
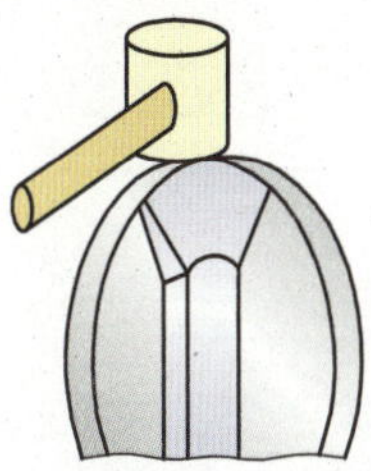	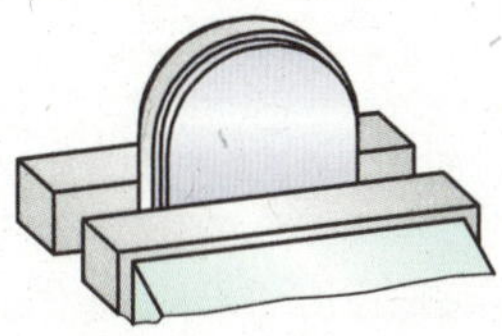	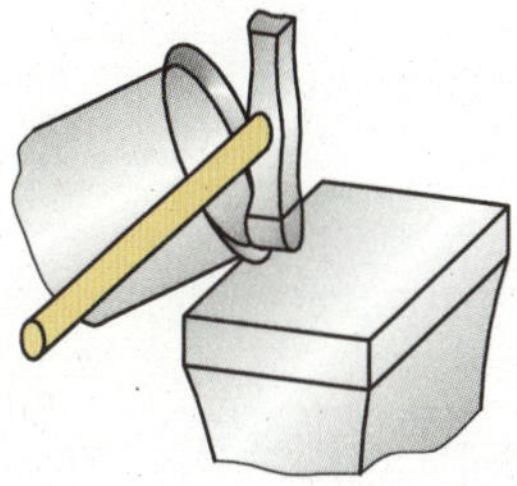	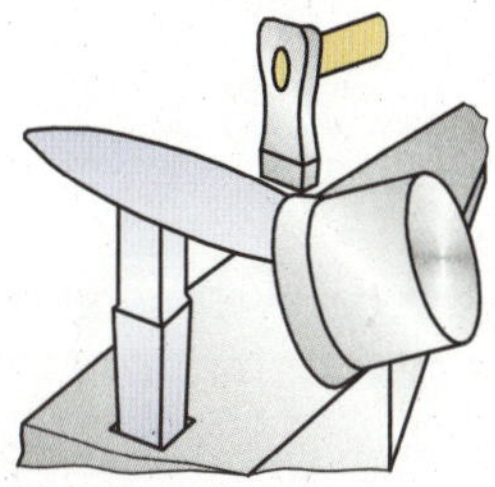
______ und ______-Hammer	______ und ______-Hammer	______ und ______-Hammer	______ und ______-Hammer

C. Maschine

Zum Einziehen und Schweifen eignet sich die Sickenmaschine mit auswechselbaren Walzen (siehe „Sicken“).

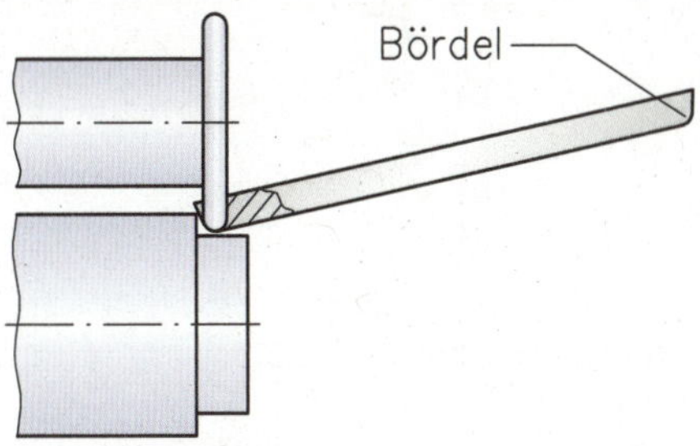

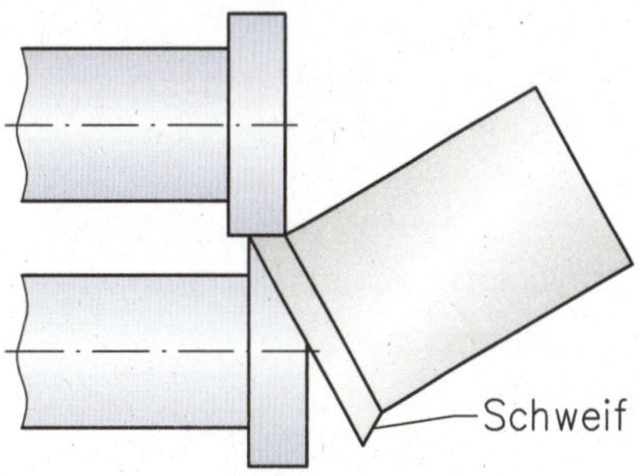

Blech- und Randversteifungen

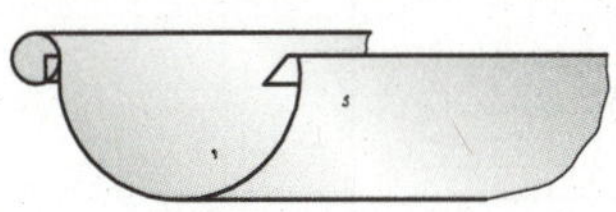

Welche Vorteile bringen Blech- und Randversteifungen?

1. ______
2. ______

A. Umschläge

Benennen Sie die skizzierten Umschläge.

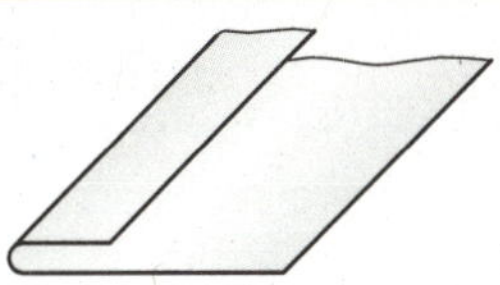	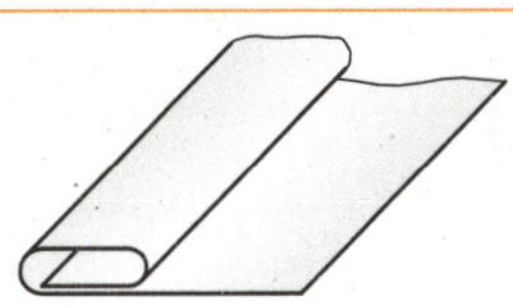	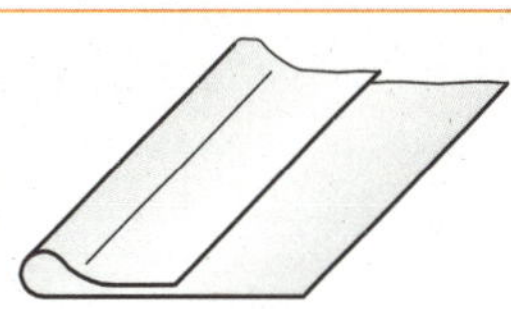	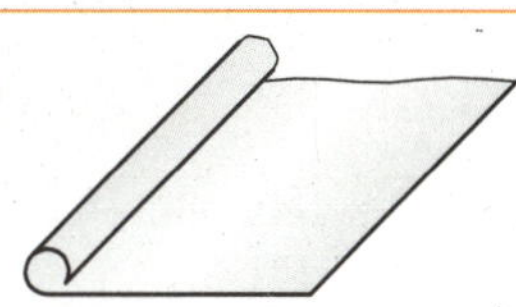
______-Umschlag	______-Umschlag	______-Umschlag	______-Umschlag

B. Wulste

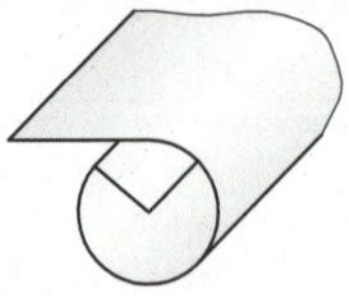	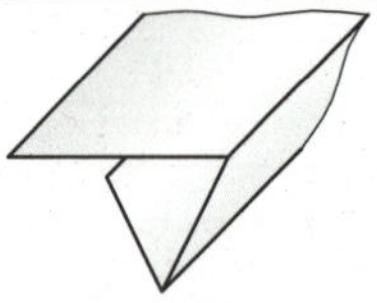	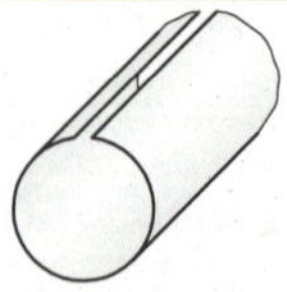
__________ Wulst	__________-Wulst	__________-Wulst

C. Drahteinlage

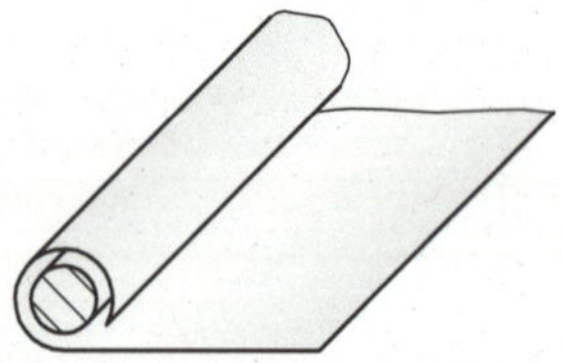

Durch welche Maßnahme wird die Festigkeit bei Randversteifungen erhöht?

____

Zur Herstellung eignet sich auch hier die Sickenmaschine.

D. Anwendungsmöglichkeiten vom Umschlägen, Wulsten und Drahteinlagen

____

____

____

E. Sicken

Sicken sind rillenförmige Vertiefungen im Blech. Wofür werden sie verwendet?

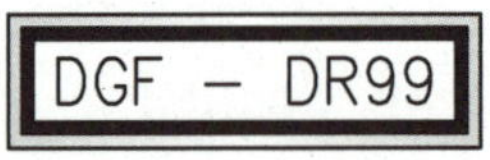		
__________	__________	__________

Werkzeuge:

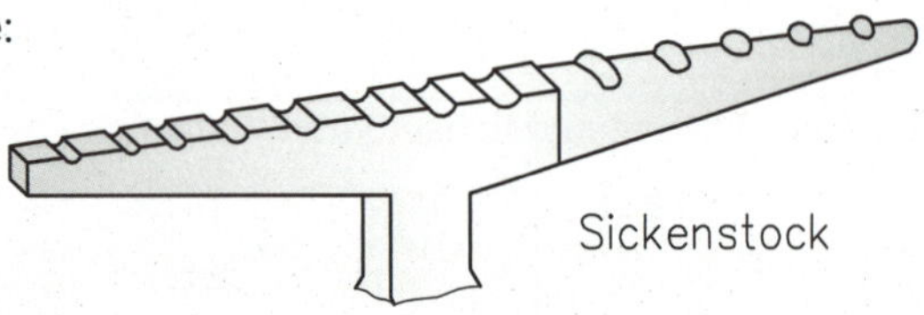

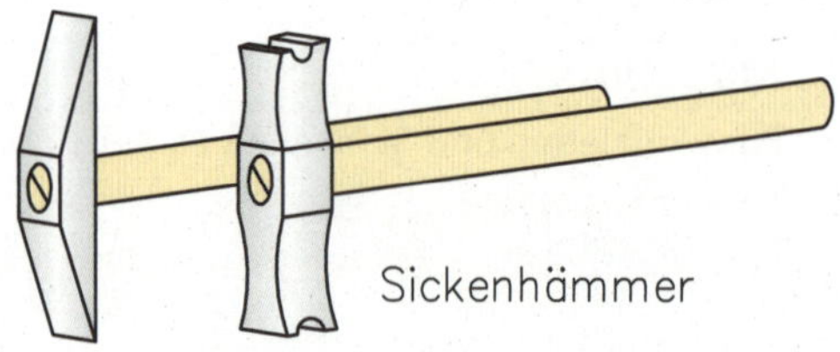

F. Maschinen

Tragen Sie jeweils die entsprechenden Ziffern ein.

Wulstmaschine

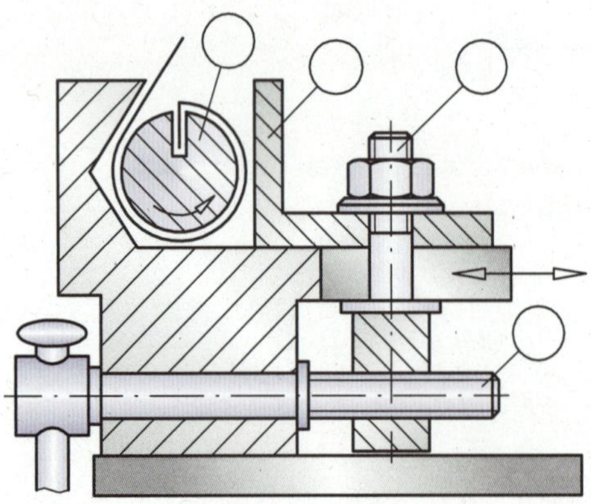

① Einstellschraube
② verstellbare Winkelschiene
③ Spannschraube
④ drehbarer Wulststab

Sickenmaschine

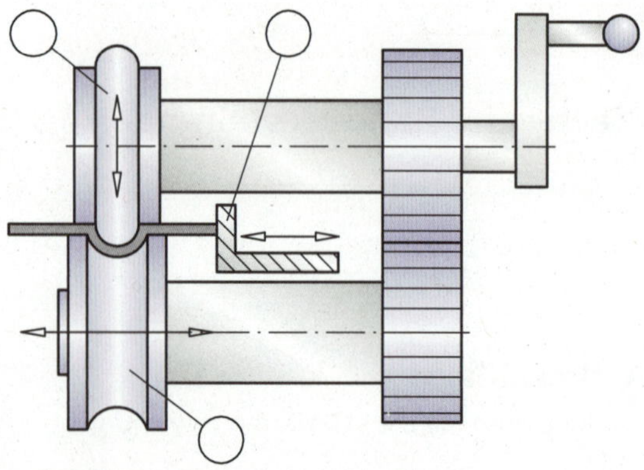

① verstellbare obere Sickenwalze
② verstellbare untere Sickenwalze
③ verstellbarer Anschlag

Beim Freiformschmieden mit der Hand wird das erwärmte Werkstück mit dem Hammer auf dem Amboss geformt. Dieses Verfahren eignet sich für Einzelanfertigungen.

A. Schmiedehämmer

Ordnen Sie den Skizzen zu: Vorschlag-, Kreuz- und Handhammer.

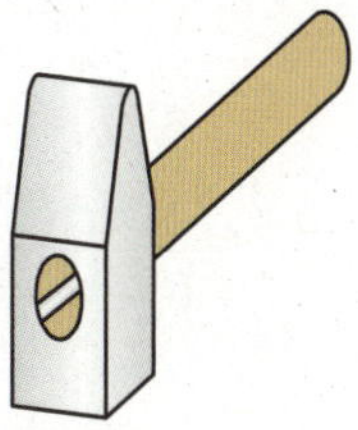

______-Hammer

bis 2 kg

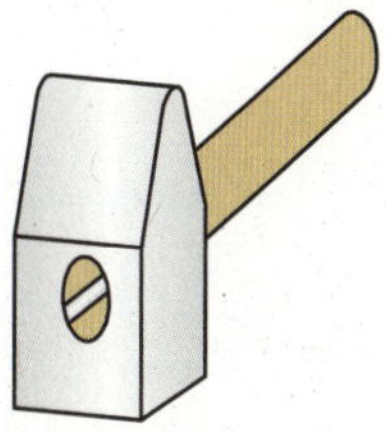

______-Hammer

bis 12 kg

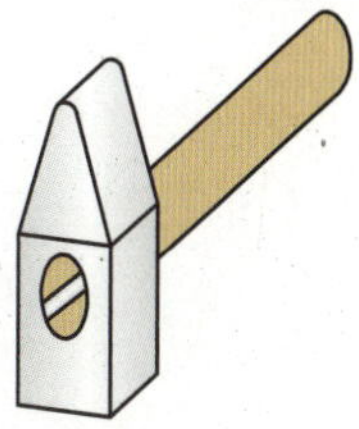

______-Hammer

! Der Stiel des Schmiedehammers ist zähes Eschenholz.

- Wie wird der Hammer mit dem Stiel verbunden?

______

B. Hilfshämmer

Benennen Sie die abgebildeten Hilfshämmer.

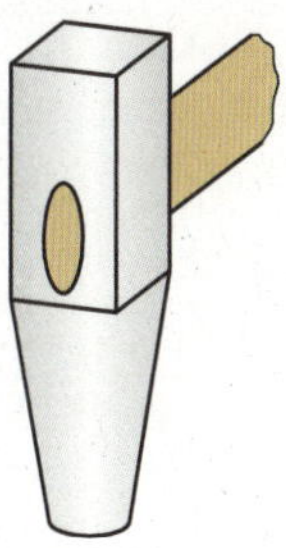

______-Hammer

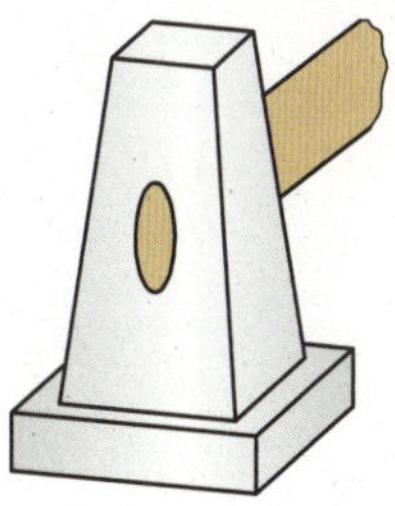

______-Hammer

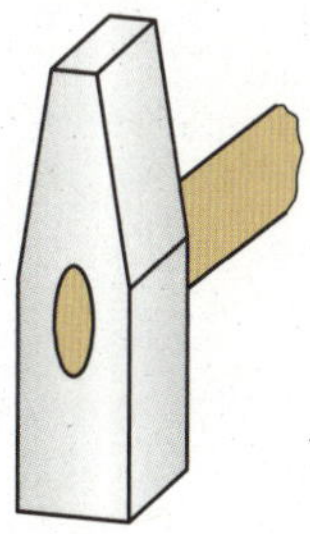

______-Hammer

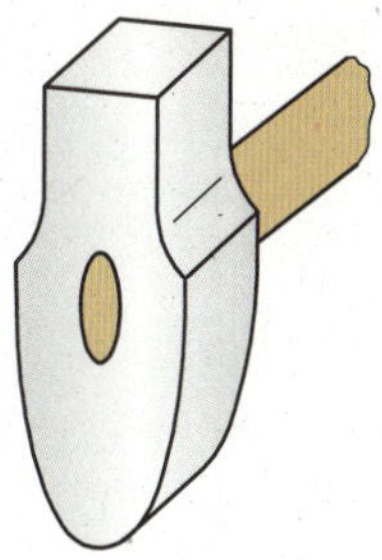

______-Hammer

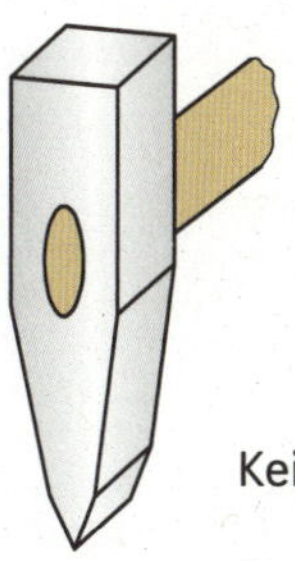

Keilwinkel = ______

______-Hammer

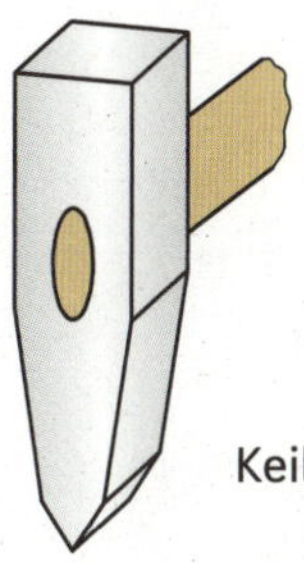

Keilwinkel = ______

______-Hammer

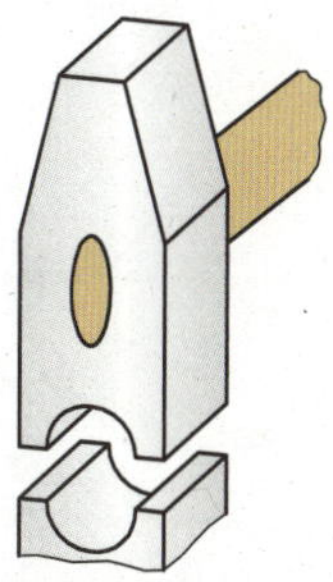

______-Hammer

! Alle Hilfshämmer zum Aufsetzen auf das Werkstück müssen weiche Holzstiele (z. B. Birkenholz) haben, welche nicht verkeilt werden.

- Nennen Sie den Grund.

______

Bildnachweis: Di Gaspare, Michele (Bild und Technik Agentur für technische Grafik und Visualisierung)

C. Schmiedezangen

Ordnen Sie zu: Flach-, Haken-, Klauen-, Niet-, Rund-(Maul-), Spießkantenmaul-(Vierkant-), Winkel-, Wolfsmaulzange.

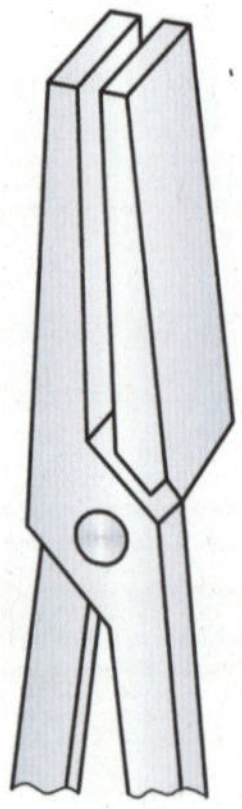

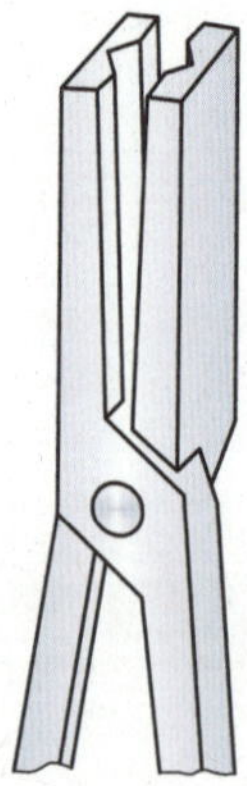

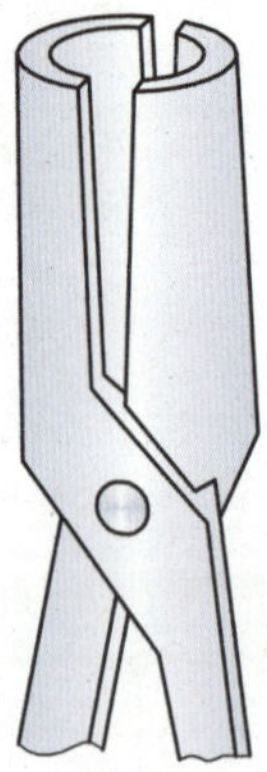

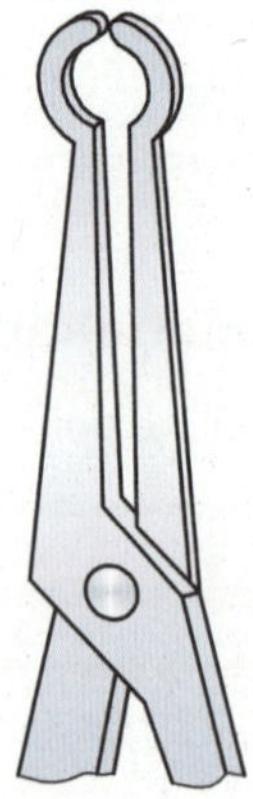

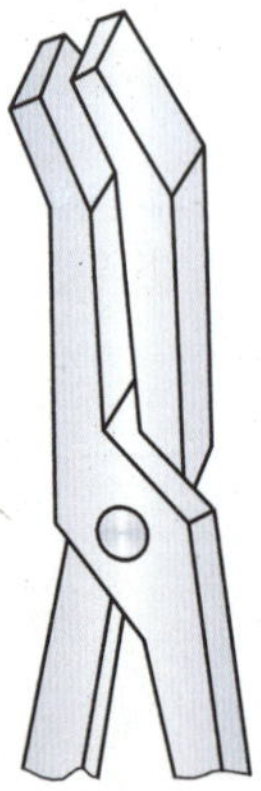

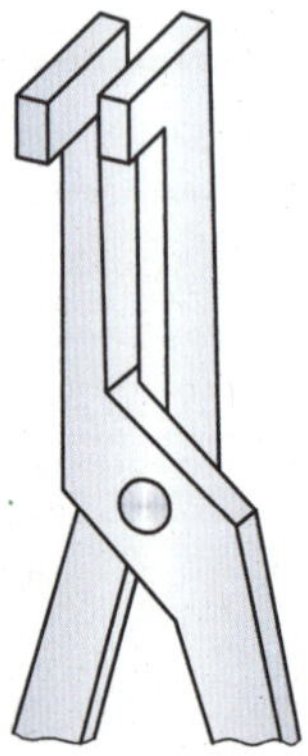

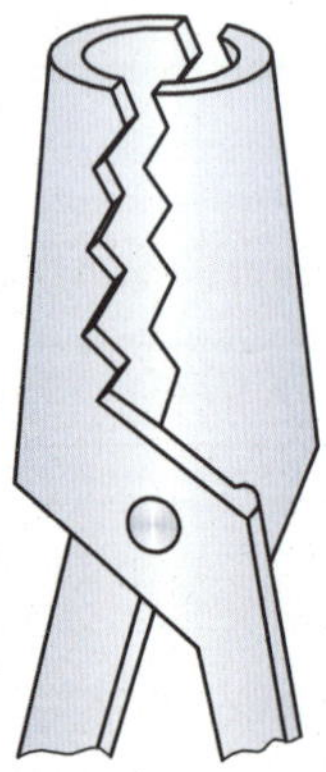

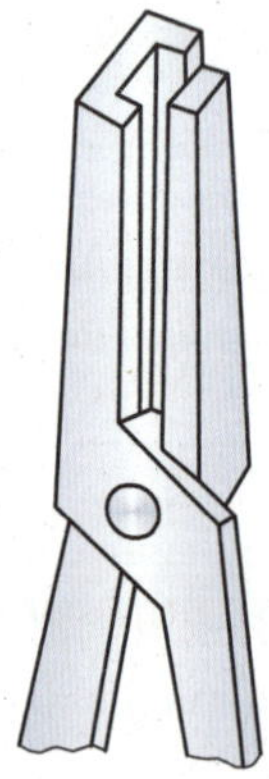

D. Amboss

Benennen Sie die Ambossteile.

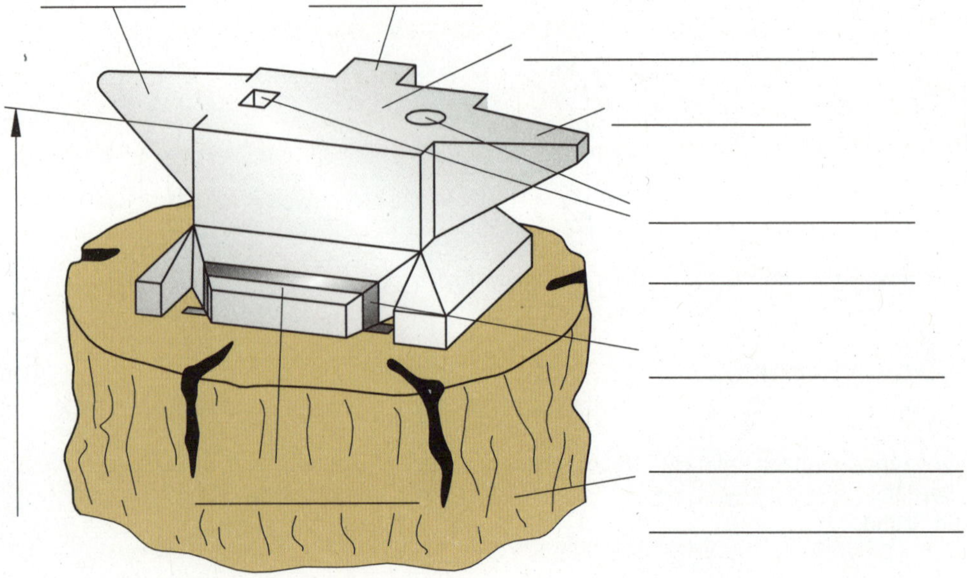

Bildnachweis: Di Gaspare, Michele (Bild und Technik Agentur für technische Grafik und Visualisierung)

E. Ambossgesenke

Die skizzierten Gesenke können in die Ambossbahn gesteckt werden. Wie heißen sie?

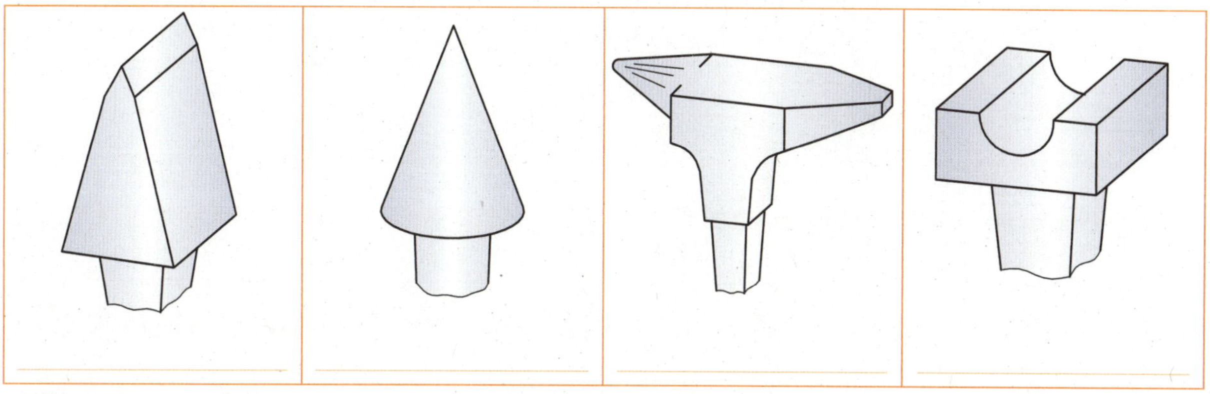

F. Lochplatten

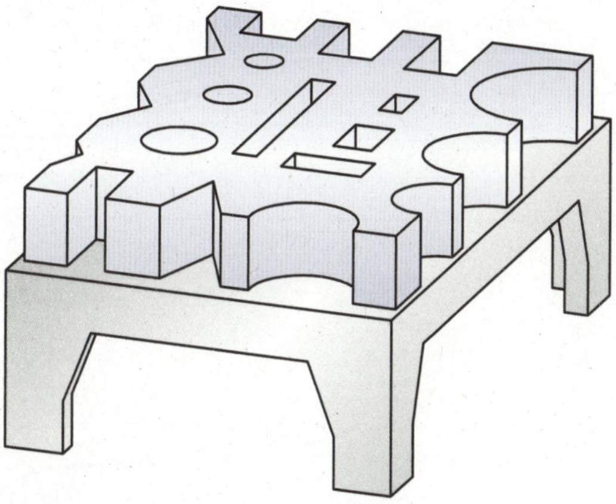

Mit der Lochplatte können

1.

2.

3.

G. Schmiedeherd (Schmiede-Esse)

Ordnen Sie der Skizze zu: Feuerschüssel, Schmiedekohle, Rauchfang, Gestell, Einhängestange für die Feuergeräte, Gebläse, Düsen- und Schlackenhebel, Löschtrog.

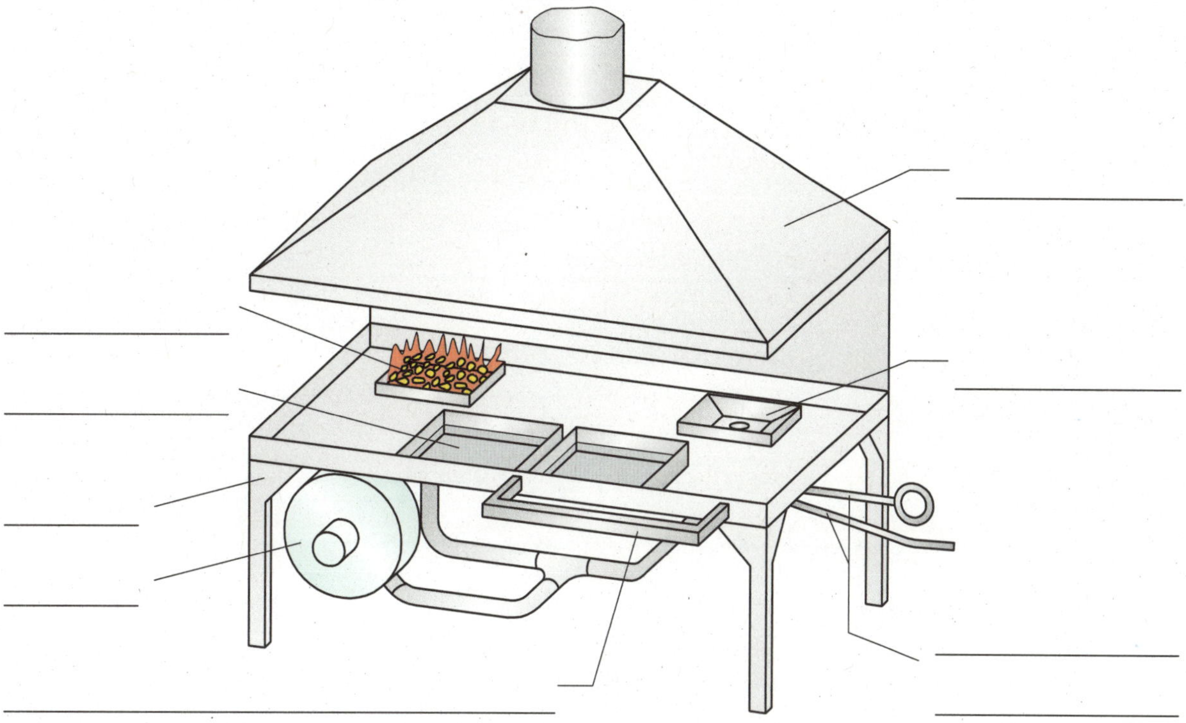

Feuerschüssel

Ordnen Sie die Ziffern der Skizze den Bezeichnungen zu.

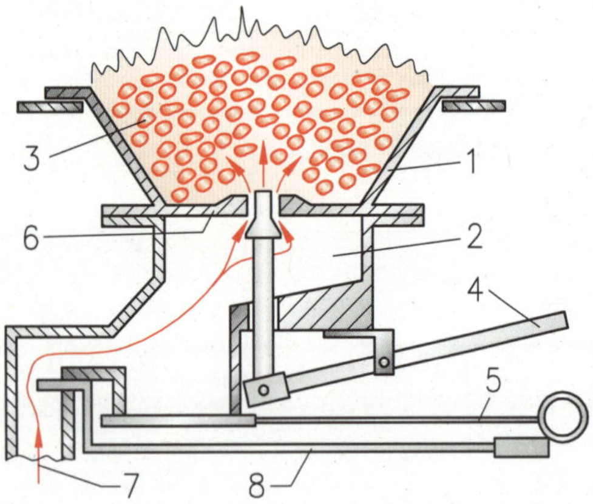

- ◯ Windkasten
- ◯ Ascheschieber
- ◯ Steinkohle
- ◯ Luftschieber
- ◯ Grauguss-Feuerschüssel
- ◯ Luft
- ◯ Düsen- und Schlackenhebel
- ◯ Ringdüse

H. Feuergeräte

Benennen Sie die skizzierten Feuergeräte.

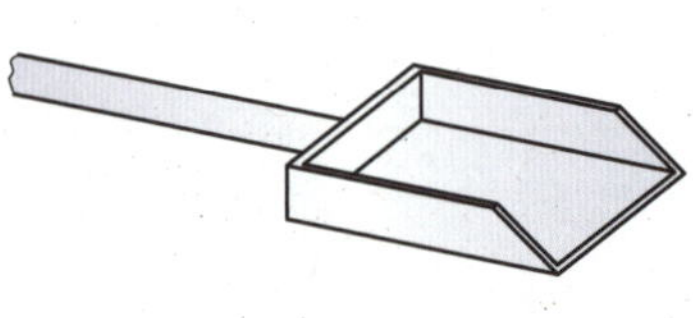
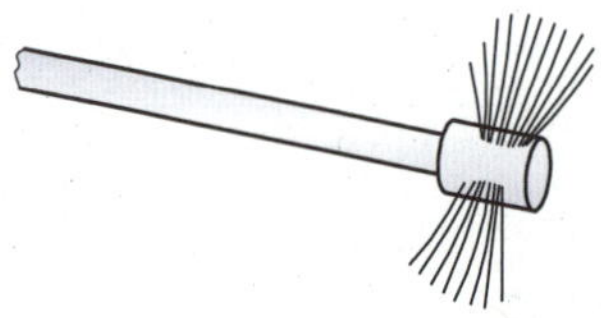

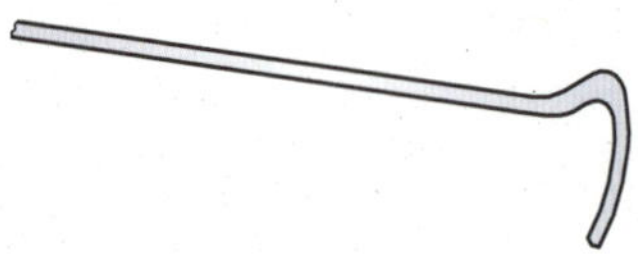
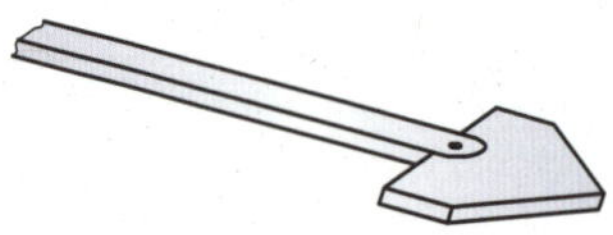
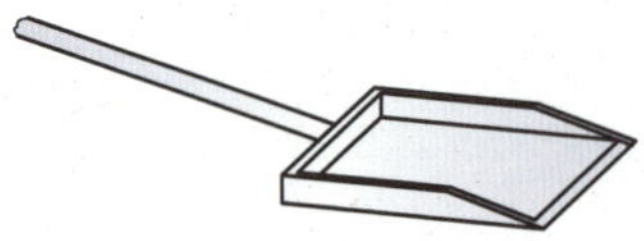

I. Flaschen- oder Zangenschraubstock

Ordnen Sie die Ziffern der Skizze den Bezeichnungen zu.

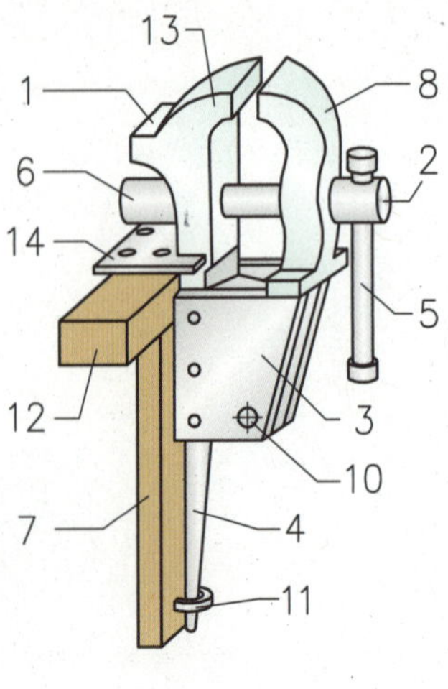

- ◯ Schutzhülse
- ◯ bewegliche Backe
- ◯ Feder
- ◯ feste Backe
- ◯ Angel
- ◯ Befestigungsschelle
- ◯ Zange
- ◯ Hebel
- ◯ Drehbolzen
- ◯ Werkbankfuß
- ◯ Werkbankplatte
- ◯ Befestigungsplatte
- ◯ Spindel
- ◯ Amboss

Ein Großhändler liefert einem Metallbaubetrieb Riegelschlösser. Diese werden mehrmals geprüft.

1. Beim Eingang der Ware, um die einwandfreie Funktion zu überprüfen.
2. Während der Fertigung von Werkstücken, z. B. Toren, um Ausschuss zu vermeiden.
3. Nach der Endmontage, damit keine Störungen auftreten.

Das Prüfen kann durch Messen oder Lehren erfolgen.

Tätigkeit beim Prüfen

Prüfen

______________________	______________________
Es ist das Vergleichen (z. B. einer Länge) mit einem Messgerät. **Ergebnis:** z. B. 612 mm, ist stets ein ______________ (= ________-Maß).	Es ist das Vergleichen mit einer Lehre. **Ergebnis:** z. B. „Gut" oder „Ausschuss", also ______________________ .

A. Maße bei Passungen

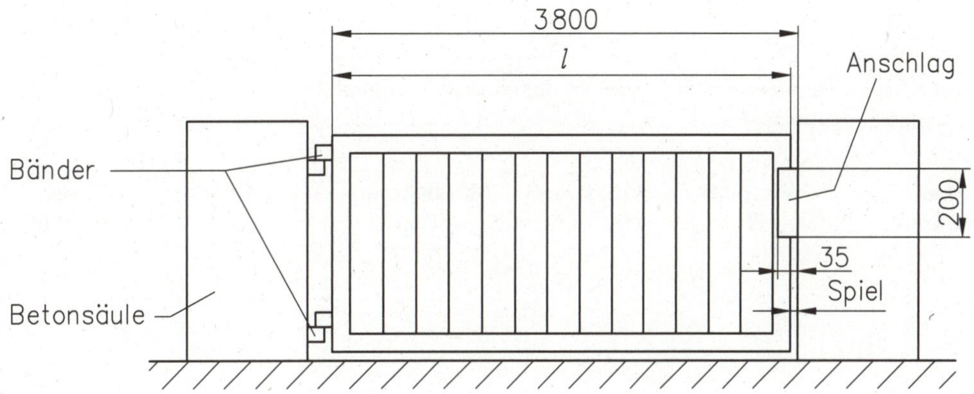

Zwischen welchen Grenzmaßen darf die Torlänge l liegen, damit noch mindestens 5 mm Spiel sind bzw. damit das Tor noch mindestens 10 mm am Anschlag aufliegt?

Höchstmaß G_{oW} = ______________ = __________ mm

Mindestmaß G_{uW} = ______________ = __________ mm

Maßunterschied = ______________ mm = ______________

In Wirklichkeit ist das Tor aber bei der Fertigung 3782 mm lang geworden:

______ -Maß ____ = 3 782 mm

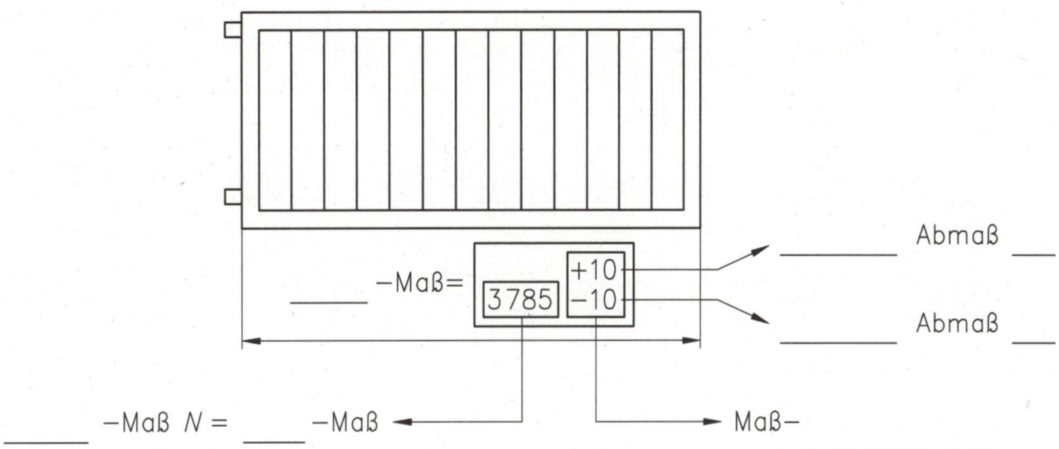

Bildnachweis: Di Gaspare, Michele (Bild und Technik Agentur für technische Grafik und Visualisierung)

Das Tor ist in Ordnung, wenn das Istmaß innerhalb der Maßtoleranz liegt.

Überlegen Sie die Folgen, wenn

- das Istmaß kleiner als das Mindestmaß ist, z. B. 3 770 mm:

- das Istmaß größer als das Höchstmaß ist, z. B. 3 805 mm:

Auch die Länge des Toranschlages mit 200 mm soll in gewissen Grenzen liegen. Beurteilen Sie folgende Passmaße für die Länge des Anschlages:

$200^{+0,1}_{0}$ 200^{+500}_{-190}

Geben Sie eine sinnvolle Toleranz an. Beachten Sie dabei Funktionen und Verwendungszweck.

200

Toleranzangaben müssen so gewählt werden, dass sie der Funktion oder dem Verwendungszweck des Bauteils entsprechen.

Überlegen Sie die Folgen bei zu kleiner Toleranz. Denken Sie dabei an die Fertigungszeit, den Messaufwand und die Herstellungskosten.

! Fertigen Sie so genau wie nötig – aber so ungenau wie möglich.

Ergänzen Sie die Tabelle.

Pass-innenmaß (B = Bohrung)	**Nennmaß** N (mm)	**Höchstmaß** G_{oB} (mm)	**Mindestmaß** G_{uB} (mm)	**Toleranz** T_B (mm)	**oberes Abmaß** *ES* (mm)	**unteres Abmaß** *EI* (mm)
604^{+2}_{-2}						
$1\,502^{+7}_{-5}$						
$4\,298^{+3}_{0}$						
94^{-1}_{-2}						
300^{+7}_{+4}						

Ergänzen Sie auch hier die Tabelle.

Pass-außenmaß (W = Welle)	**Nennmaß** N (mm)	**Höchstmaß** G_{oW} (mm)	**Mindestmaß** G_{uW} (mm)	**Toleranz** T_W (mm)	**oberes Abmaß** *es* (mm)	**unteres Abmaß** *ei* (mm)
		1 205		15	5	
	90,5	91	89			
	1 602			2		0
	406				−2	−5
		203			6	2

B. Übungsbeispiel

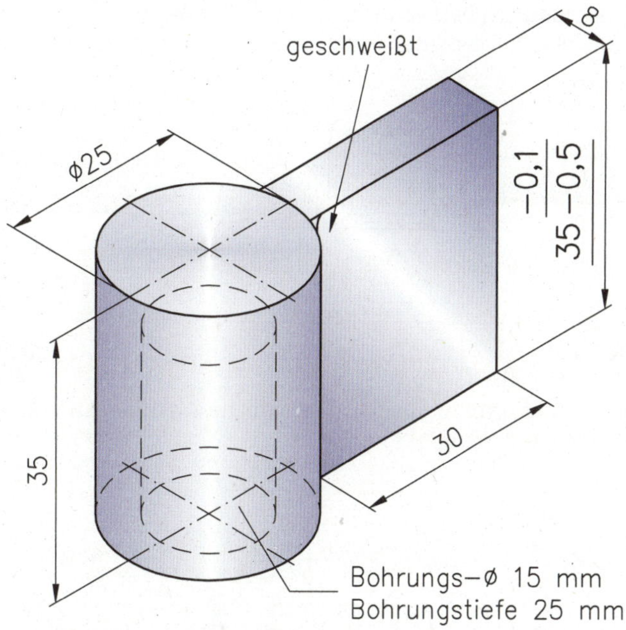

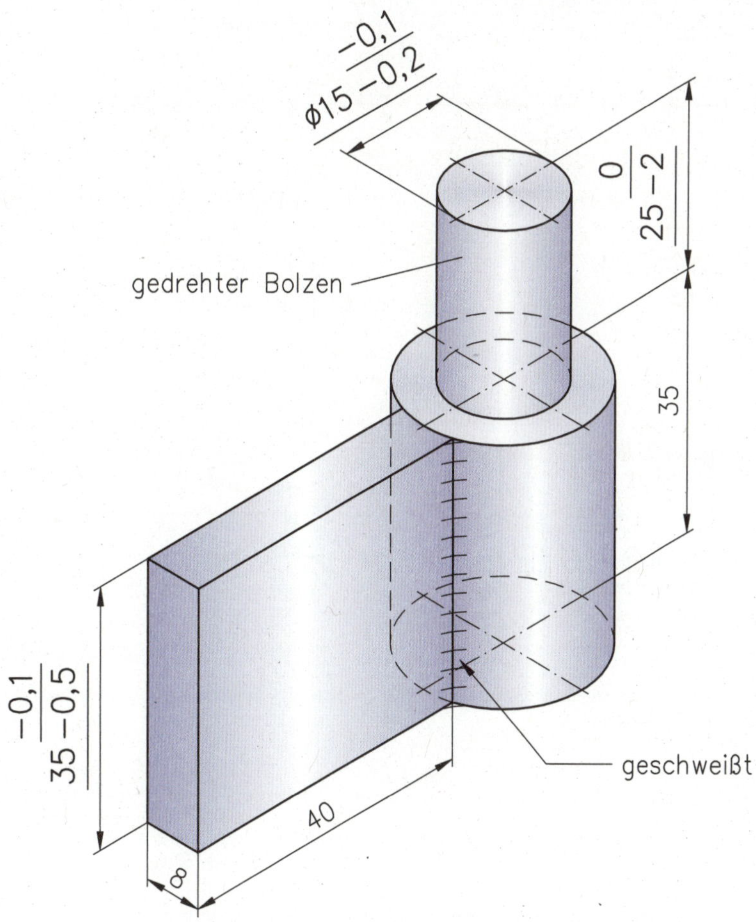

1. Welche Profile suchen Sie sich bezüglich der Maßangaben im Lager (Tabellenbuch)?

2. Ergänzen Sie in der Skizze die Nennmaße zu Passmaßen.

A. Prüfgeräte (Auswahl)

1. Maßverkörperungen (Darstellung von Messgrößen)
Benennen Sie alle dargestellten Prüfgeräte und Hilfsmittel.

		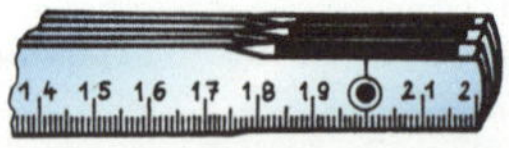	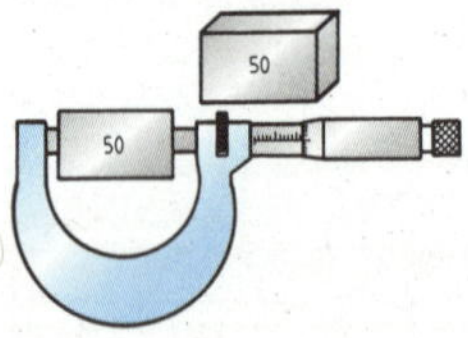
(starr)	(gerollt)	(geklappt)	(fester Flächenabstand)

Mit ihnen werden Messgrößen durch unbewegliche Abstandsstriche oder Klötze dargestellt. Sie besitzen keine beweglichen Messeinrichtungen.

2. Anzeigende Messgeräte

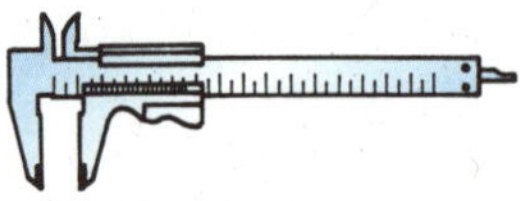	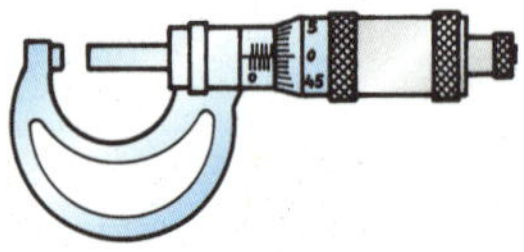		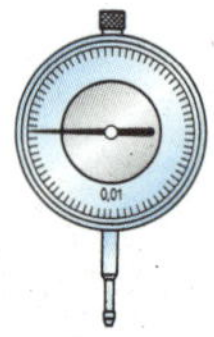
bewegliche		bewegliche	

Sie besitzen bewegliche Messeinrichtungen.

3. Lehren

Maßlehren

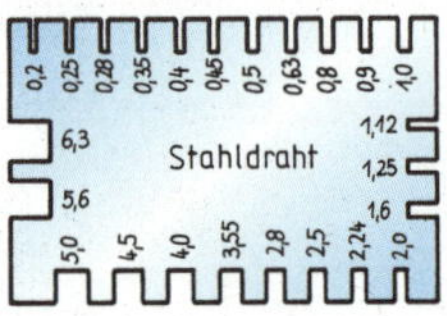	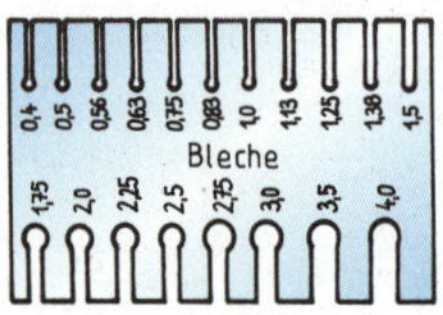	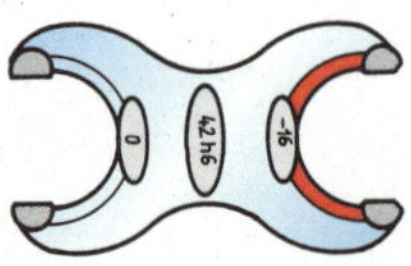	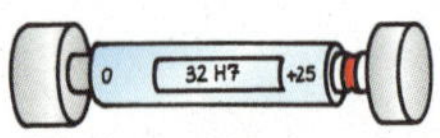

Was wird beim Prüfen mit Maßlehren festgestellt?

Formlehren

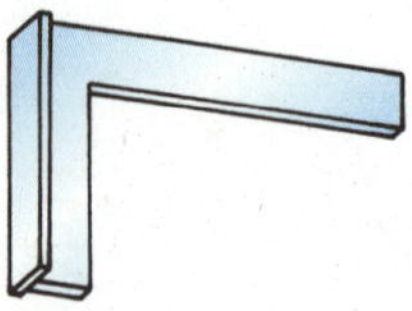	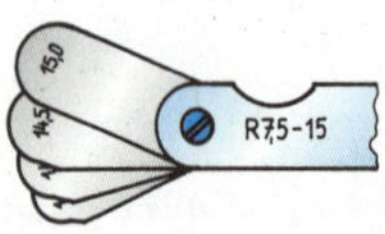	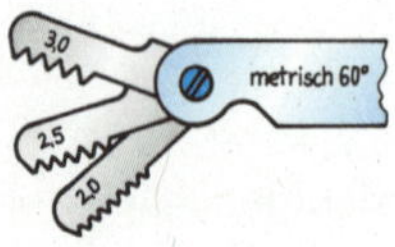	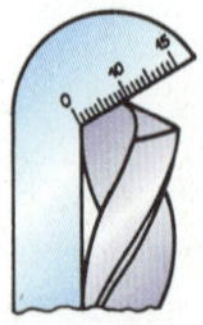

Welches Ergebnis bringt das Prüfen mit Formlehren?

Bildnachweis: Di Gaspare, Michele (Bild und Technik Agentur für technische Grafik und Visualisierung)

4. Weitere Prüfmittel

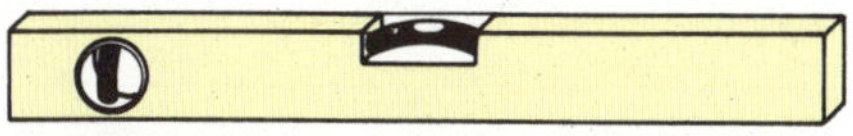	___ zum Überprüfen der waagerechten oder senkrechten Lage eines Bauteils.	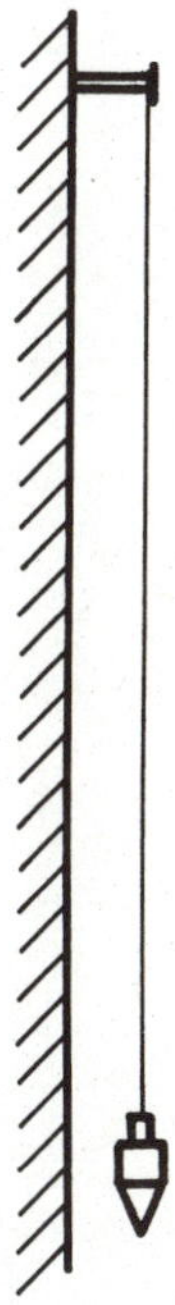
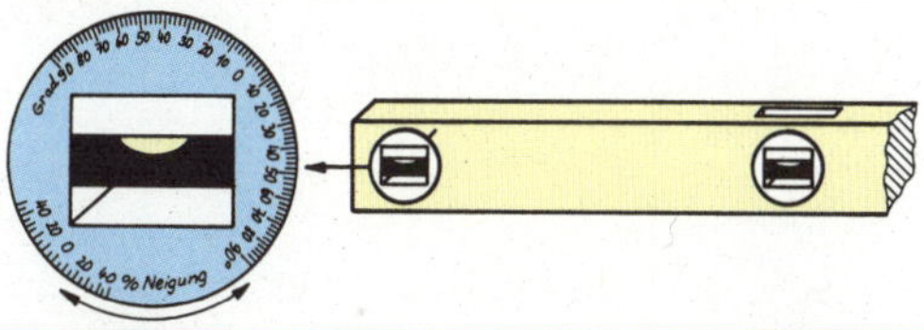	___ zum Prüfen des Gefälles. Anzeige in Grad oder Prozent.	
	___ zum Übertragen von Höhen über längere Strecken.	
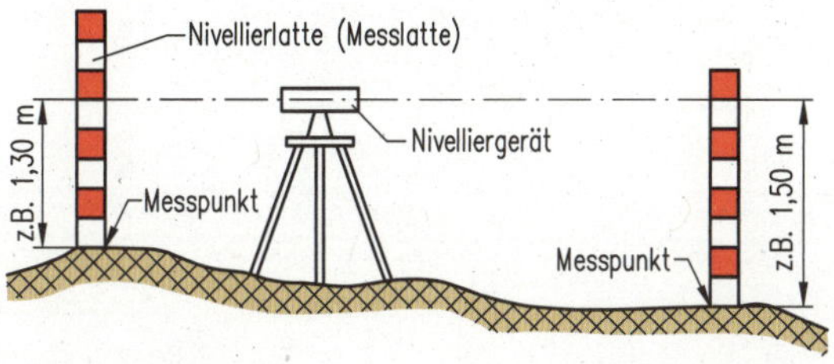	___ zum Überprüfen von Höhen über sehr weite Entfernung. Es ist ein Fernrohr, welches genau waagrecht ausgerichtet sein muss.	___ zum Prüfen der senkrechten Lage eines Bauteils.
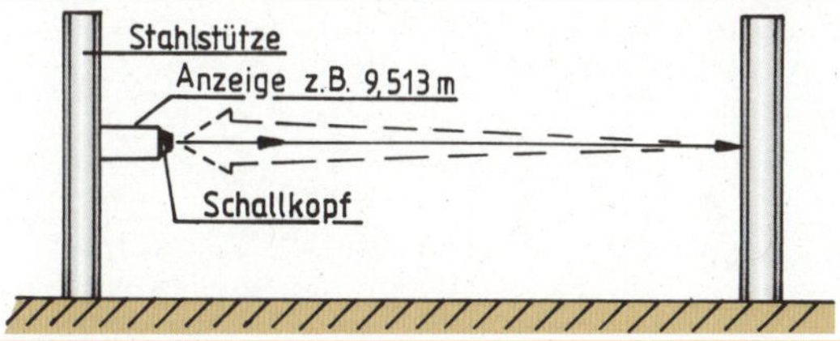	___ zum Messen von Entfernungen gegen Flächen. Das Gerät arbeitet mit Ultraschall, welcher reflektiert wird.	

5. Hilfsmittel

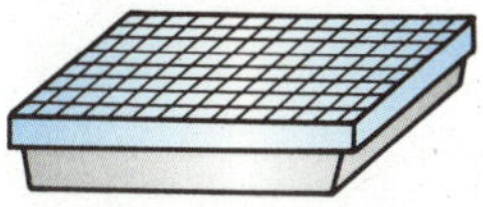	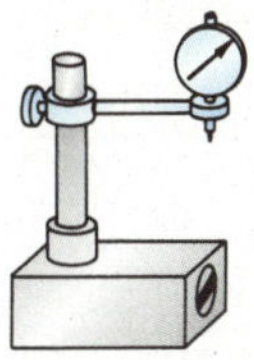	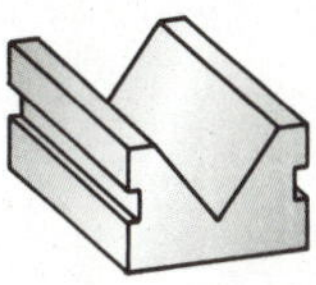	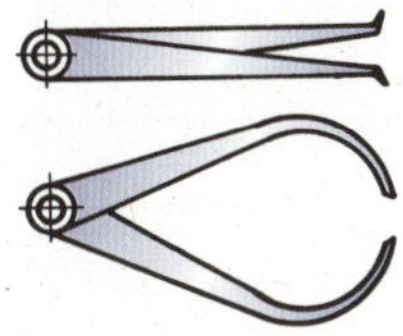
___	___	___	___ und ___

B. Messverfahren

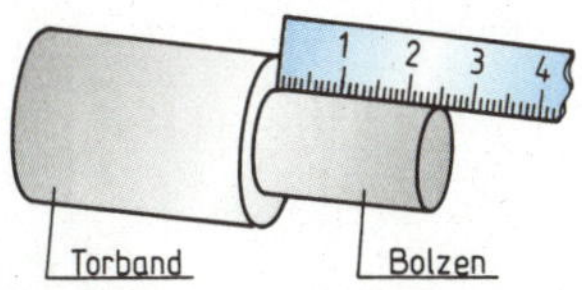

1. Direktes Messen

Der Messwert (z. B. Bolzenlänge ___ mm) kann direkt und ohne Hilfsmittel vom Stahlmaßstab abgelesen werden.

2. Indirektes Messen

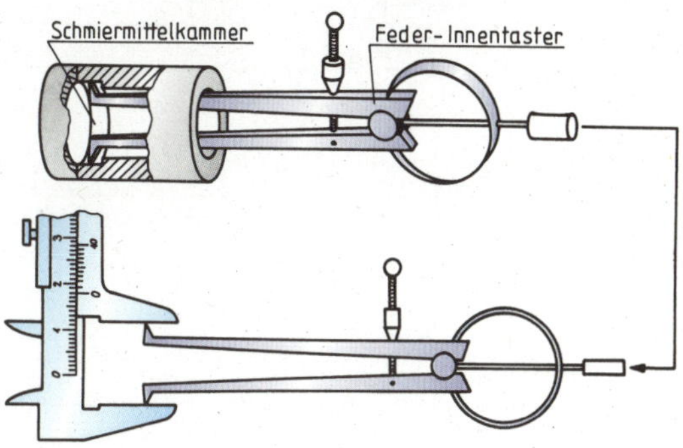

Der Messwert (z. B. Durchmesser der Schmiermittelkammer ___ mm) wird mit einem Hilfsmittel (Innentaster) abgetastet und anschließend auf den Messschieber übertragen.

Weshalb ist das indirekte Messen ungenauer als das direkte Messen?

___

A. Aufbau und Verwendung

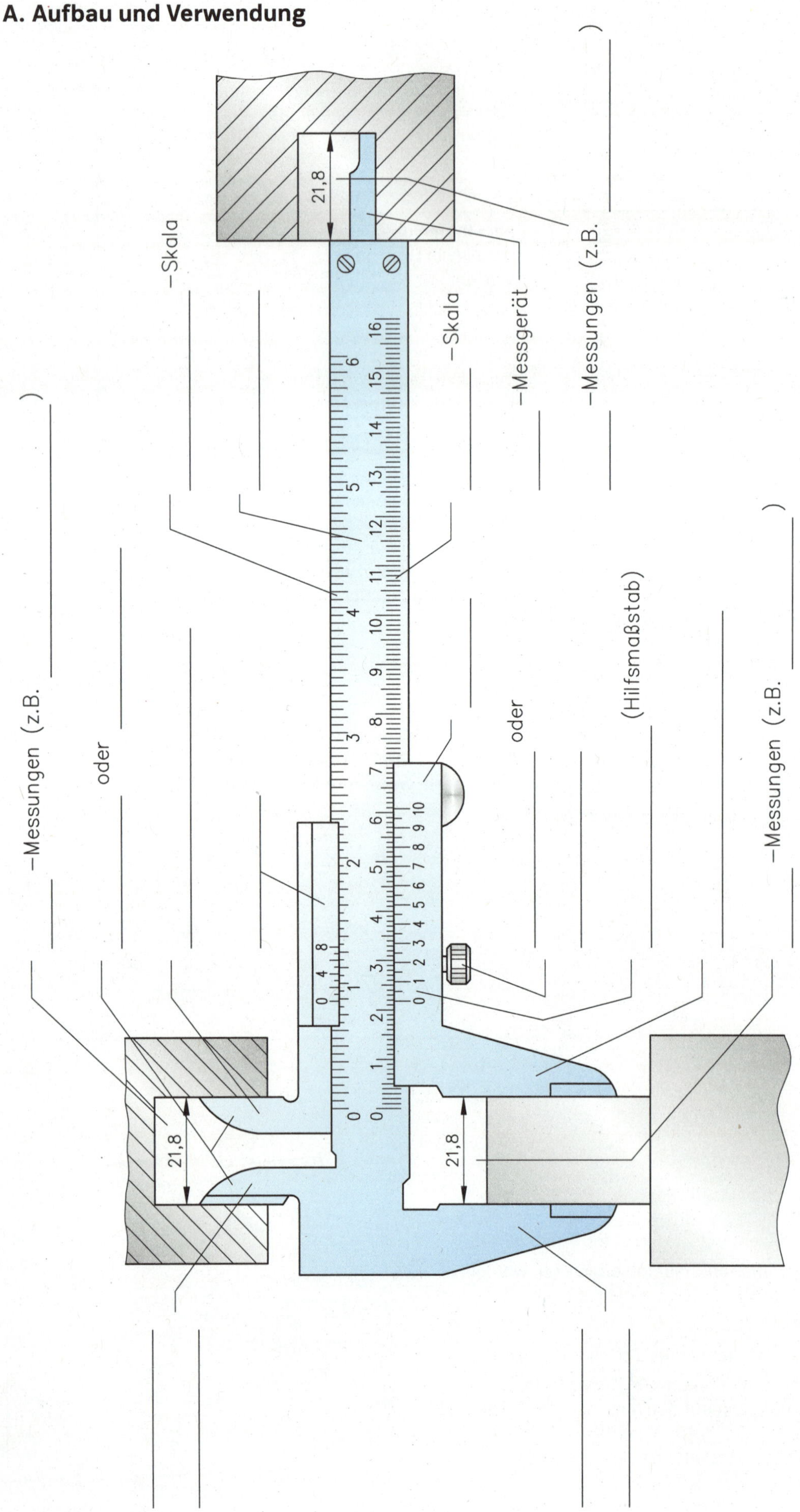

Benennen Sie die Teile des Messschiebers.
Tragen Sie in die umrandeten Felder die jeweilige Verwendung ein.

Bildnachweis: Di Gaspare, Michele (Bild und Technik Agentur für technische Grafik und Visualisierung)

B. Funktion

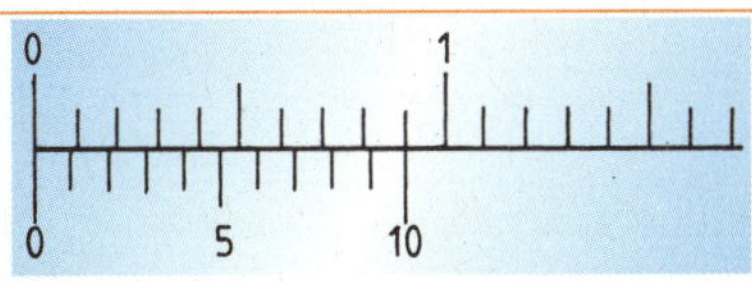	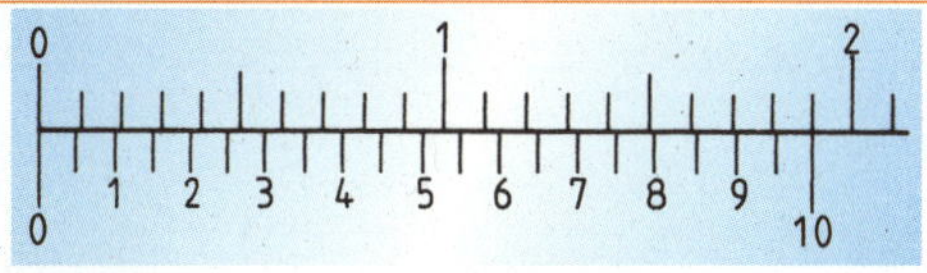
Noniuslänge: ______ mm	Noniuslänge: ______ mm
Noniusteile: ______	Noniusteile: ______
Bezeichnung: ______ -Nonius	Bezeichnung: ______ -Nonius
Messgenauigkeit: ______ mm	Messgenauigkeit: ______ mm

C. Messen

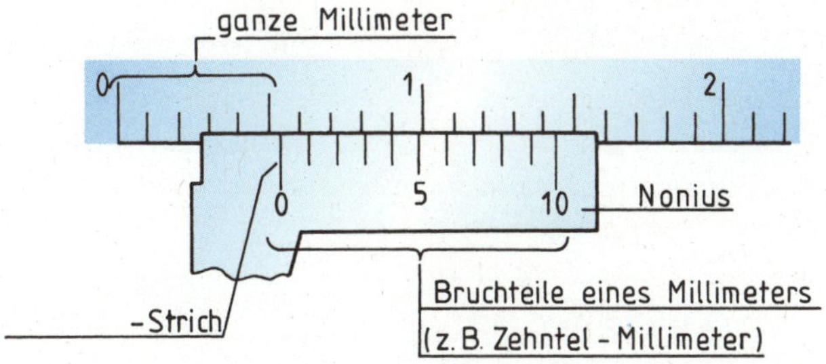

Links vom Nullstrich des Nonius werden die ganzen Millimeter abgelesen, im Beispiel ______ mm.

Der Noniusstrich, der mit einem Millimeterstrich zusammenfällt (im Beispiel der ______ . Strich), gibt die Teile eines Millimeters an, im Beispiel ______ mm).

Messergebnis: ______ , ______ mm

ganze Millimeter — Teile eines Millimeters

Übungsbeispiele

Ermitteln Sie die Messergebnisse.

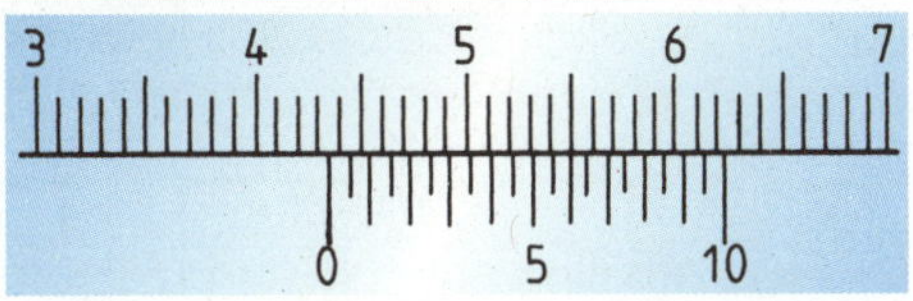 ______ mm	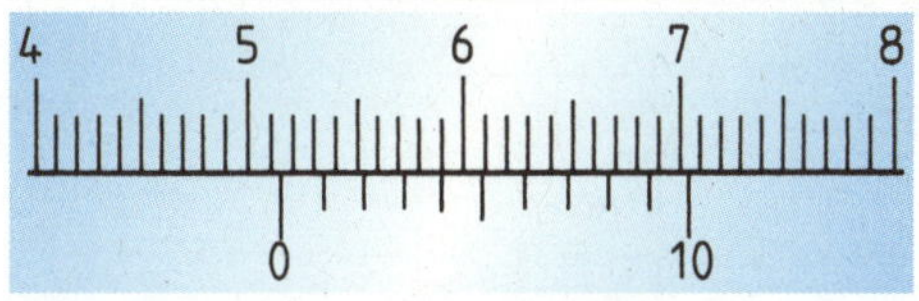 ______ mm
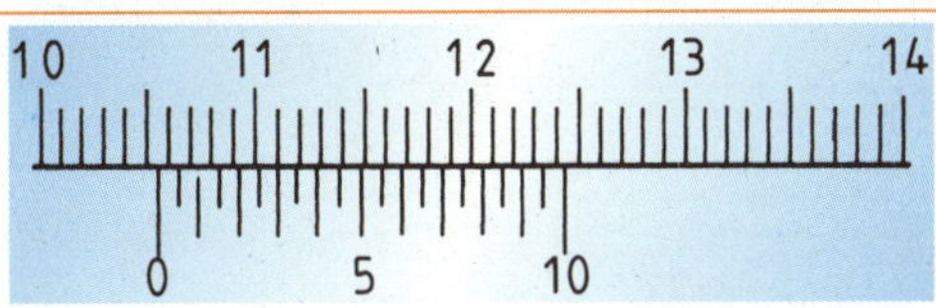 ______ mm	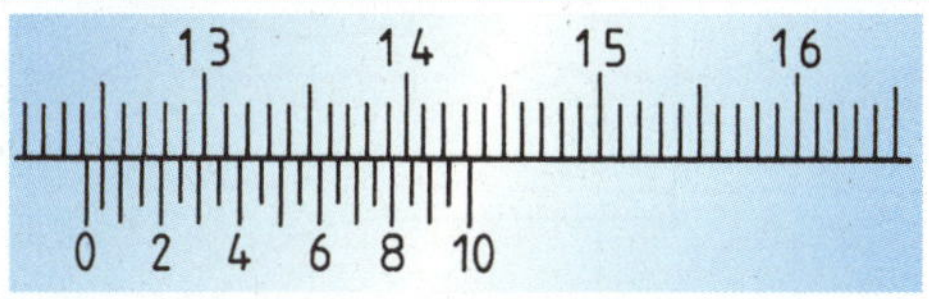 ______ mm
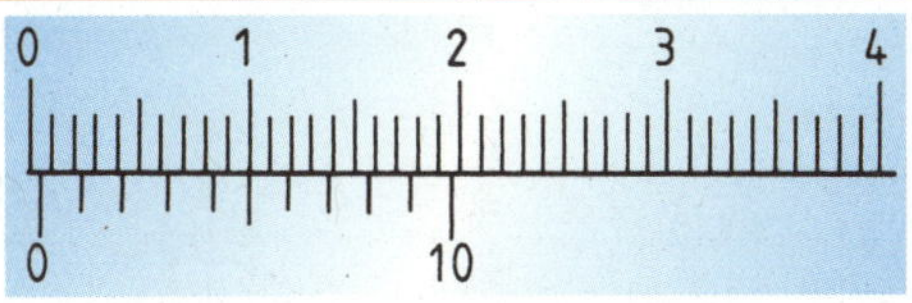 ______ mm	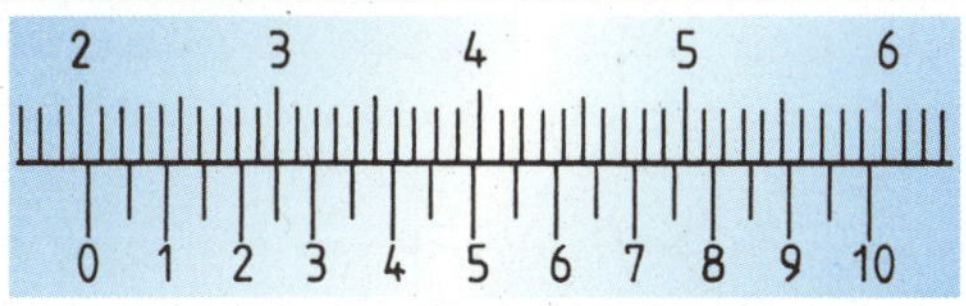 ______ mm

D. Sonderbauarten

Welche Sonderbauarten sind abgebildet?

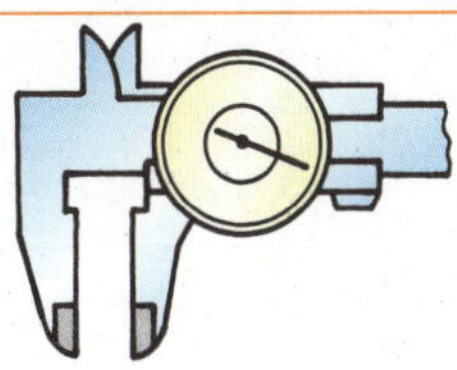	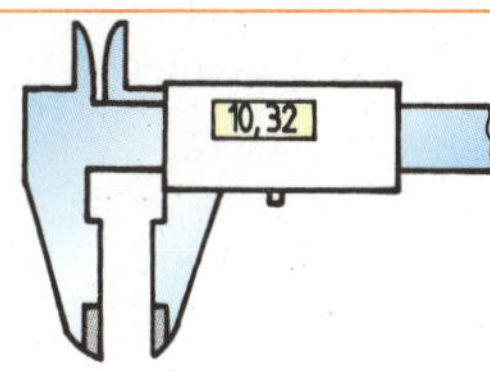
Messschieber mit ______	Messschieber mit ______

Bildnachweis: Di Gaspare, Michele (Bild und Technik Agentur für technische Grafik und Visualisierung)

A. Aufbau

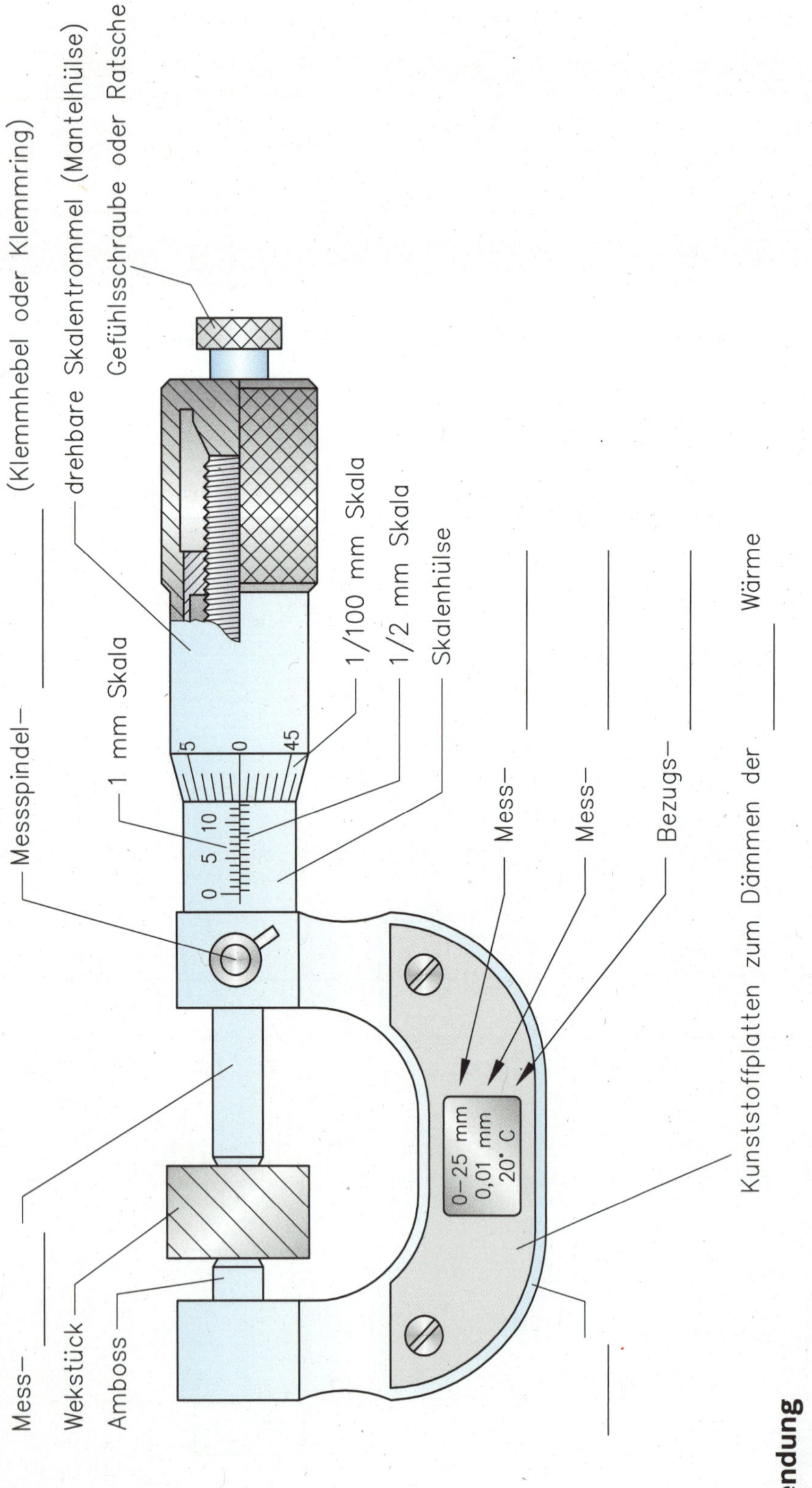

B. Verwendung

Ergänzen Sie: Innen-, Außen-, Tiefenmessungen.

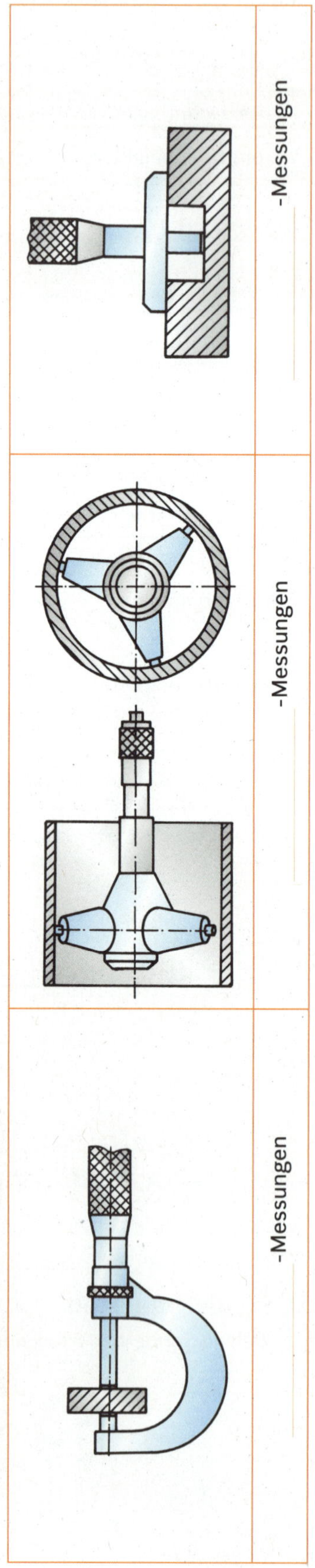

C. Funktion und Messen

1. Die Gewindesteigung der Messschraube beträgt 0,5 mm

Mit der drehbaren ______________________ wird grob eingestellt.

Mit der ____________________ wird fein eingestellt. Sie sorgt für gleichbleibenden Anpressdruck beim Messen.

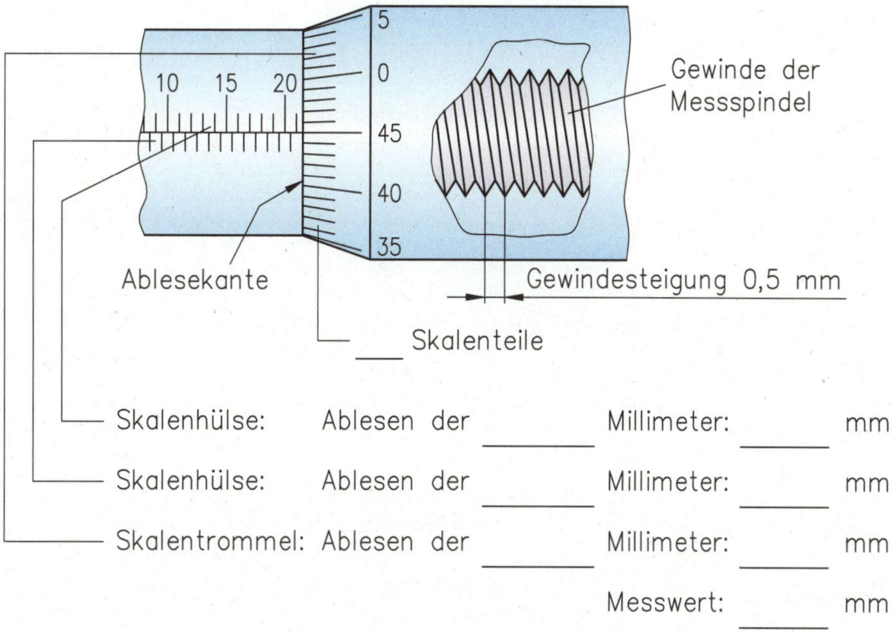

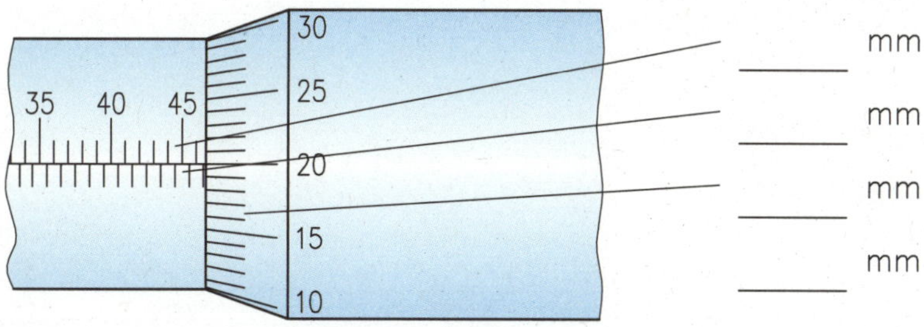

2. Die Gewindesteigung der Messschraube beträgt 1 mm

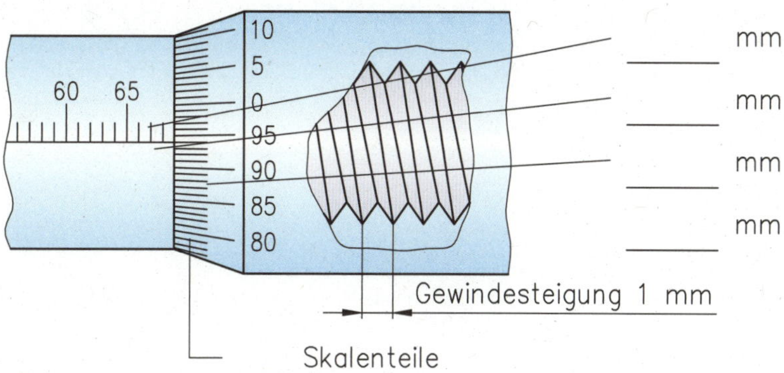

D. Sonderbauart

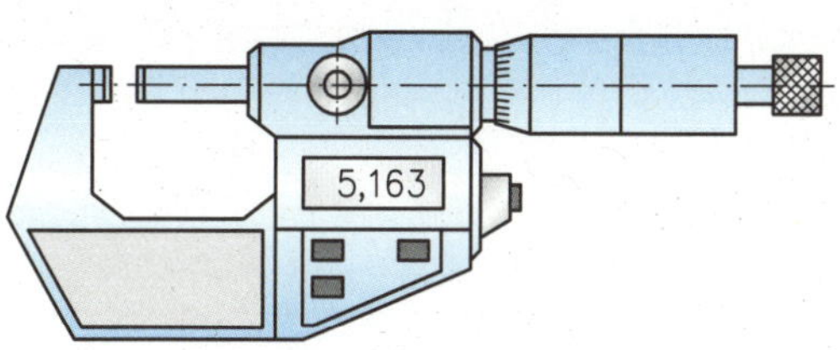

Welche Sonderbauart ist in der Skizze dargestellt?

Messschraube mit ______________________-Anzeige

Messuhr

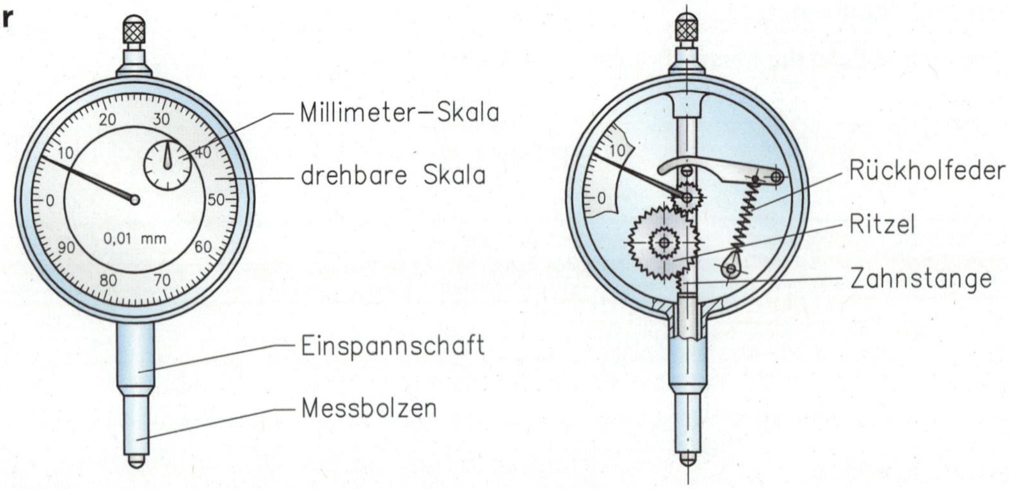

Beim Messen wird die Längsbewegung des Messbolzens über eine Zahnstange und Zahnräder in eine Drehbewegung umgewandelt.

Messbereich: Maximal ________ mm

Messgenauigkeit: ________ oder ________ mm

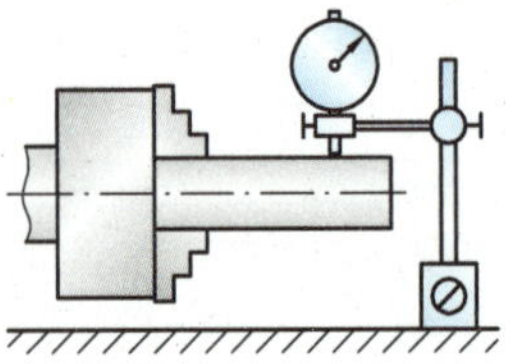

Anwendungsbeispiel:
Überprüfen des Rundlaufes der Drehmaschine.

Winkelmesser

A. Einfacher Winkelmesser

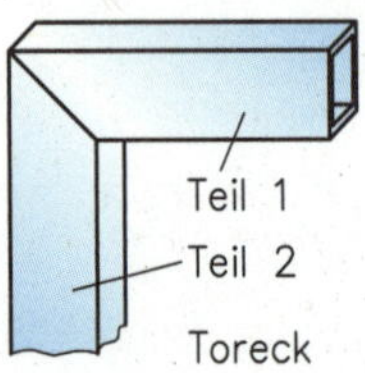

$\alpha =$ ________ °

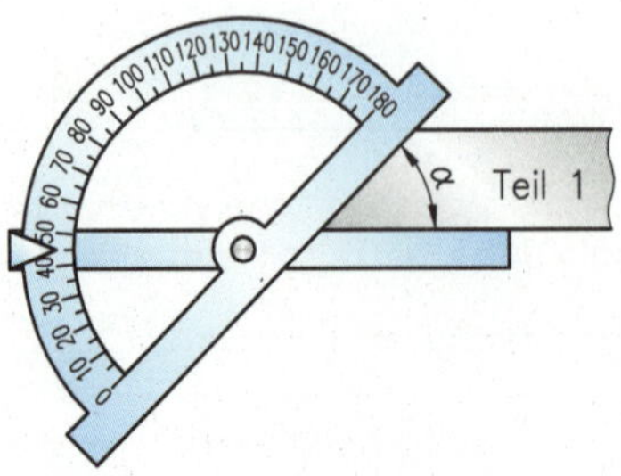

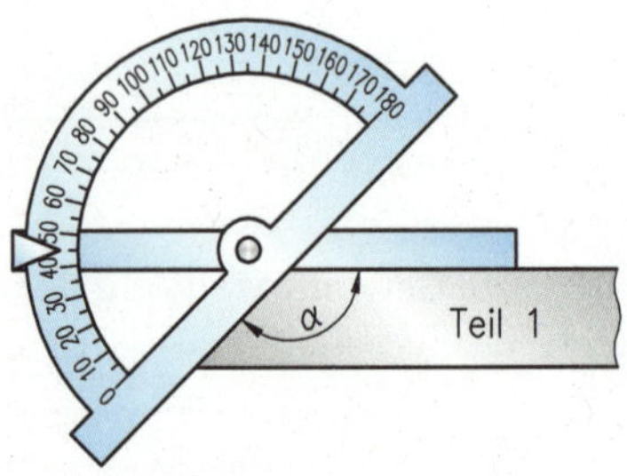

Messbereich: ________ bis ________ °

Messgenauigkeit: ________ °

$\alpha =$ ________ = ________ °

B. Universalwinkelmesser

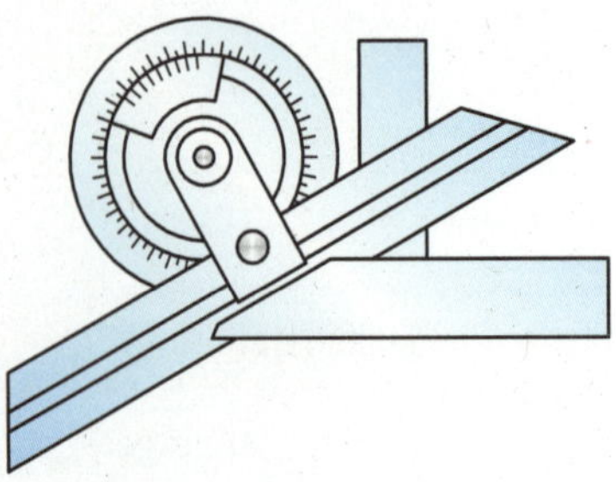

Messbereich: ________ °

Messgenauigkeit: ________ ° = ________ '

Bildnachweis: Di Gaspare, Michele (Bild und Technik Agentur für technische Grafik und Visualisierung)

A. Maßlehren

Nennen Sie Einsatzmöglichkeiten aller auf dieser Seite aufgeführten Maßlehren.

1. Drahtlehre

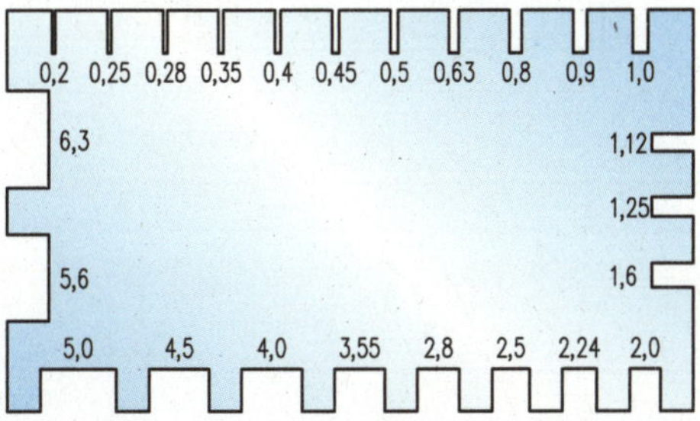

2. Blechlehre

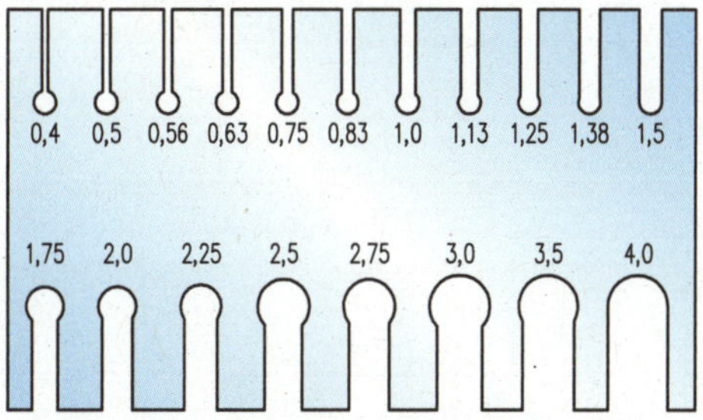

3. Fühllehre

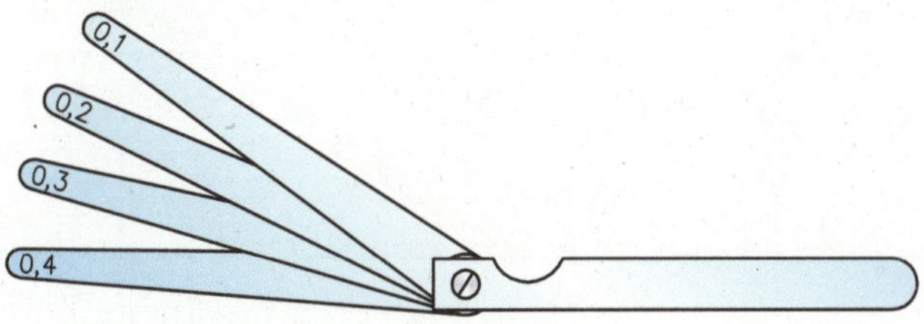

4. Schmiedelehre

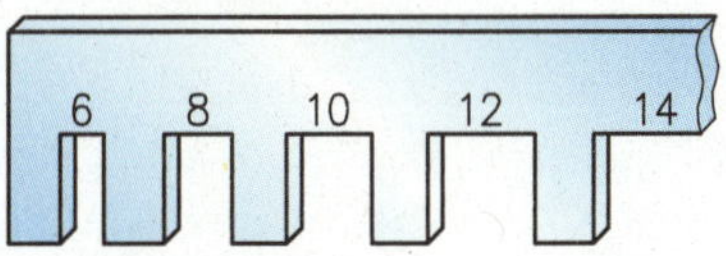

5. Rachenlehre

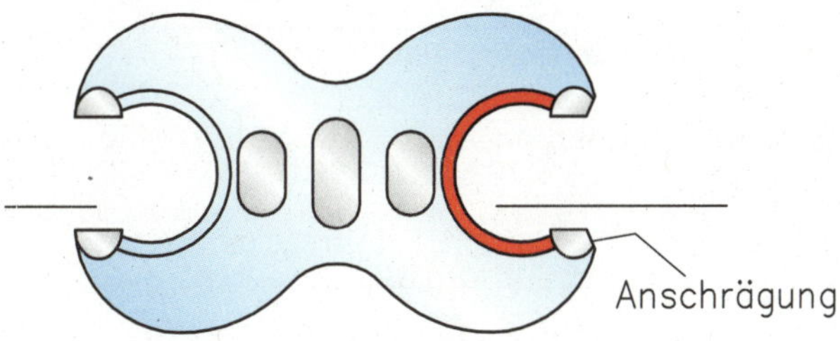

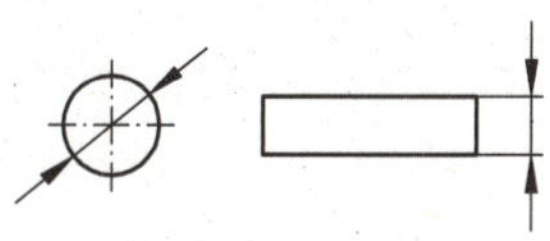

6. Lehrdorn

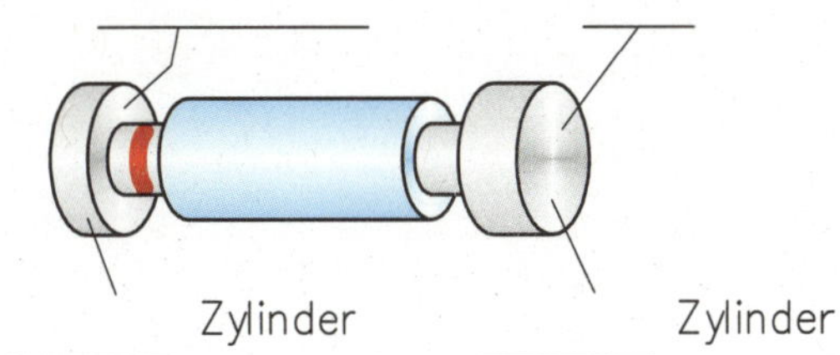

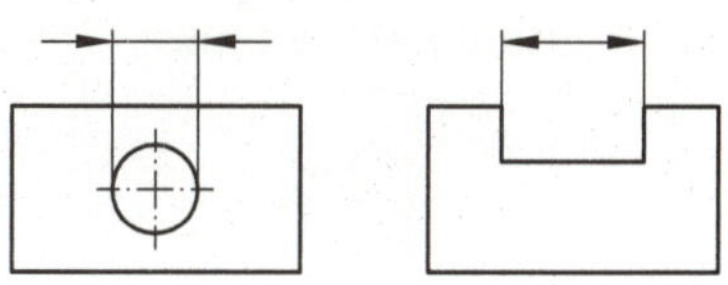

Bildnachweis: Di Gaspare, Michele (Bild und Technik Agentur für technische Grafik und Visualisierung)

B. Formlehren

1. Winkel

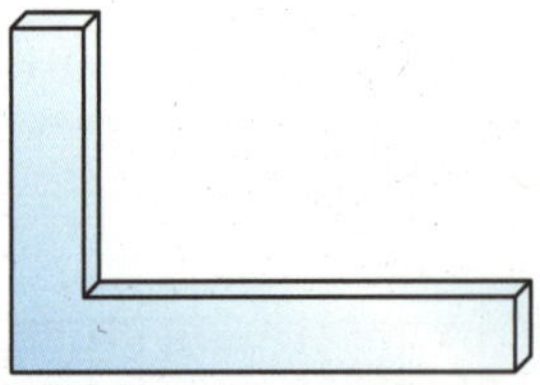

_______________-Winkel

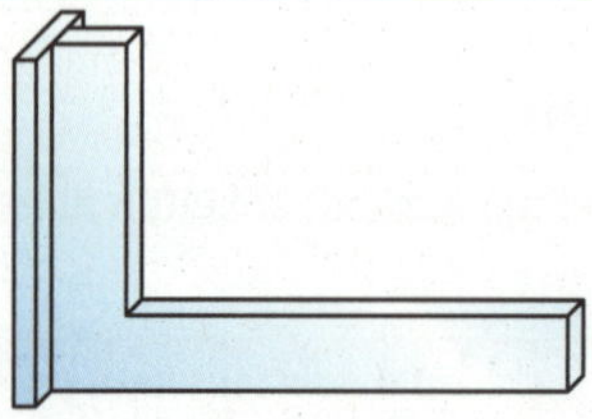

_______________-Winkel

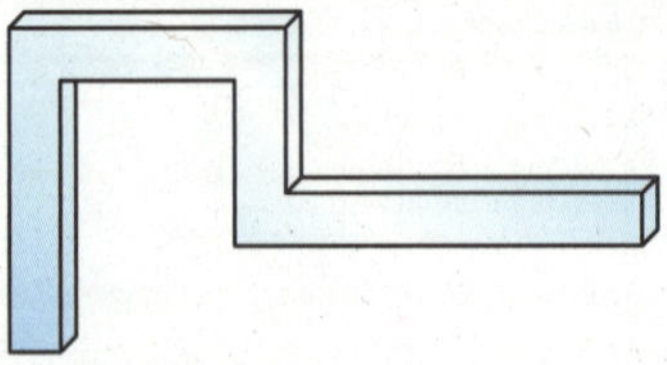

_______________-Winkel

____

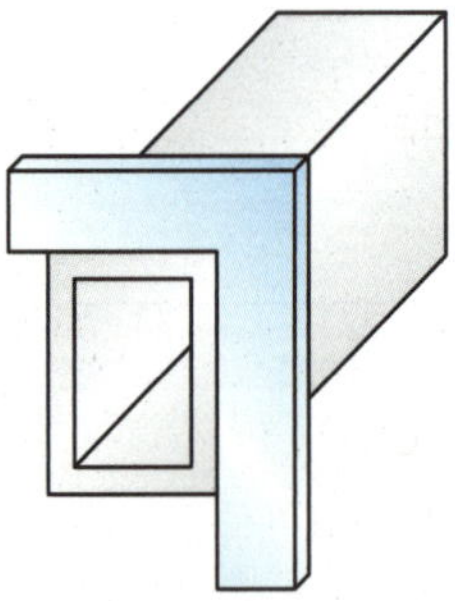

Sie dienen

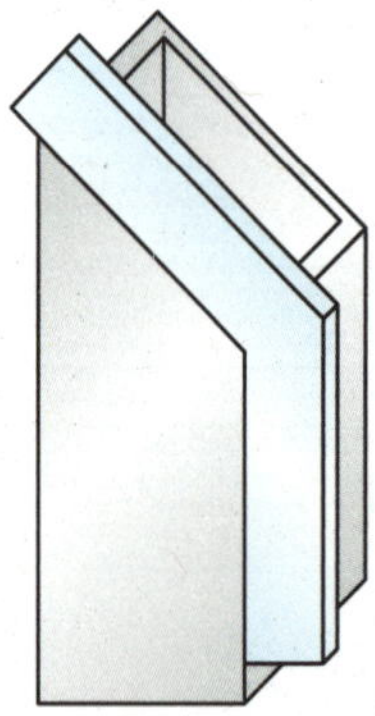

Sie dienen

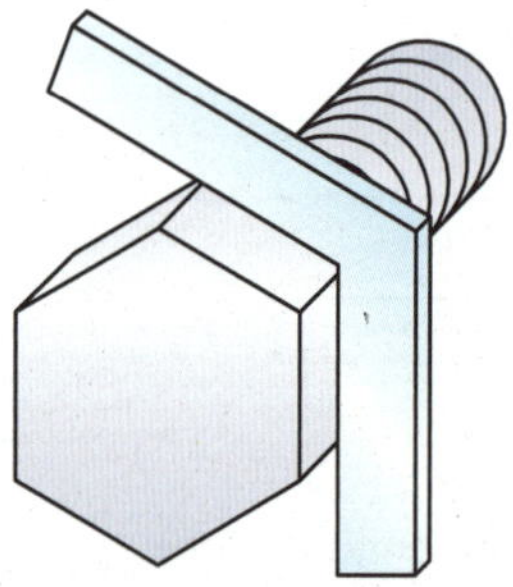

Sie dienen

2. Radienlehre

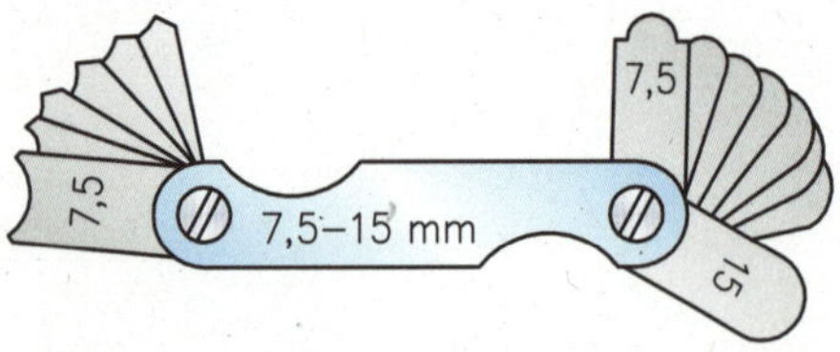

Nennen Sie den jeweiligen Einsatz.

Zum Überprüfen _______________.

3. Gewindelehre

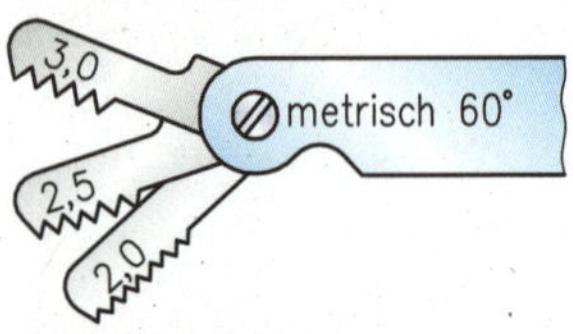

Zum Überprüfen _______________.

4. Bohrerschleiflehre

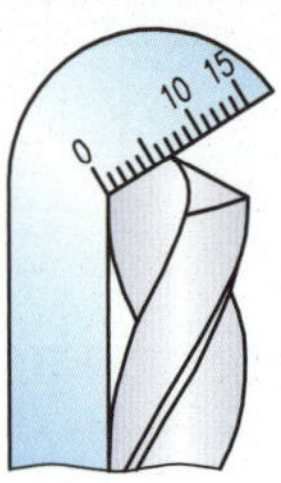

Zum Überprüfen _______________.

A. Auswahl der Prüfmittel und Anwendungen

1.

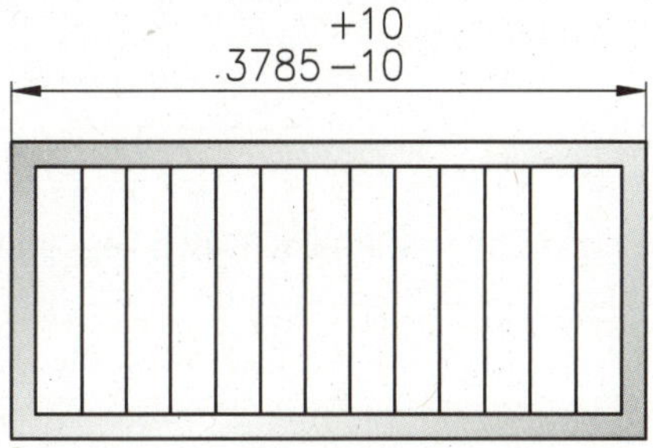

Wählen und unterstreichen Sie ein geeignetes Prüfmittel:

Messschieber, Stahlmaßstab, Gliedermaßstab, Stahlmaßband, Messschraube, Rachenlehre

Begründen Sie Ihre Auswahl. Denken Sie dabei an den Messbereich und die Ablesegenauigkeit.

________ **Maßtoleranz**

2.

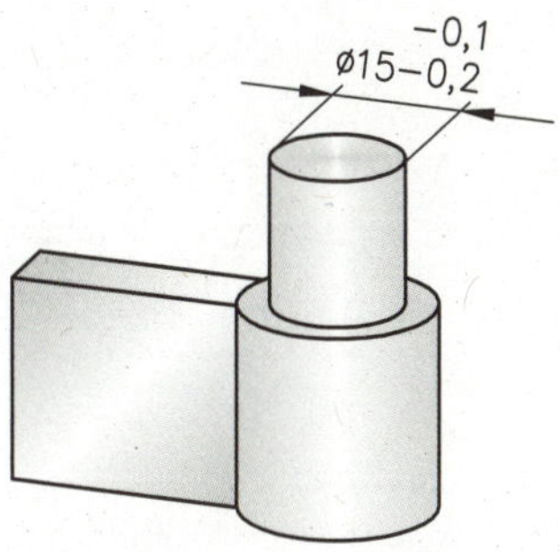

Wählen Sie auch hier wieder ein geeignetes Prüfmittel aus: Stahlmaßstab, Messschraube, Gliedermaßstab, Außentaster, Messschieber, Lehrdorn

Begründen Sie auch hier wieder Ihre Auswahl.

________ **Maßtoleranz**

3. Die angegebenen Maße des skizzierten Werkstückes sollen geprüft werden.

Wählen Sie geeignete Prüfmittel aus und begründen Sie Ihre Wahl.

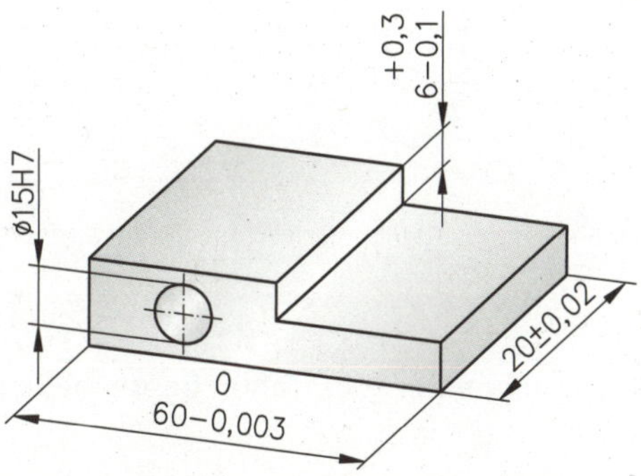

Maße	Prüfmittel
20 ± 0,02	
6 + 0,3 − 0,1	
Ø 15 H7	
60 0 − 0,003	

4. Der skizzierte Stahlrahmen wurde aus einem Quadratrohr hergestellt.

Mit welchem Prüfmittel können Sie die Schnitte auf Genauigkeit kontrollieren?

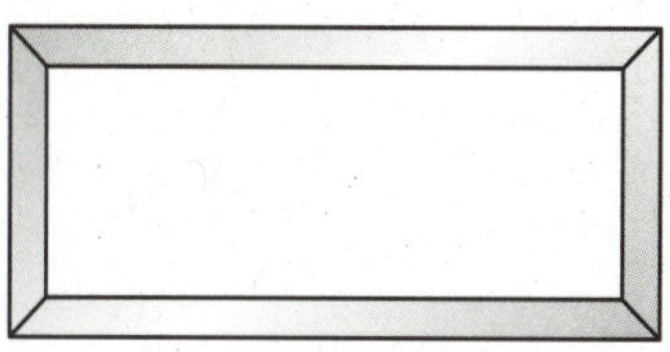

5. Eine Metallbaufirma fertigt für einen Kunden 500 Drehteile.

Mit welcher Maßlehre können Sie das Passmaß ø 20 h7 kostengünstig prüfen?

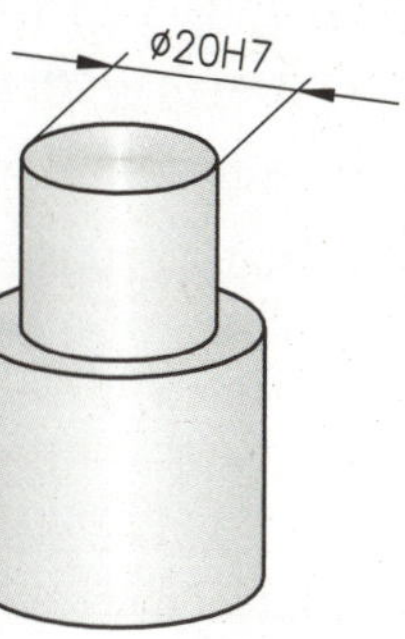

6. Eine Welle (Ø 30, 300 mm lang) soll auf Rundlaufgenauigkeit geprüft werden.

Mit welchem Messgerät können Sie die Welle mithilfe der Drehmaschine überprüfen?

B. Messfehler

Beim Prüfen können Fehler auftreten. Die Ursachen können am Werkstück, am Messgerät oder beim Messenden liegen. Beschreiben Sie die Ursachen der folgenden Messfehler.

1. Ursachen der Messfehler liegen am Werkstück

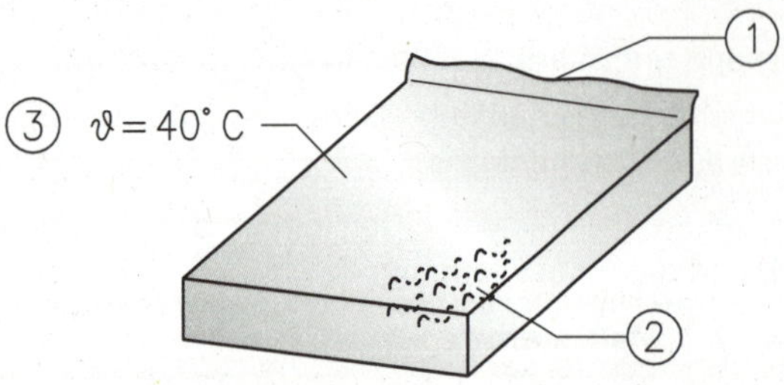

① ______

② ______

③ ______

! Die Bezugstemperatur beim Prüfen liegt stets bei ______ °C.

2. Ursachen der Messfehler liegen am Messgerät

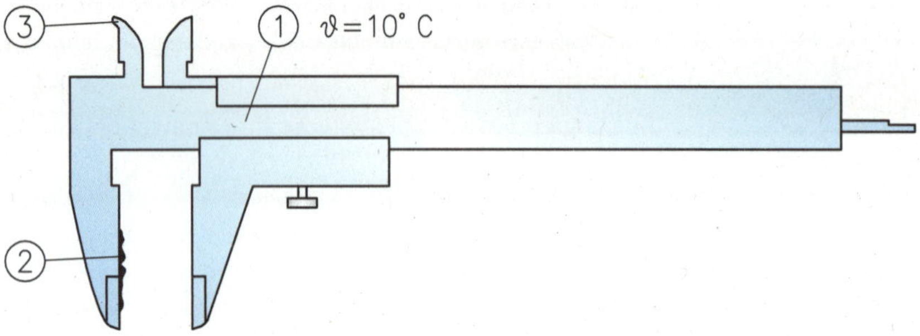

① ______

② ______

③ ______

3. Ursachen der Messfehler liegen beim Messenden

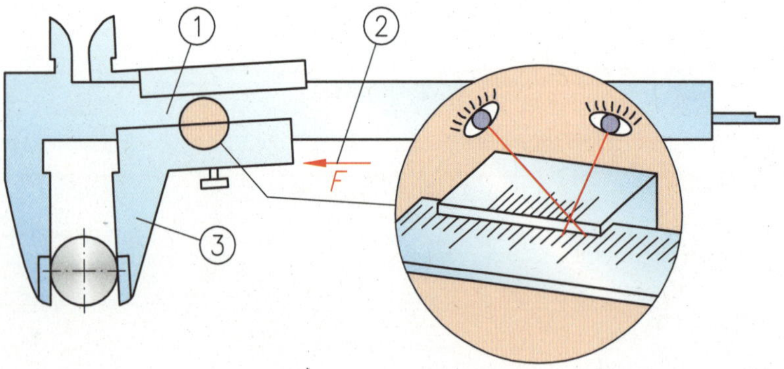

① ______

② ______ und dadurch

③ ______

4. Zufällige und systematische Prüffehler

1. Treten Prüffehler unregelmäßig auf, so spricht man von **zufälligen** Fehlern,

   z. B. ______.

   Solche Fehler können nicht berücksichtigt werden.

2. Treten Prüffehler dagegen regelmäßig auf, so handelt es sich um **systematische** Fehler,

   z. B. ______.

Solche Fehler können beim Prüfen berücksichtigt werden.

Passungen

Ohne Passungen ist eine Massenanfertigung oder der Austausch von Teilen nicht möglich.

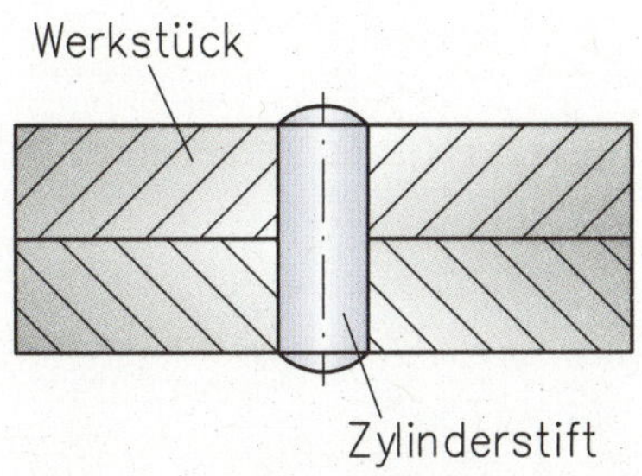

Wie passt der Zylinderstift in die Bohrung des Werkstückes?

____

Wie nennt man solche Rundpassungen?

__________ Passung

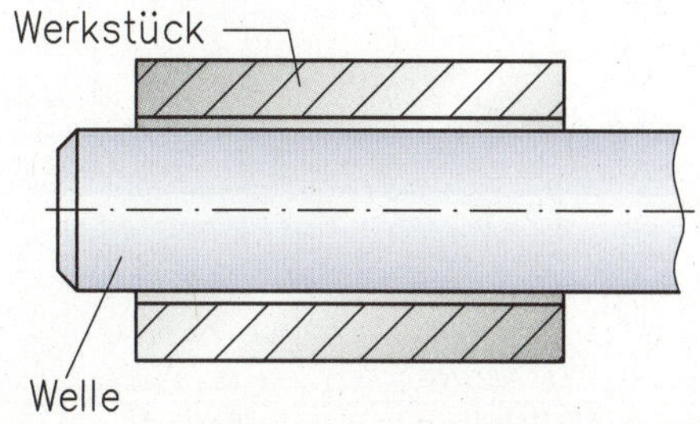

Wie passt die Welle in die Bohrung des Werkstückes?

____

Wie nennt man solche Rundpassungen?

__________ Passung

Neben der Rundpassung gibt es auch Flachpassungen.

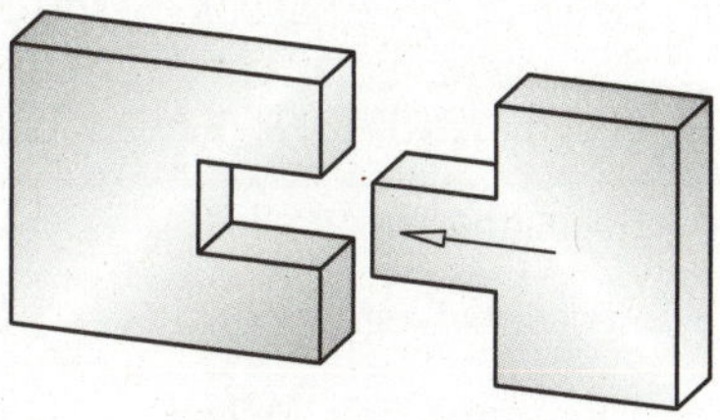

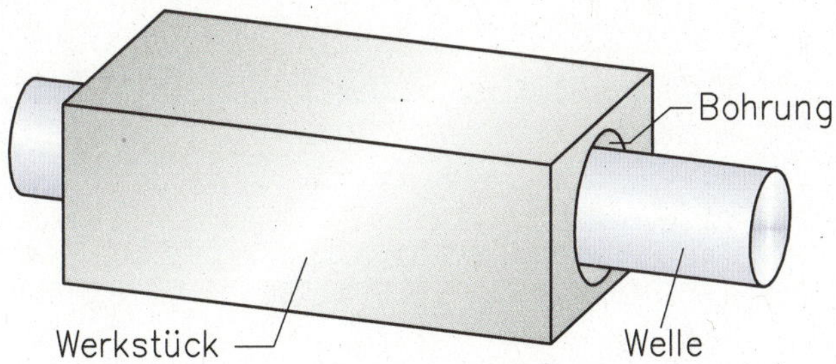

Je nach Funktion werden Passungen in technischen Darstellungen durch besondere Maßangaben gekennzeichnet:

Passungsangaben für B**o**hrungen erhalten gr**o**ße Buchstaben (A, B, C, ... I entfällt).
Passungsangaben für W**e**llen erhalten kl**e**ine Buchstaben (a, b, c, ... i entfällt).

Bestimmen Sie mithilfe des Tabellenbuches für Bohrung und Wellen:

	Bohrung **Ø 45 H7**	**Welle 1** **Ø 45 g6**	**Welle 2** **Ø 45 r6**
Abmaße (mm)			
Höchstmaß (mm) = G_o	G_{oB} =	G_{oW} =	G_{oW} =
Mindestmaß (mm) = G_u	G_{uB} =	G_{uW} =	G_{uW} =

Der Unterschied (Differenz) zwischen Höchstmaß und Mindestmaß ist die Toleranz T.
Toleranz Bohrung = T_b Toleranz Welle = T_w

Skizzieren Sie auf der Rückseite die Wellen 1 und 2 mit Höchst- und Mindestmaß und tragen Sie die jeweiligen Durchmesser ein.

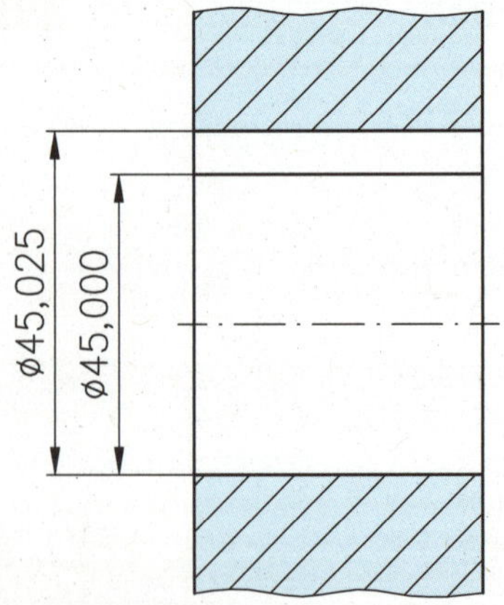

Welle 1

Welle 2

Wie sitzen die Wellen in der Bohrung?	Name der Passung
Welle 1: Sie hat Spiel ⟶	______________ -Passung (P_S)
Welle 2: Sie sitzt fest ⟶	______________ -Passung ($P_Ü$)

Neben diesen beiden Passungsarten gibt es noch die **Übergangs**-Passung. Hier kann die Welle in der Bohrung Spiel oder Übermaß haben.

1. Eine Stahlwelle hat das Passmaß Ø $45^{+0,1}_{-0,2}$. Die Bohrung hat das Nennmaß Ø 45, das obere Abmaß beträgt +0,5, das untere Abmaß hat den Wert +0,2.
   Bestimmen Sie G_{oW}, G_{oB}, G_{uW} und G_{uB}.

   Höchstmaß der Welle G_{oW} = Ø ______________ mm

   Höchstmaß der Bohrung G_{oB} = Ø ______________ mm

   Mindestmaß der Welle G_{uW} = Ø ______________ mm

   Mindestmaß der Bohrung G_{oB} = Ø ______________ mm

   Welche Passungsart liegt vor? ______________ -Passung.

   Merke: Das Höchstmaß der Welle (Ø ______________), ist immer ______________ als
   das Mindestmaß der Bohrung (Ø ______________),

2. Eine Passung hat folgende Angaben:

   Höchstmaß der Welle G_{oW} = Ø 45,4 mm

   Höchstmaß der Bohrung G_{oB} = Ø 45,1 mm

   Mindestmaß der Welle G_{uW} = Ø 45,3 mm

   Mindestmaß der Bohrung G_{oB} = Ø 44,8 mm

   Welche Passungsart liegt vor? ______________ -Passung.

   Merke: Das Mindestmaß der Welle (Ø ______________), ist immer ______________ als
   das Höchstmaß der Bohrung (Ø ______________),

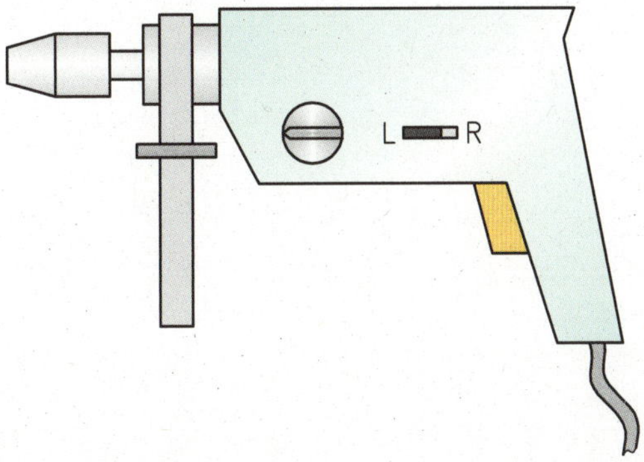

Die Handbohrmaschine kann wichtige Zusatzeinrichtungen haben:

1. ______________________
2. ______________________
3. ______________________

______ -Maschine

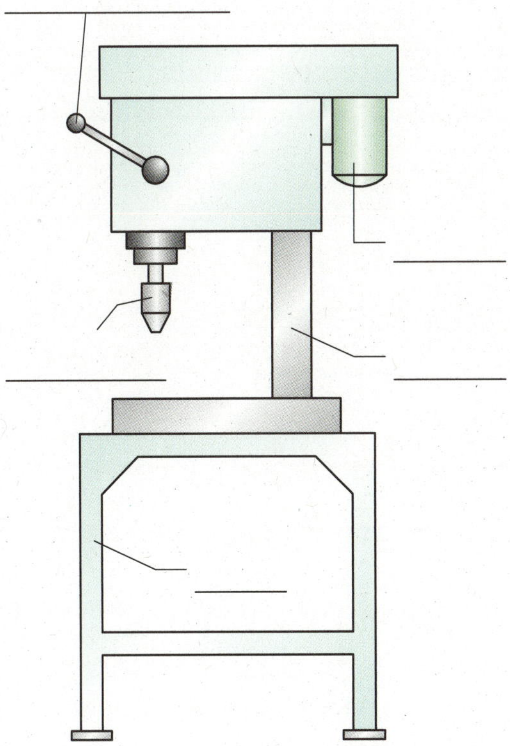

______ -Maschine

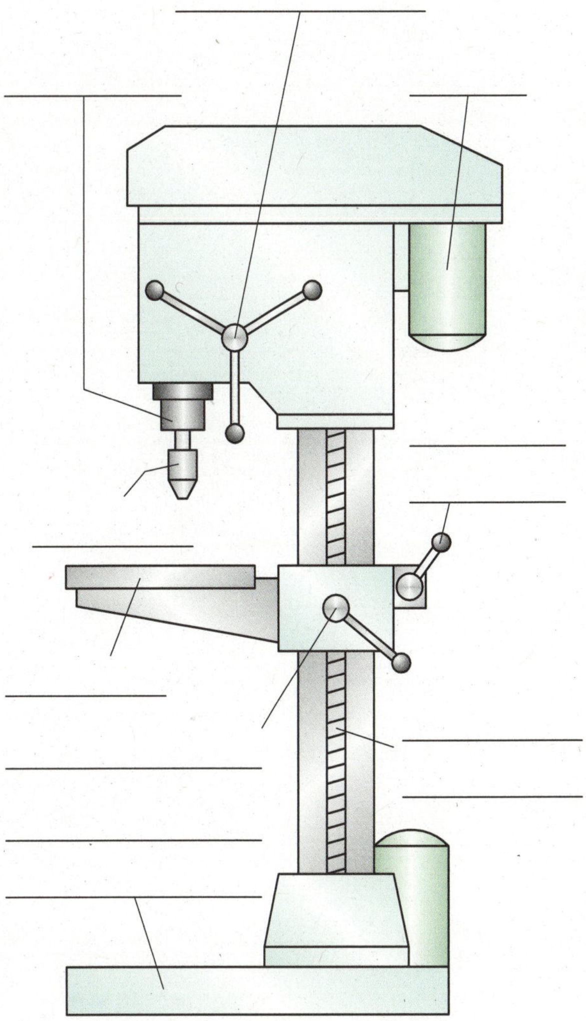

______ -Maschine

A. Wendelbohrer

Ordnen Sie der Skizze zu: Kegelschaft, Hauptschneide, Führungsfase, Zylinderschaft, Austreiblappen, Spannuten.

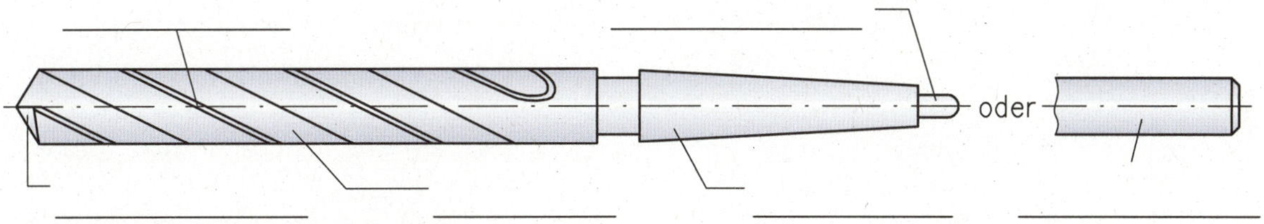

Welche Aufgaben haben die **Spannuten**?

1.

2.

Auch die beiden **Führungsfasen** haben Aufgaben zu erfüllen:

B. Winkel an der Schneide

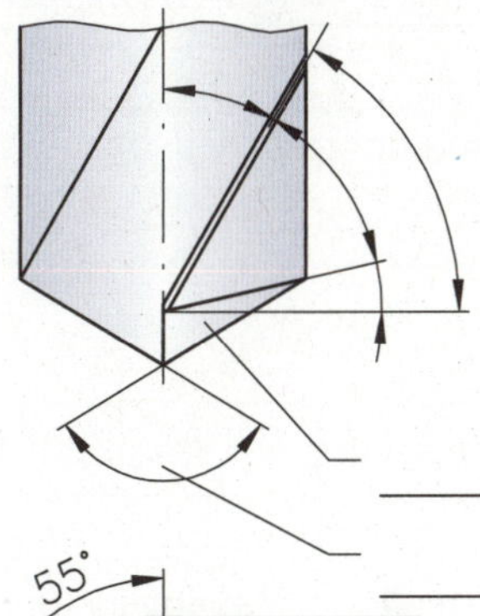

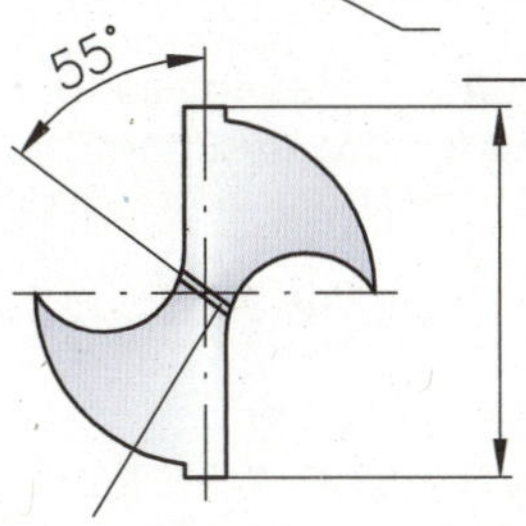

α = Freiwinkel
β = Keilwinkel
γ = Spanwinkel oder Drallwinkel
δ = Schnittwinkel

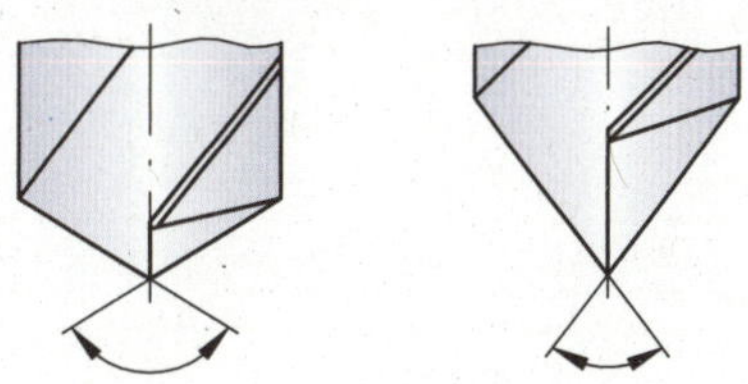

Welche Vorzüge bietet ein kleiner Spitzwinkel?

1.

2.

Der Bohrerdurchmesser *d* wird zwischen den Führungsfasen gemessen. Tragen Sie diesen in die nebenstehende Skizze ein.

	Aluminium, Kupfer	Stahl, Gusseisen	Kunststoffe, Fliesen
Wärmeleitung			gering
Spitzenwinkel	~ °	mittel ~ °	~ °

C. Schnitt- und Vorschubbewegung

Beim Spanen führt der Wendelbohrer zwei Bewegungen aus:
Die Schnittbewegung bzw. die Schnittgeschwindigkeit v_c und die Vorschubbewegung *f*.
Tragen Sie die Abkürzungen in die Zeichnung ein.

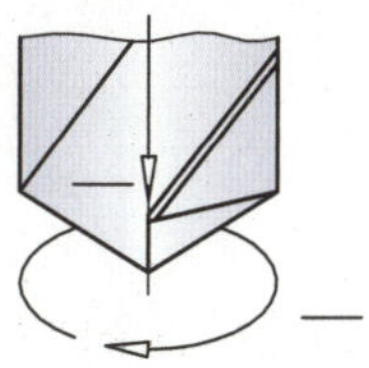

D. Bohrertypen

Beurteilen Sie die dargestellten Bohrer nach ihren Winkeln und ihrer Verwendung und geben Sie den Bohrertyp an.

	Keilwinkel	Spanwinkel	Geeignet für	Bohrertyp
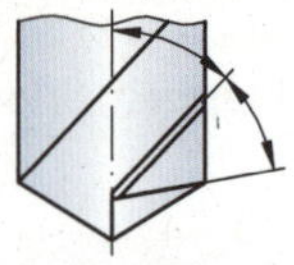			Werkstoffe	Typ
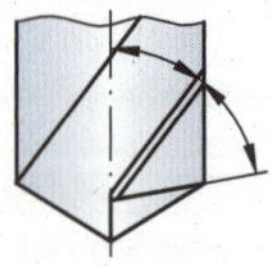	mittel		Werkstoffe	Typ
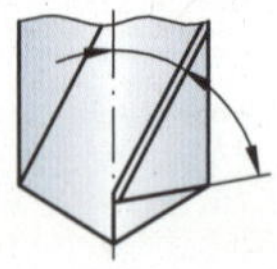			Werkstoffe	Typ

E. Schälaufbohrer

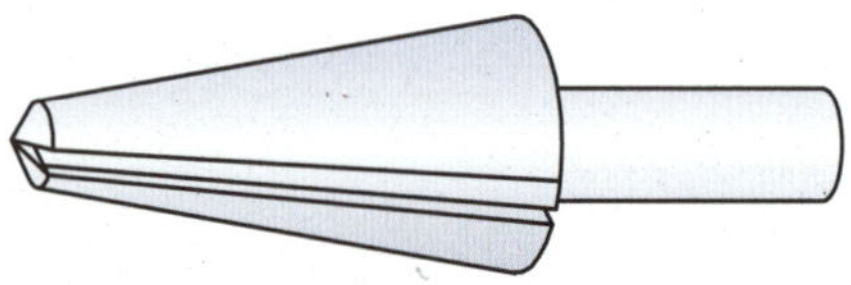

Welche Vorteile bietet der Schälaufbohrer?

F. Zentrierbohrer

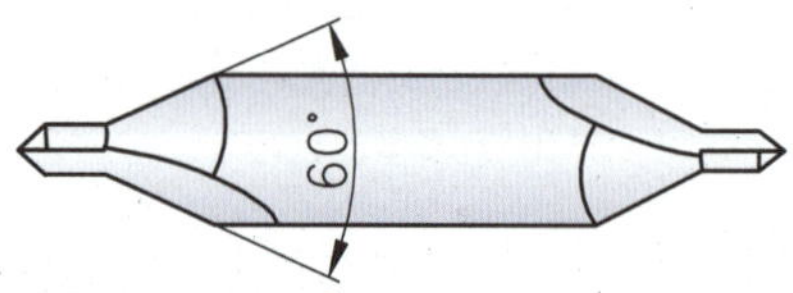

Wozu dient der Zentrierbohrer?

G. Werkstoff der Bohrer

WS : -Stahl

SS : -Stahl

HSS :

-Stahl

Für Bohrungen in Kunststoffe, Mauerwerk, Beton und Fliesen verwendet der Metallbauer Bohrer mit einer besonderen Schneide:

– Schneide (HM)

H. Schleifen der Bohrer

1. Anspitzen

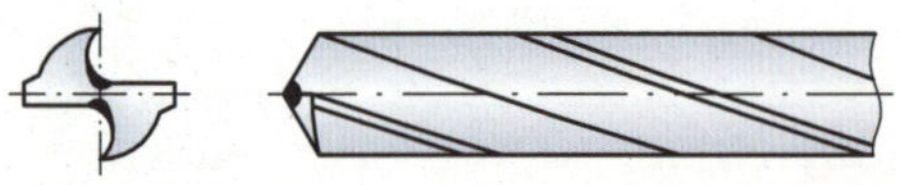

Welchen Vorteil bietet das Anspitzen der Querschneide?

2. Schleiffehler

	Schleiffehler	Folge
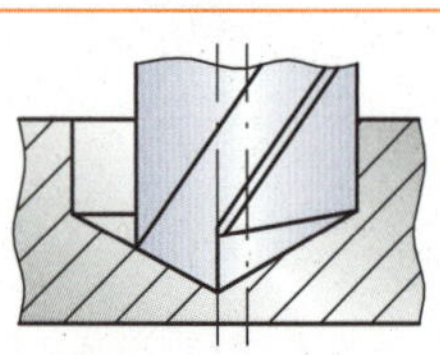		
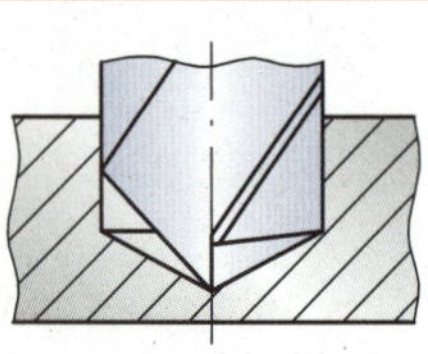		

A. Kegelsenker

Ordnen Sie der Skizze zu: Austreiblappen, Spitzenwinkel, Kegelschaft, Schneide, Zylinderschaft.

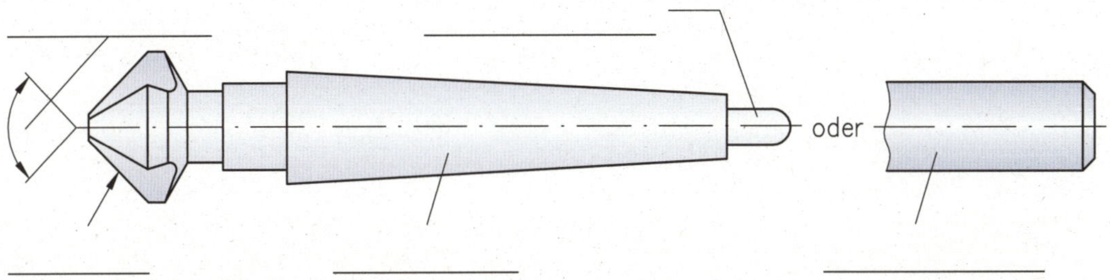

Beispiel	Spitzenwinkel	Verwendung
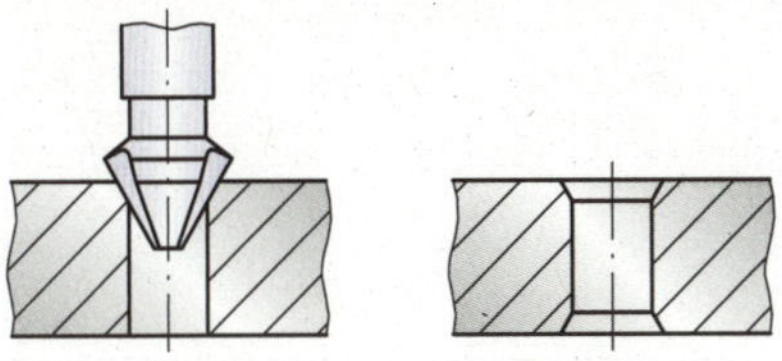	60°	______ von Bohrungen
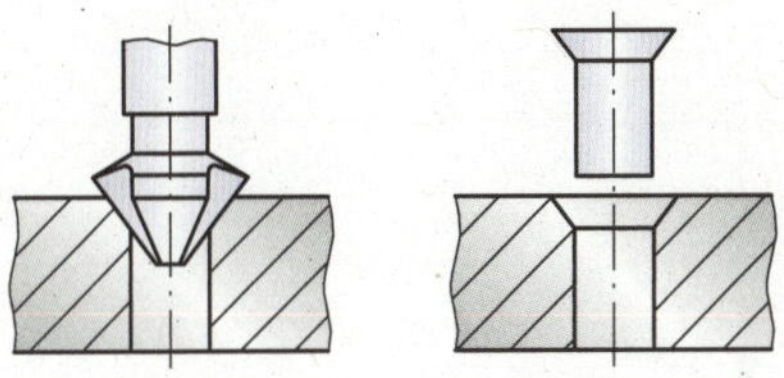	75°	______ für ______
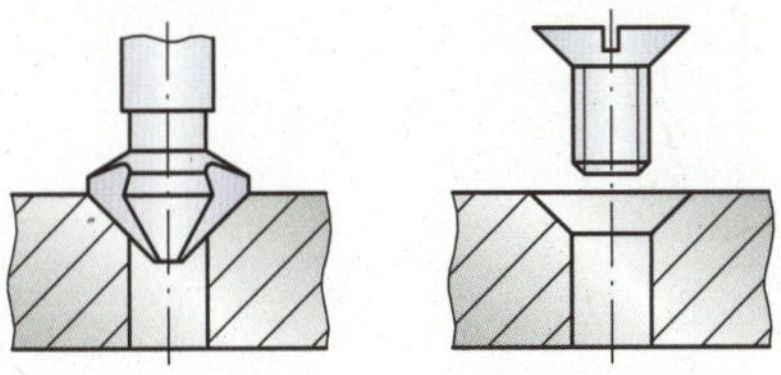	90°	______ für ______
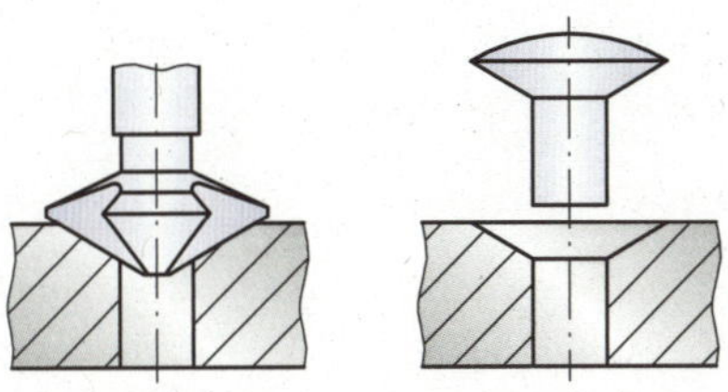	120°	______ für ______

B. Flachsenker

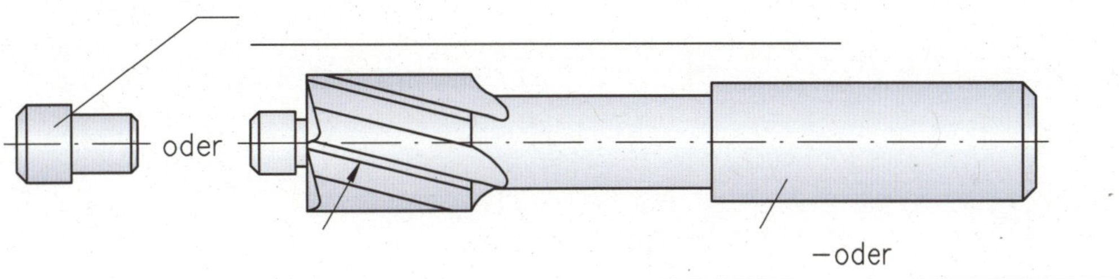

Wozu dient der Zapfen? ______

Bildnachweis: Di Gaspare, Michele (Bild und Technik Agentur für technische Grafik und Visualisierung)

Beispiel	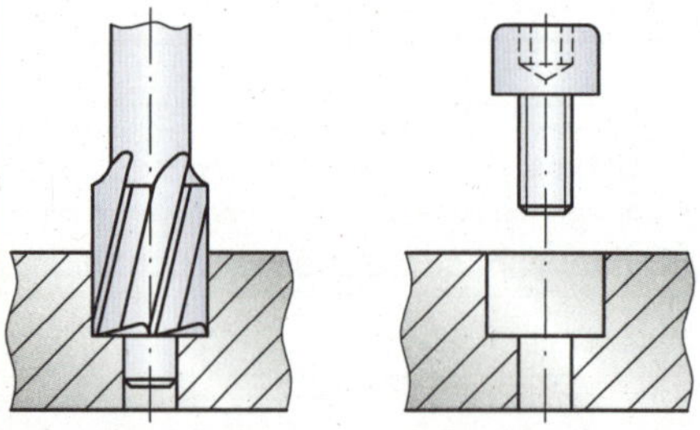	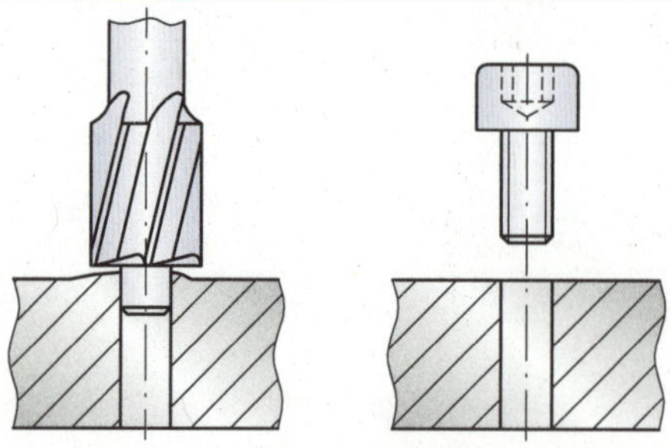
Verwendung	__________ für __________	__________ Auflagerflächen für __________ und __________

C. Schnittgeschwindigkeit

Wie hoch soll die Schnittgeschwindigkeit beim Senken im Vergleich zum Bohren sein?

____

____

D. Unfallverhütung beim Bohren und Senken

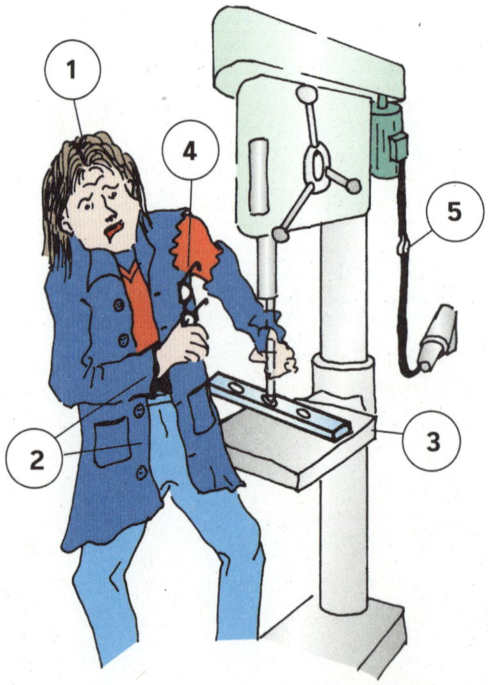

① ______________________________

② ______________________________

③ ______________________________

____

____

④ ______________________________

____

⑤ ______________________________

____

Bildnachweis: Di Gaspare, Michele (Bild und Technik Agentur für technische Grafik und Visualisierung)

Metallbautechnik	Datum:	Fertigen von Bauelementen mit Maschinen	Lernfeld 2
Name:	Klasse:	*Reiben*	6

Reiben ist eine spanende Feinbearbeitung.

A. Vorteile gegenüber dem Bohren

Welche Vorteile bietet das Reiben gegenüber dem Bohren?

1. ______________________________
2. ______________________________
3. ______________________________

B. Aufbau der Reibahle

Ordnen Sie der Skizze zu: Austreiblappen, Hals, Zylinderschaft, Anschnitt, Kegelschaft, Zähne, Führungsteil.

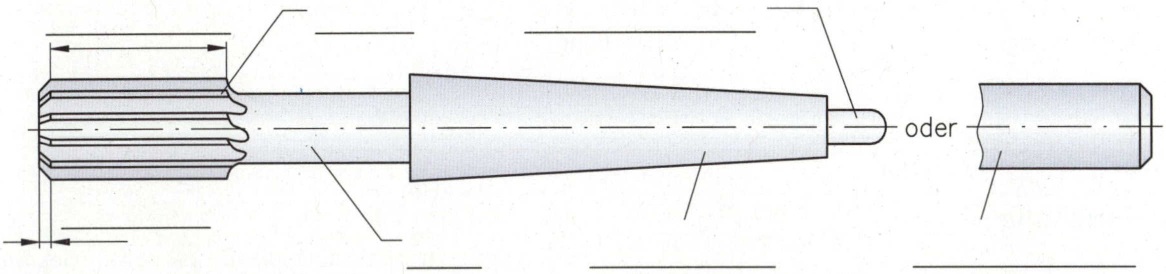

C. Arten von Reibahlen

1. Maschinen- und Handreibahle

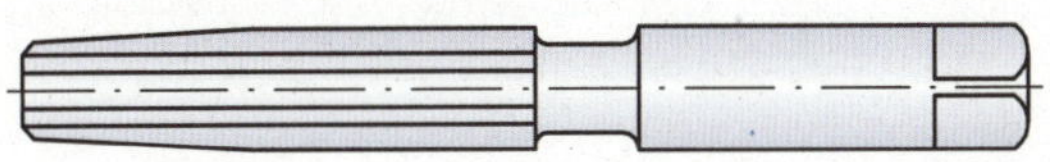		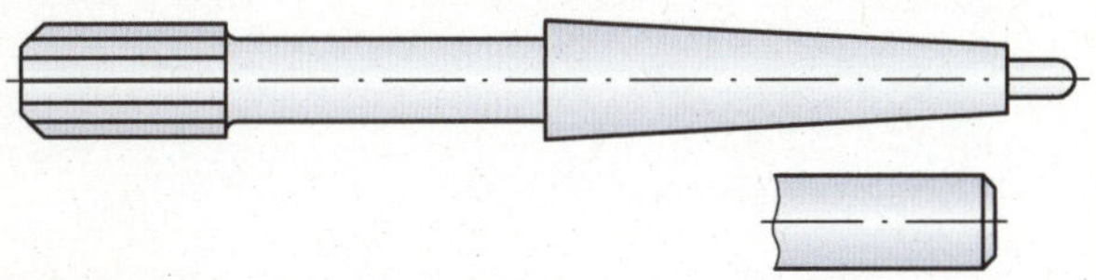
	Werkzeugart	
	Anschnitt	
	Schaft	

2. Feste und verstellbare Reibahle

	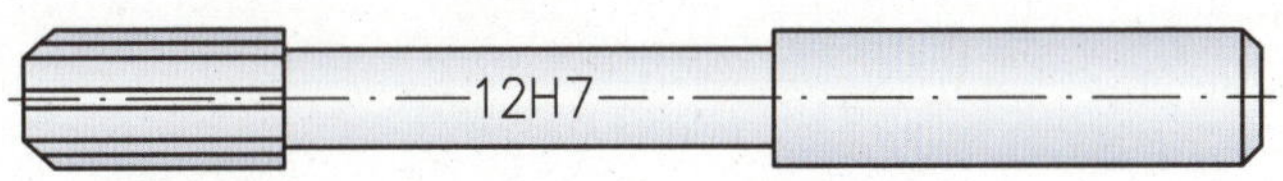
Werkzeugart	____________ Reibahle
Kennzeichnung	12 H7 bedeutet: ____________
Verwendung	____________ -Fertigung

	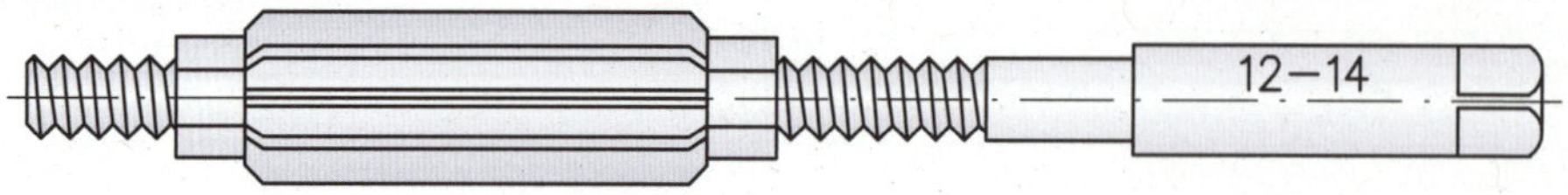
Werkzeugart	____________ Reibahle
Kennzeichnung	12–14 bedeutet: ____________
Verwendung	____________-Fertigung

3. Nach der Art der Verzahnung

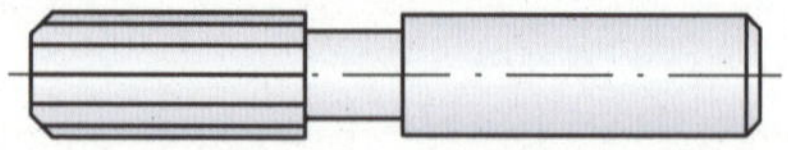	____________-Wendelung ____________-Wendelung 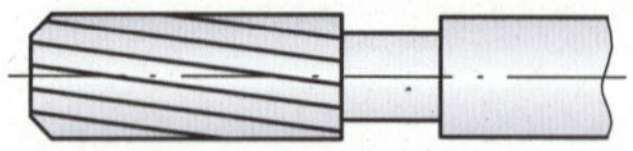 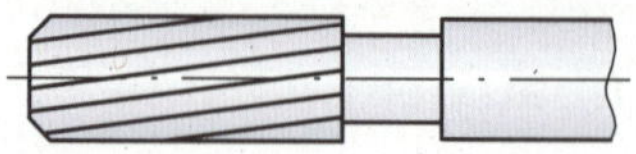
____________-verzahnte Reibahle	____________-Reibahle
Verwendung: ____________	Verwendung: ____________

D. Zahnteilung

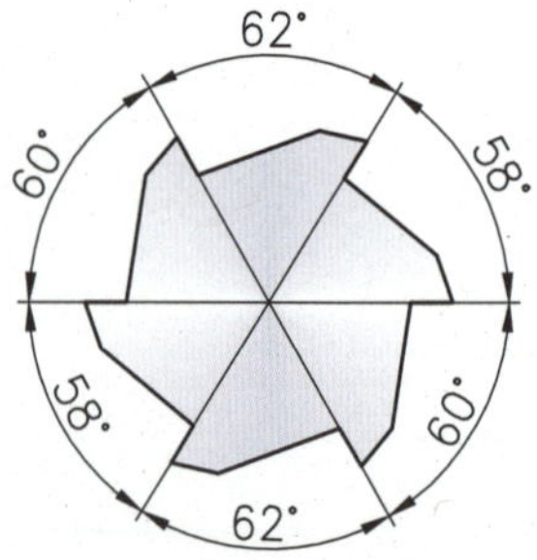

Reibahlenquerschnitt

1. Reibahlen besitzen immer eine **gerade** Zähnezahl. Begründen Sie dies.

____

2. Reibahlen haben stets eine **ungleiche** Zahnteilung. Begründung:

____

E. Werkstoffzugabe

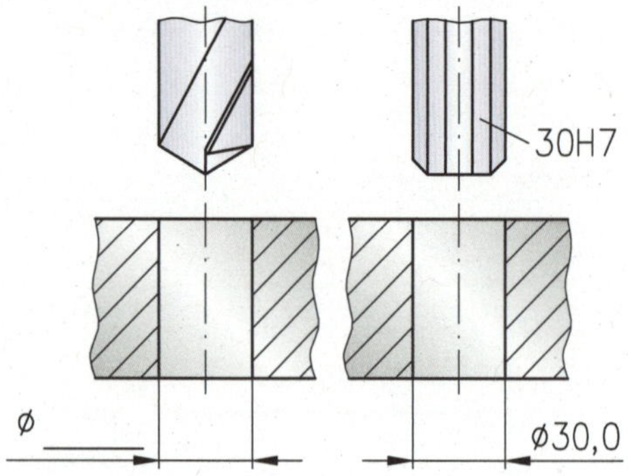

Die Werkstoffzugabe ist vom Reibahlendurchmesser abhängig. Sie beträgt etwa 1/100 des Reibahlendurchmessers.

Aufgabe: In der nebenstehenden Skizze wird eine Bohrung ausgerieben.
Wie groß ist die Werkstoffzugabe?

____

Welchen Bohrerdurchmesser wählen Sie?

____

F. Arbeitsregeln

Die Reibahle darf nie rückwärts gedreht werden, auch nicht beim Herausdrehen aus der Bohrung. Begründen Sie dies.

____

Wie kann die Standzeit beim Reiben vergrößert werden?

____

Welche Schnittgeschwindigkeit ist bei einer HSS-Reibahle zu wählen?

____

Ein Wendelbohrer mit 30 mm Durchmesser hat eine Drehzahl von 420 Umdrehungen pro Minute.
Wie groß ist seine Schnittgeschwindigkeit?

Drehzahl

Die Drehzahl wird auch Drehfrequenz genannt und mit *n* abgekürzt. Sie gibt an, wie oft sich ein Körper in der Zeit von ______ um seine Achse dreht. Die Benennung der Drehzahl ist ______ = ______ .

$n = 420\ ^1/\text{min}$ bedeutet: In 1 Minute dreht sich der Wendelbohrer mit $420 \cdot 1 = 420$ Umdrehungen je Minute.

Umfangsgeschwindigkeit, Schnittgeschwindigkeit

Die Geschwindigkeit bei der kreisförmigen Bewegung heißt ______ -Geschwindigkeit, die bei der schneidenden Bearbeitung mit Werkzeugen nennt man ______ -Geschwindigkeit.

Abkürzung: ______

Benennung: Beim Bohren, Senken, Reiben, Sägen mit der Kreissäge ______

Beim Schleifen und Trennschleifen ______

$v_c = 20\ ^m/\text{min}$ bedeutet: Ein Punkt am Umfang des Werkzeuges legt in der Zeit von ______ den Weg von ______ zurück.

Auch hier gilt die Formel zur Berechnung der Geschwindigkeit: $v = \frac{s}{t}$

Geg.: ______

Ges.: ______

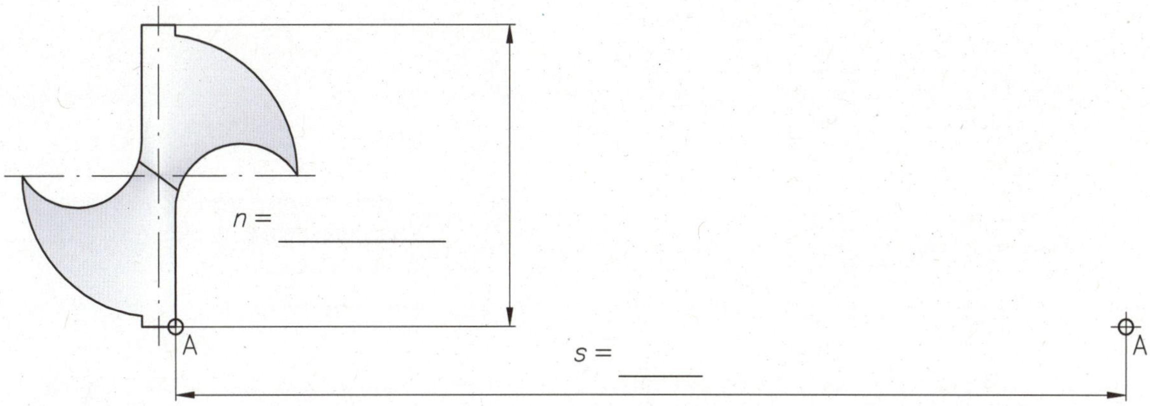

Weg bei 1 Umdrehung in mm → ______

Weg bei 1 Umdrehung in ______ → ______

Weg bei 420 Umdrehungen =
Weg in der Zeit von ______ } → ______ = ______

$V_c =$ ______ ( ) *d* in ______ *n* in ______ = ______

Wie ändert sich die Formel, wenn die Schnittgeschwindigkeit die Benennung m/s haben soll?

$V_c =$ ______ $\left(\frac{\text{m}}{\text{s}}\right)$

Beim Anfertigen einer Bohrung mit 20 mm Durchmesser wird mit der Drehzahl von 400 $^{1}/_{min}$ gearbeitet.
Wie groß ist die Schnittgeschwindigkeit des Bohrers?

Geg.: ______

Ges.: ______

$v_c =$ ______

$v_c =$ ______

$v_c =$ ______

Auf der Bohrmaschine wird nicht die Schnittgeschwindigkeit, sondern die ______ eingestellt. Um diese berechnen zu können, muss allerdings die Schnittgeschwindigkeit bekannt sein.

In Tabellenbüchern werden wirtschaftlich günstige Werte für die Schnittgeschwindigkeit beim Bohren mit HSS in $^{m}/_{min}$ angegeben:

Unlegierter Baustahl	Legierter Baustahl	Gusseisen	Aluminium	PVC
30–40	15–25	15–25	30–50	30–80

In den folgenden Aufgaben sind die Werkzeuge aus HSS. Die Schnittgeschwindigkeit ist der Mittelwert aus obiger Tabelle.

1. Aufgabe: Welche Drehzahl muss an einer Bohrmaschine eingestellt werden, wenn in Werkstücke aus Aluminium Bohrungen mit 18 mm Durchmesser hergestellt werden?

Ist die errechnete Drehzahl auf der Maschine nicht einstellbar, so muss die nächst- ______ verwendet werden.

2. Aufgabe: In unlegiertem Baustahl werden Bohrungen mit 14,5 mm Durchmesser hergestellt und anschließend mit einem Kegelsenker, Durchmesser 20 mm, bearbeitet.
Berechnen Sie die Drehzahlen für das Bohren und das Senken.

3. Aufgabe: In Flachstäbe aus PVC werden Bohrungen mit 12 mm Durchmesser hergestellt. Die Schnittgeschwindigkeit wird mit 50 m/min gewählt. Welche Drehfrequenz ist einzustellen?

4. Aufgabe: In ein Bauteil aus legiertem Baustahl wird zuerst mit einem Wendelbohrer 8 mm Durchmesser vorgebohrt, anschließend auf 50 mm Durchmesser aufgebohrt und dann gerieben.
Berechnen Sie die einzustellenden Drehzahlen.

5. Aufgabe: Eine Bohrung mit 24 mm Durchmesser soll in Werkstücken aus Gusseisen hergestellt werden.
Einstellbare Maschinendrehzahlen: Von 50 bis 500 1/min, um jeweils 25 1/min steigend.
Entnehmen Sie die Schnittgeschwindigkeit aus einem Tabellenbuch (Mittelwert) und wählen Sie die entsprechende Drehzahl.

In Werkstücke sind Bohrungen mit 20 mm Durchmesser herzustellen.
Welche Drehzahl muss bei 10 m/min, bei 30 m/min und bei 60 m/min Schnittgeschwindigkeit eingestellt werden?

Geg.:

Ges.:

$v_c =$

Der Zusammenhang zwischen Schnittgeschwindigkeit v_c und Drehzahl n kann auch in einem Diagramm zeichnerisch dargestellt werden.

Aufgabe: Ordnen Sie der jeweiligen Schnittgeschwindigkeit v_c (senkrechte Achse) die errechnete Drehzahl n (waagrechte Achse) zu.

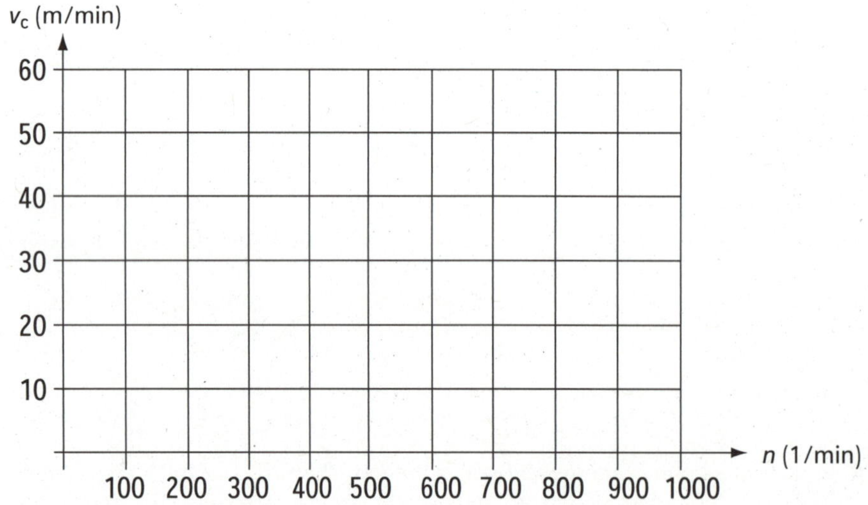

Jetzt haben Sie eine Möglichkeit, beim Arbeiten mit dem 20-mm-HSS-Bohrer auch für andere Schnittgeschwindigkeiten die Drehzahl ohne Rechnung zu bestimmen.

Aufgabe: Wie groß muss die Drehzahl für Bohrungen mit 20 mm Durchmesser in Aluminium gewählt werden, wenn die Schnittgeschwindigkeit 40 m/min betragen soll?

Senkrechte Achse: ______ = ______________

Waagrechte Achse: ______ = ______________

Oder umgekehrt: Welche Schnittgeschwindigkeit (in m/min) ergibt beim Arbeiten mit dem 20-mm-HSS-Bohrer die Drehzahl von 400 1/min?

Waagrechte Achse: ______ = ______________

Senkrechte Achse: ______ = ______________

Dieses Diagramm kann man für andere gängige Bohrerdurchmesser erweitern und die Zusammenhänge von v_c und n zeichnerisch darstellen:

Bildnachweis: Di Gaspare, Michele (Bild und Technik Agentur für technische Grafik und Visualisierung)

Metallbautechnik	Datum:	Fertigen von Bauelementen mit Maschinen	Lernfeld 2
Name:	Klasse:	*Drehzahlbestimmung beim Bohren mit Diagramm*	9

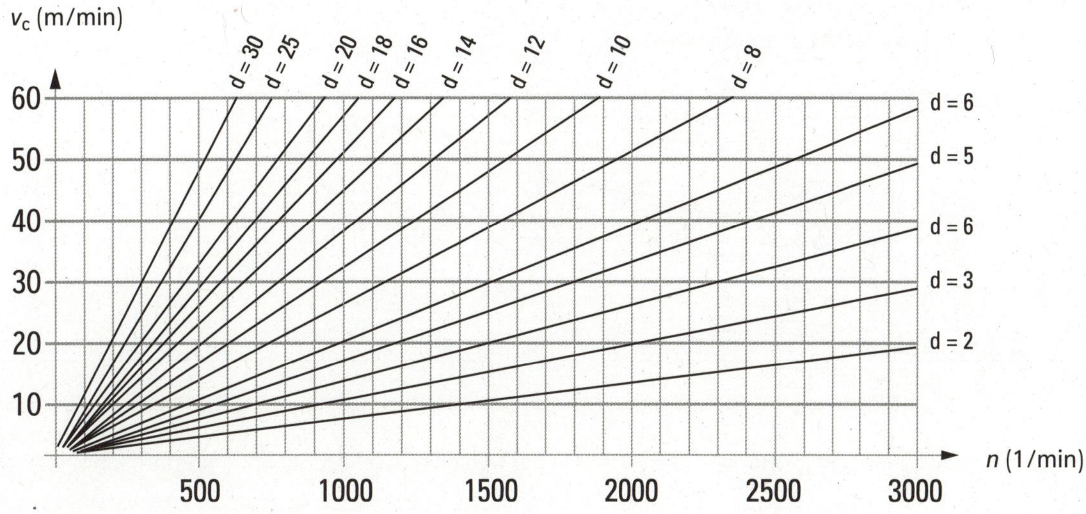

1. Aufgabe: Welche Drehzahlen müssen auf der Bohrmaschine eingestellt werden?

			a)	b)	c)	d)
Bohrerdurchmesser	d	(mm)	8	30	5	14
Schnittgeschwindigkeit	v_c	(m/min)	40	20	30	30
Drehzahl	n	(1/min)				

2. Aufgabe: Wie groß ist die Schnittgeschwindigkeit der Bohrer?

			a)	b)	c)	d)
Bohrerdurchmesser	d	(mm)	3	25	10	8
Drehzahl	n	(1/min)	3000	500	600	1200
Schnittgeschwindigkeit	v_c	(m/min)				

3. Aufgabe: Ergänzen Sie die fehlenden Werte für die Bohrarbeiten:

			a)	b)	c)	d)
Bohrerdurchmesser	d	(mm)	6	12		
Schnittgeschwindigkeit	v_c	(m/min)	20		30	25
Drehzahl	n	(1/min)		800	700	1100

4. Aufgabe: Für eine Massenanfertigung von Bohrungen mit 18 mm Durchmesser soll für Baustahl (v_c = 35 m/min) die günstigste Drehzahl bestimmt werden. Folgende Drehzahlen sind auf der Maschine einstellbar: 200, 400, 600, 800, 1000, 1500 und 2000 1/min.

Bestimmen Sie a) die Drehzahl nach obigem Diagramm
b) die eingestellte Drehzahl und
c) überprüfen Sie die Schnittgeschwindigkeit durch Rechnung: Verwenden Sie dazu die gewählte Drehzahl.

Bildnachweis: Di Gaspare, Michele (Bild und Technik Agentur für technische Grafik und Visualisierung)

Das sich drehende Werkzeug (z. B. Wendelbohrer) versucht auch das Werkstück in Drehung zu versetzen. Deshalb müssen die Werkstücke sicher gespannt werden.

A. Maschinenschraubstock

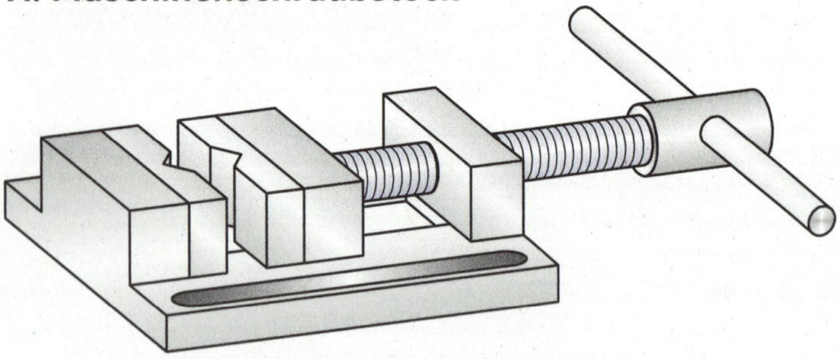

Verwendung:

Ist der Bohrungsdurchmesser größer als 14 mm, muss der Maschinenschraubstock am Bohrtisch festgeschraubt werden.

B. Spannprisma

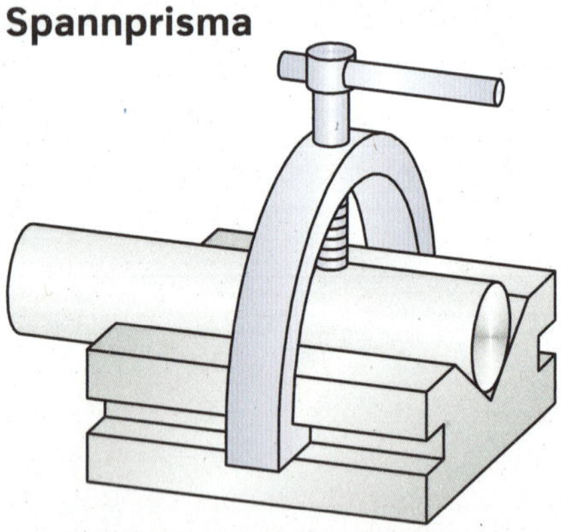

Verwendung:

Spannprismen müssen im Maschinenschraubstock fest eingespannt werden.

C. Festhaltezange (Grippzange)

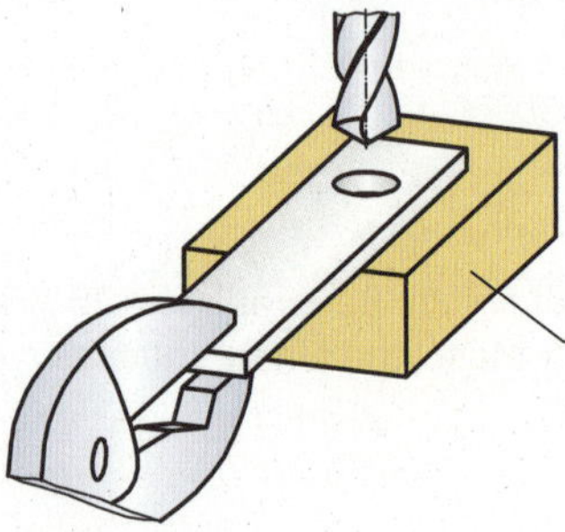

Verwendung:

Beim Bohren muss eine Unterlage aus Holz verwendet werden.

D. Spanneisen und Spanntreppe

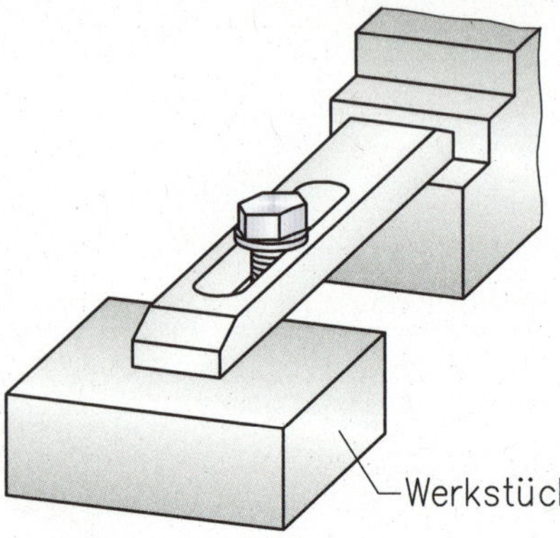

Verwendung:

Merke: Beim Bohren muss wegen erhöhter Unfallgefahr der Bohrtisch stets festgespannt sein!

Metallbautechnik	Datum:	Fertigen von Bauelementen mit Maschinen	Lernfeld 2
Name:	Klasse:	*Fräsen*	11

Fräsen ist ein spanendes Arbeitsverfahren. Durch Fräsen werden ebene und gekrümmte Flächen, Nuten, Wendelnuten, Gewinde, Profile und Zahnräder hergestellt.

A. Aufbau der Fräsmaschine

Ordnen Sie der Skizze zu:
Fräser, Grundplatte, Maschinenständer, Fräsdorn, Gegenhalter, E-Motor, Winkeltisch, Gegenhalterarm, Frästisch, Hauptgetriebe, Quertisch.

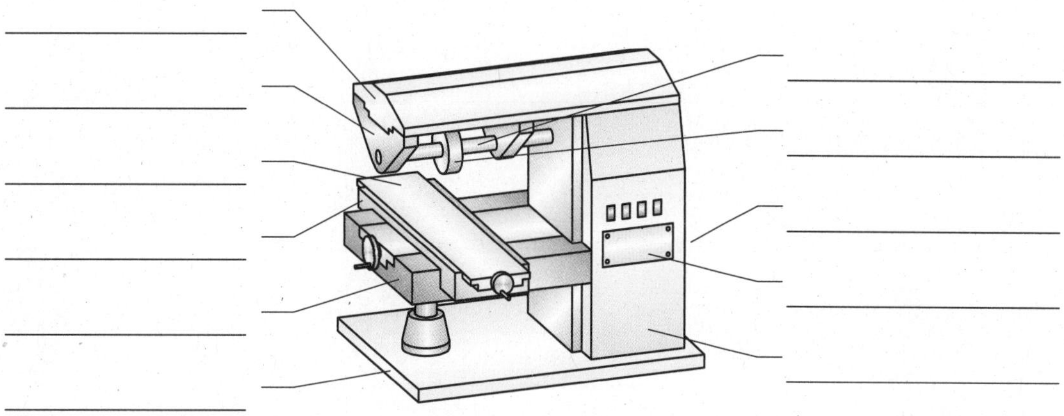

Die Waagerecht-Fräseinheit (Fräsdorn, Gegenhalter, Gegenhalterarm) kann durch einen Vertikal-Fräskopf ersetzt werden.

B. Bewegungsvorgänge

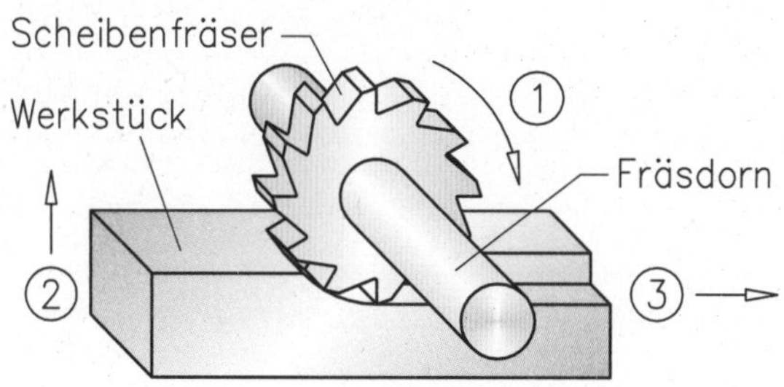

① Schnitt- oder Hauptbewegung (Werkzeug) in ____________

② Zustellbewegung (Werkstück) in ____________

③ Vorschub (Werkstück) in ____________

C. Gegen- und Gleichlauffräsen

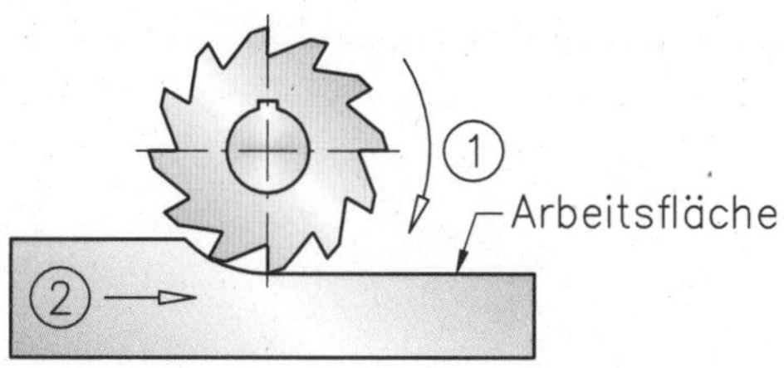

Die Drehrichtung des Fräsers (1) und die Vorschubrichtung des Werkstückes (2) sind entgegengesetzt =

____________-Fräsen

Der Fräserzahn schabt vor dem Eindringen in den Werkstoff auf der Arbeitsfläche. Das ergibt große Reibung, hohen Werkzeugverschleiß und kurze Standzeit. Durch die immer größer werdende Schnittkraft (Span wird immer dicker) wird der Fräsdorn nach unten, das Werkstück nach oben gedrückt. Folge: Rattermarken.

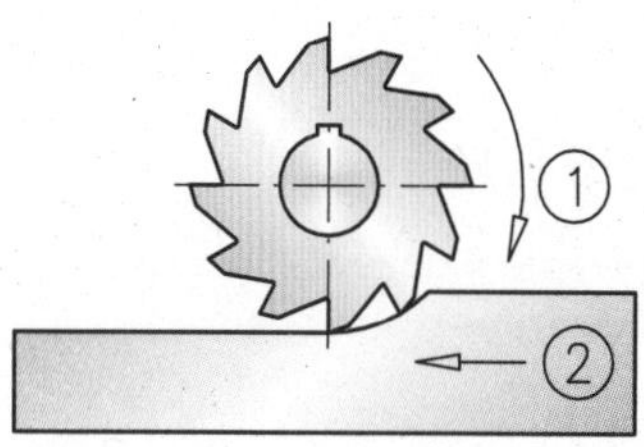

Die Drehrichtung des Fräsers (1) und die Vorschubrichtung des Werkstückes (2) sind gleichlaufend =

____________-Fräsen

Der Fräserzahn dringt sofort mit großer Schnittkraft in den Werkstoff ein (Span wird immer dünner).
Das Werkstück wird nach unten gedrückt. Folge: Glatte Arbeitsflächen.

D. Fräswerkzeuge

Ordnen Sie den Skizzen zu:
Kreissäge, Scheibenfräser, Schaftfräser, Walzenfräser, Winkelstirnfräser, T-Nutenfräser, Prismenfräser, Messerkopf, Walzenstirnfräser, Zahnformfräser, Langlochfräser, Form- oder Profilfräser.

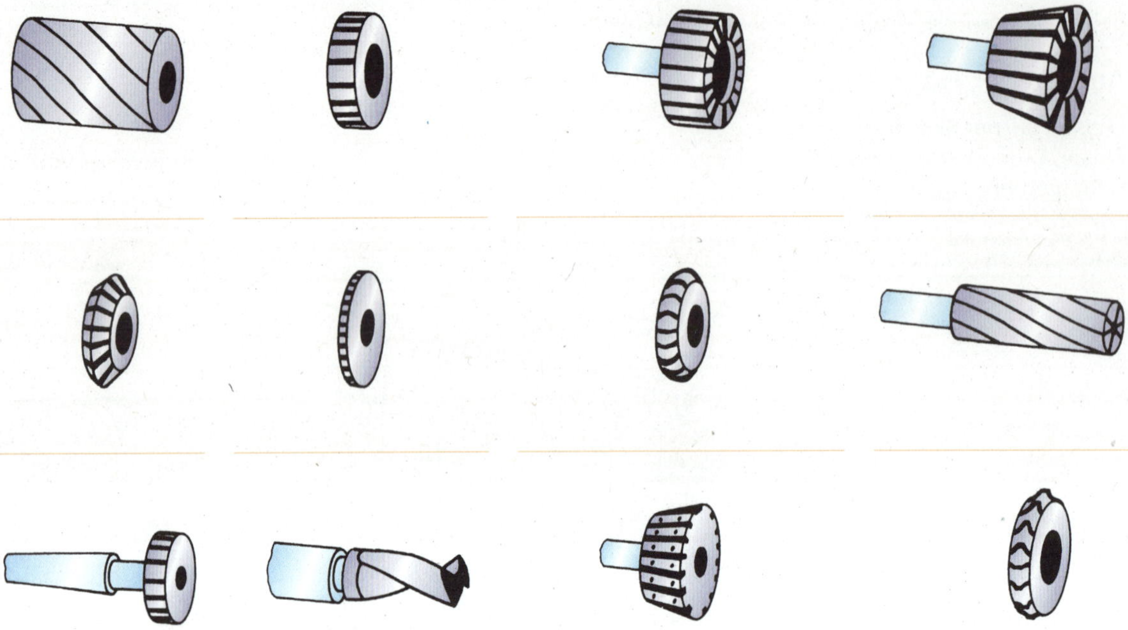

E. Aufbau des Fräsers

Tragen Sie in die Skizze ein: Freifläche, Spanfläche, Zahnlücke, Schneide.

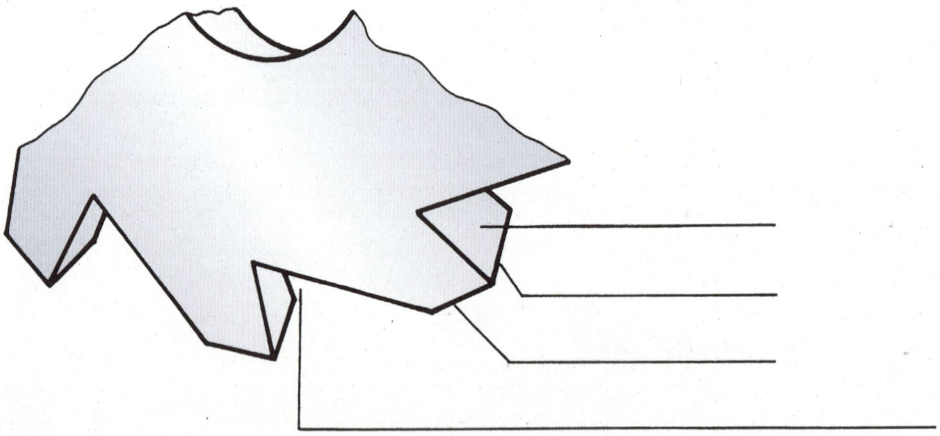

F. Winkel am Fräser

Tragen Sie in die Skizze die Winkel eines Fräserzahnes ein.

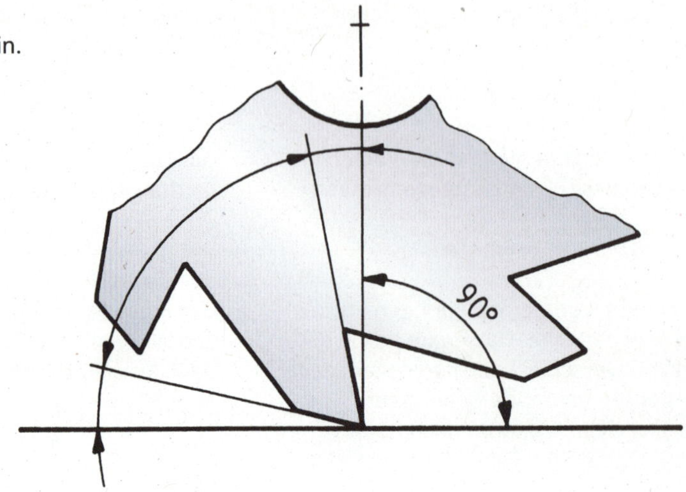

G. Fräsertypen

	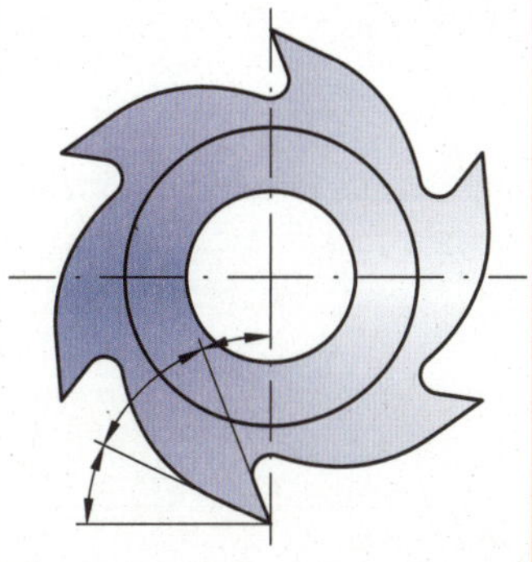	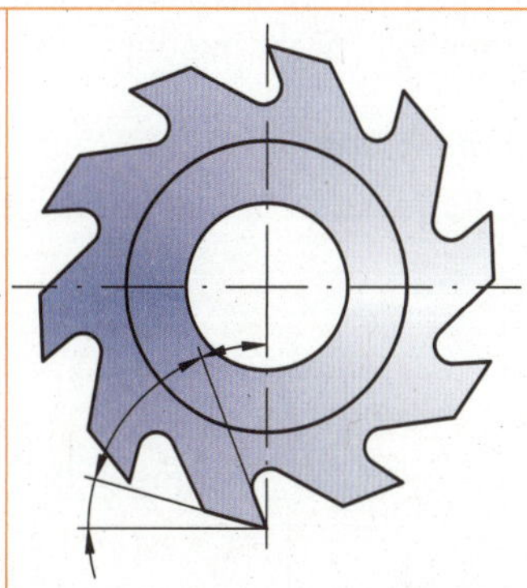	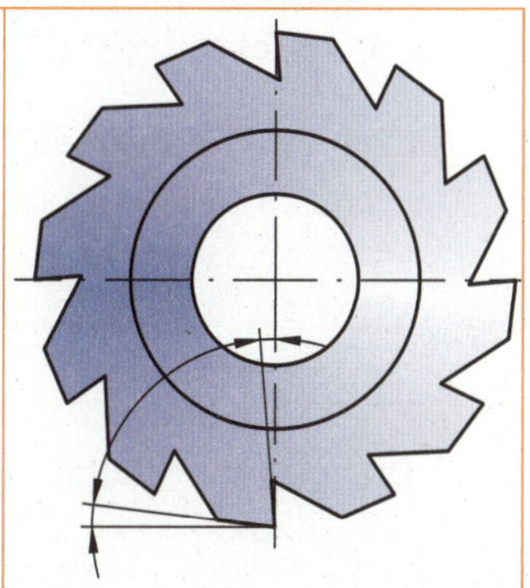
Zähnezahl **Keilwinkel** **Spanwinkel**	______ ______ ______	______ ______ ______	______ ______ ______
Geeignet für	______ Werkstoffe, z. B. ______	______ Werkstoffe, z. B. ______	______ Werkstoffe, z. B. ______

H. Unfallverhütung

1. Werkstückwechsel nie bei laufendem ______ vornehmen!
2. Beim Rüsten, Reinigen und Reparieren den ______ ausschalten!
3. Messungen nur bei ______ Fräser vornehmen!
4. ______ Kleidung tragen!
5. Späne mit ______ oder ______ entfernen!
6. Nicht unter oder über den freilaufenden Fräser greifen!
7. An rotierenden Werkzeugen stets ohne Handschuhe arbeiten!
8. Beim Bedienen der Fräsmaschine nicht ablenken lassen!
9. Entsprechende Schutzvorrichtungen (z. B. ______) verwenden!
10. Unbedingt ______ tragen!

Bildnachweis: Di Gaspare, Michele (Bild und Technik Agentur für technische Grafik und Visualisierung)

Drehen ist ein spanendes Arbeitsverfahren. Keilförmige Werkzeuge trennen von einem sich drehenden Werkstück Späne ab. Um die vielfältigen Dreharbeiten ausführen zu können, wurden verschiedene Drehmaschinenbauformen entwickelt: z. B. Karussell-, Mehrspindel-, Plan- oder Front-, Spitzendrehmaschine.

Spitzen- oder Universaldrehmaschine

Sie ist durch ihre Vielseitigkeit für fast alle Dreharbeiten geeignet und wird in der Einzel- und Kleinserienfertigung eingesetzt.

A. Aufbau

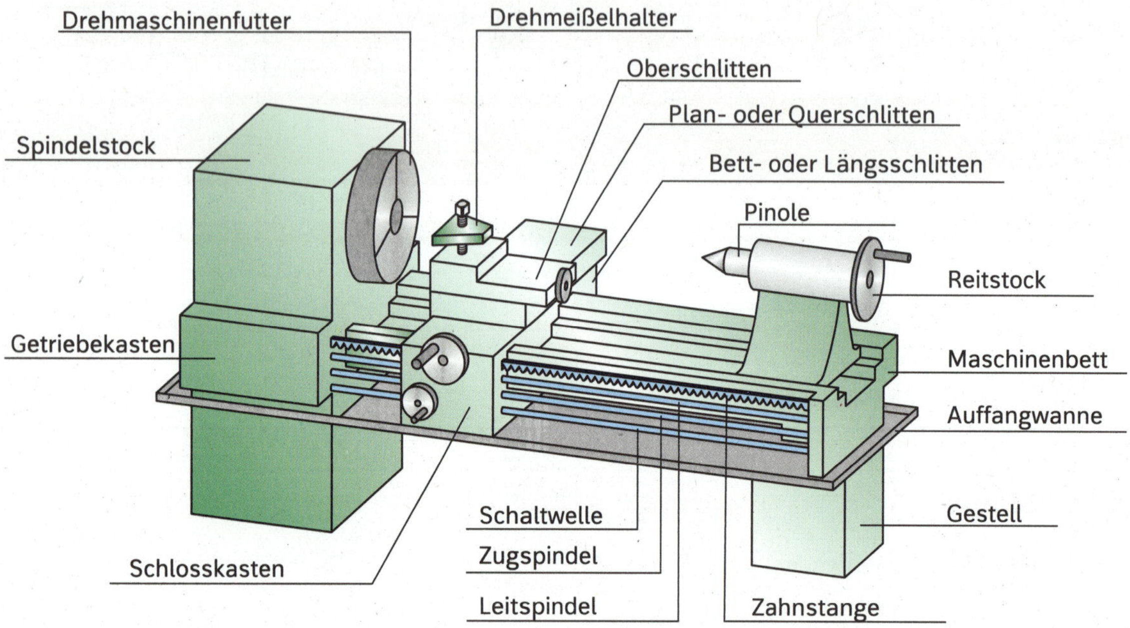

Alle Drehmaschinen werden auch als CNC-Drehmaschinen (CNC = numerische Steuerung durch Computer) gebaut. Welche Arbeitsvorgänge übernehmen Zug- und Leitspindel?

Zugspindel ⟶ ____________________

Leitspindel ⟶ ____________________

B. Werkzeugschlitten

Ordnen Sie die Ziffern der Skizze den Bezeichnungen zu.

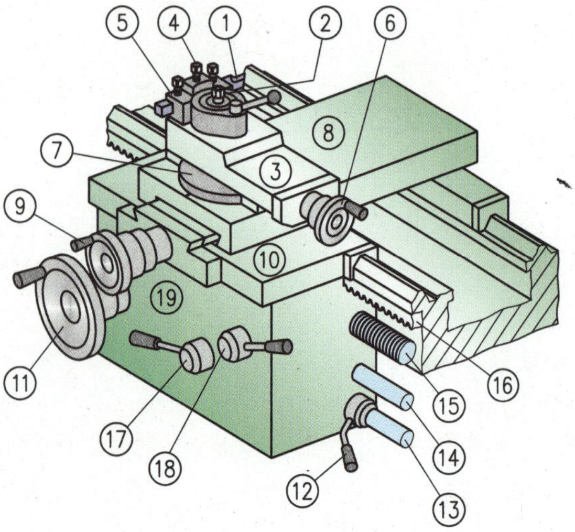

◯ Längs- oder Oberschlitten (Längssupport)

◯ Gradskala (Oberschlitten)

◯ Drehmeißel

◯ Bettschlitten

◯ Schnellwechselhalter

◯ Quer- oder Planschlitten

◯ Spannmutter

◯ Leitspindel (Trapezgewinde)

◯ Vorschub (Längs- oder Querbewegung über die Zugspindel)

◯ Bettschlitten-Längsbewegung mit der Leitspindel

◯ Spannschraube

◯ Längszustellung

◯ Querzustellung

◯ Schaltwelle

◯ Zugspindel (Nut)

◯ Zahnstange

◯ Schlossplatte (Schlosskasten)

◯ Sicherheitsschalter

◯ Zustellung für Bettschlitten

C. Reitstock

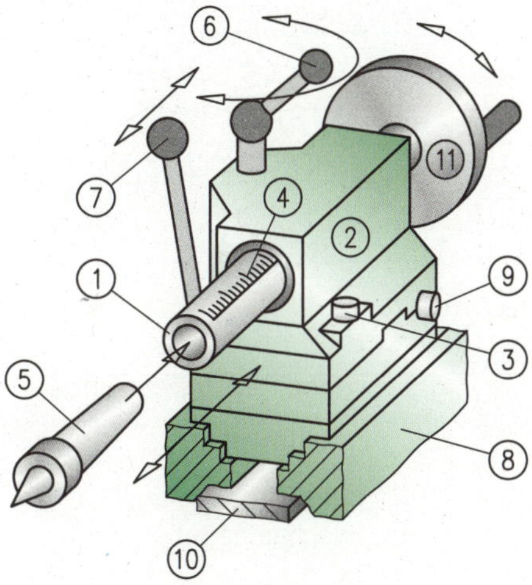

Welche Aufgaben übernimmt der Reitstock?

1. ______________________________

2. ______________________________

3. ______________________________

Ordnen Sie den Bauteilen die richtigen Ziffern zu.

◯ Reitstock-Körper
◯ Maschinenbett
◯ Pinole
◯ Klemmhebel für Pinole
◯ Klemmhebel für Reitstock
◯ Klemmbrücke
◯ Handrad für Pinolenvorschub
◯ Feststellschraube für Seitenverstellung
◯ Seitenverstellung
◯ Maßskala (Pinole)
◯ Zentrierspitze (60°)

D. Arbeitsbewegungen

Ordnen Sie den Zahlen die folgenden Begriffe zu:
Zustellbewegung (Werkzeug) in mm, Vorschub (Werkzeug) in mm/Umdrehung, Schnitt- oder Hauptbewegung (Werkstück) in m/min.

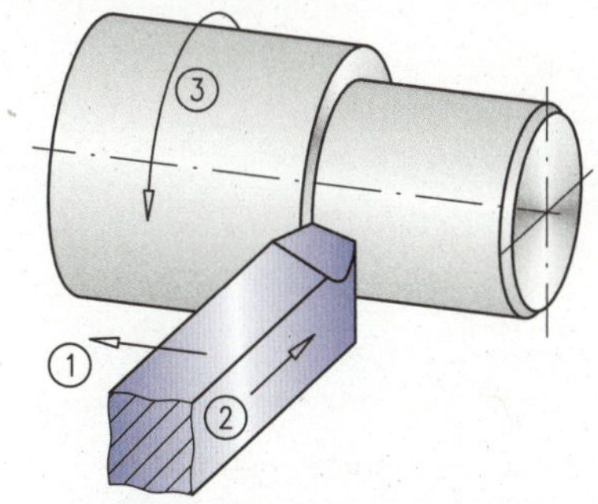

① = ______________________________

② = ______________________________

③ = ______________________________

E. Spannen der Werkstücke (Auswahl)

Spannfutter werden auf die Haupt- oder Arbeitsspindel der Drehmaschine geschraubt. Die Spannfutterbohrung und die hohle Arbeitsspindel ermöglichen das Durchstecken langer Werkstücke.

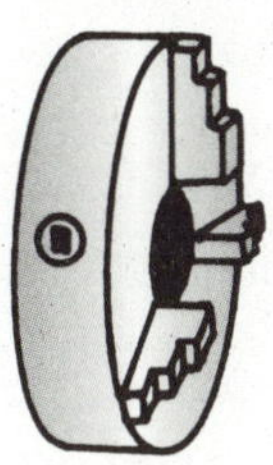	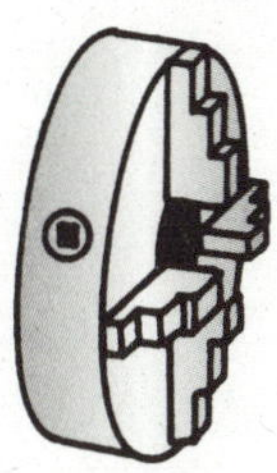	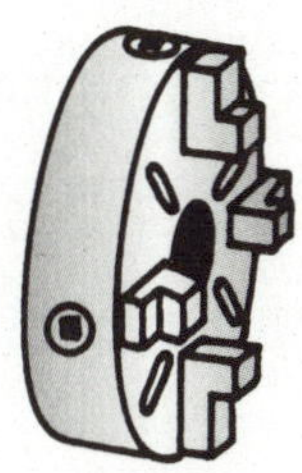
____________-Futter für: ____________ ____________ Werkstücke.	____________-Futter für: ____________ ____________ Werkstücke.	____________-Scheibe Die Spannbacken sind einzeln verstell-, auswechsel- und umdrehbar. Dadurch können unregelmäßig geformte Werkstücke gespannt werden.
Alle Spannbacken werden mit dem Spannschlüssel gleichzeitig bewegt und spannen das Werkstück zentrisch. Es gibt Innen- und Außenspannbacken.		

Bildnachweis: Di Gaspare, Michele (Bild und Technik Agentur für technische Grafik und Visualisierung)

F. Spannen der Werkzeuge

Drehmeißel

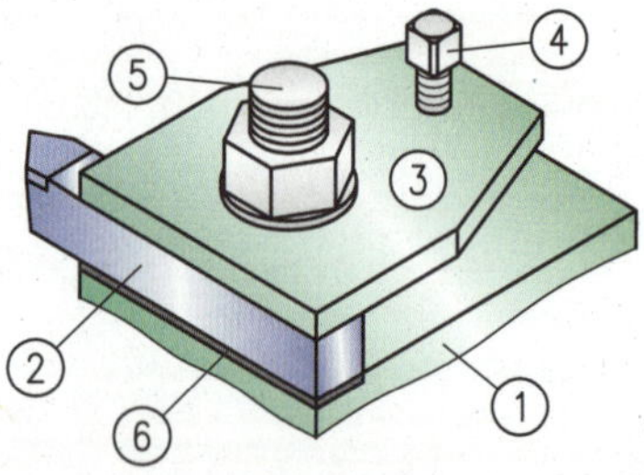

______ = Drehmeißel
______ = Stützschraube
______ = Oberschlitten
______ = Spannbrücke
______ = Spannmutter
______ = Unterlage

____
Drehmeißel-Halter

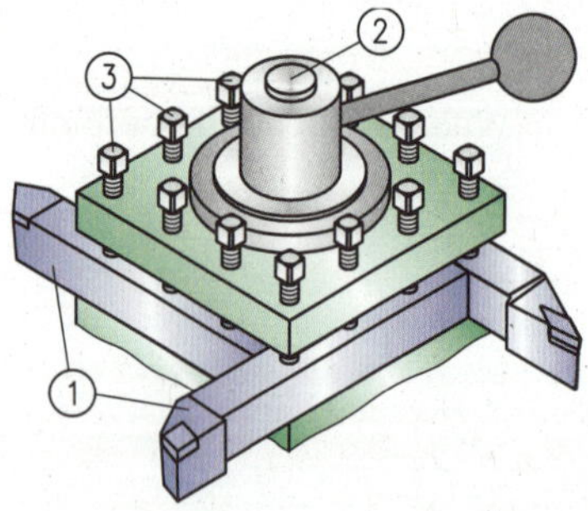

______ = Spannhebel
______ = Spannschrauben
______ = Drehmeißel

____
Drehmeißel-Halter

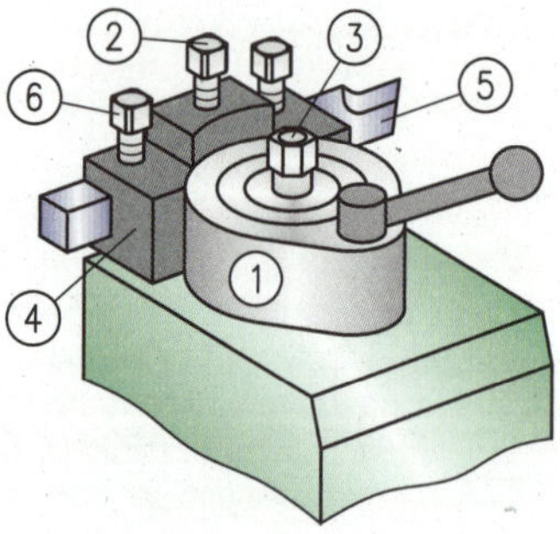

______ = Höheneinstellschraube
______ = Klemmkörper
______ = verzahnter Schnell-wechselhalter
______ = Spannmutter
______ = Drehmeißel
______ = Spannschrauben

____
Drehmeißel-Halter

Auf welche Höhe muss die Drehmeißelspitze ausgerichtet sein?

____

____

Sonstige Werkzeuge

Nennen Sie Werkzeuge, welche die Reitstock-Pinole aufnehmen kann.

____

Klein-Werkzeuge mit ______________ -Schaft

Bohrfutter

Größere Werkzeuge mit ______________ -Schaft

Reitstock - ______________

G. Aufbau des Drehmeißels

Ordnen Sie die Ziffern der Skizze den Begriffen zu.

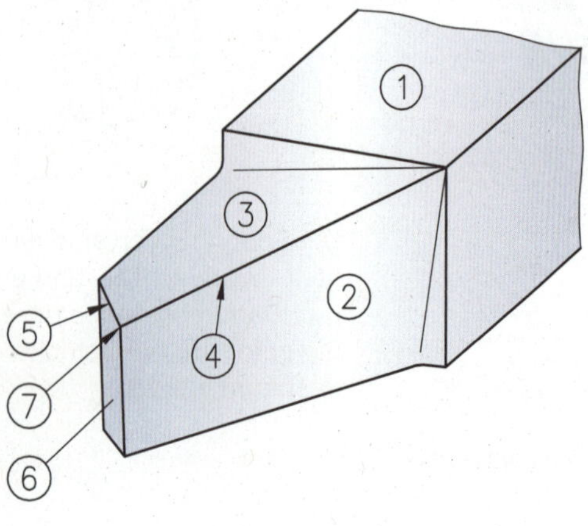

◯ = Hauptfreifläche
◯ = Meißelschaft
◯ = Hauptschneide
◯ = Nebenfreifläche
◯ = Spanfläche
◯ = Nebenschneide
◯ = Schneidenecke

Bildnachweis: Di Gaspare, Michele (Bild und Technik Agentur für technische Grafik und Visualisierung)

H. Winkel an der Drehmeißelschneide

Benennen Sie die aufgeführten Winkel und ordnen Sie die Winkelkurzzeichen den Skizzen zu.

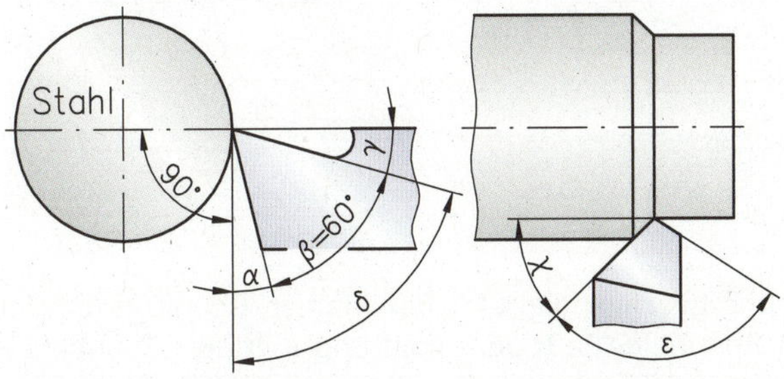

α = ______________________ -Winkel

β = ______________________ -Winkel

γ = ______________________ -Winkel

δ = ______________________ -Winkel

χ = ______________________ -Winkel

ε = ______________________ -Winkel

χ = Kappa

ε = Epsilon

Wie muss der Drehmeißel in den Halter gespannt werden?

____

Drehmeißelspitze „über Mitte“	Drehmeißelspitze „unter Mitte“
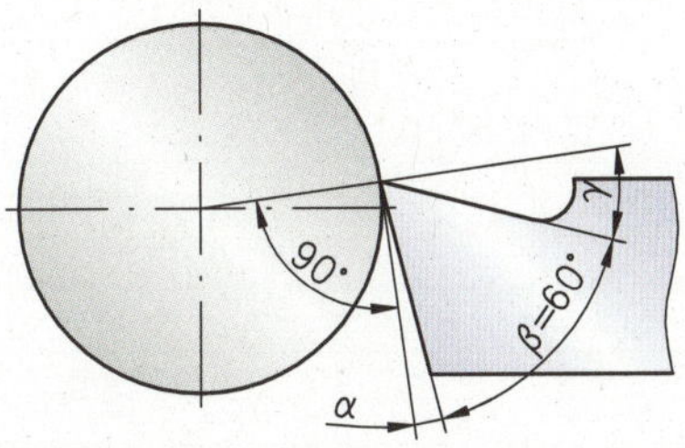	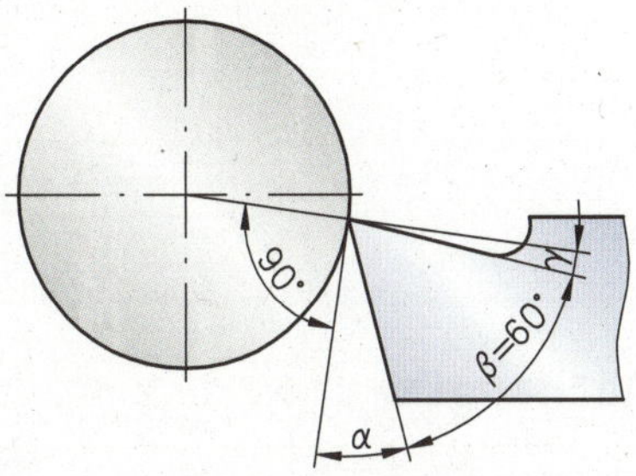
Keilwinkel β z. B. 60°	Keilwinkel β z. B. 60°
Freiwinkel α wird ____________, d. h. ____________ Reibung und ____________ Oberflächengüte.	Freiwinkel α wird ____________, d. h. ____________ Reibung und ____________ Oberflächengüte.
Spanwinkel γ wird ____________, d. h. ____________ Spanabfuhr.	Spanwinkel γ wird ____________, d. h. ____________ Spanabfuhr.
Geeignet für Schrupparbeiten	Der Drehmeißel kann in das Werkstück gezogen werden.

I. Drehmeißelformen (Auswahl)

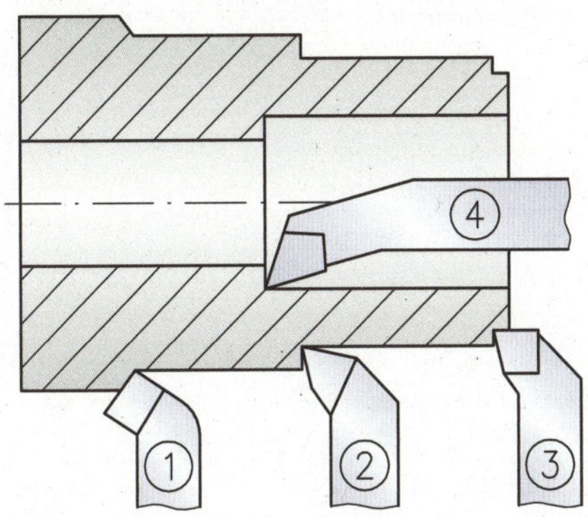

① + ② + ③ = ______________ -Drehmeißel

④ = ______________ -Drehmeißel

① = ______________________

② = ______________________

③ = ______________________

④ = ______________________

Wie beim Bohren werden für Drehmeißel folgende Werkstoffe verwendet:

____

____

J. Spanbildung und Spanarten

Spanwinkel	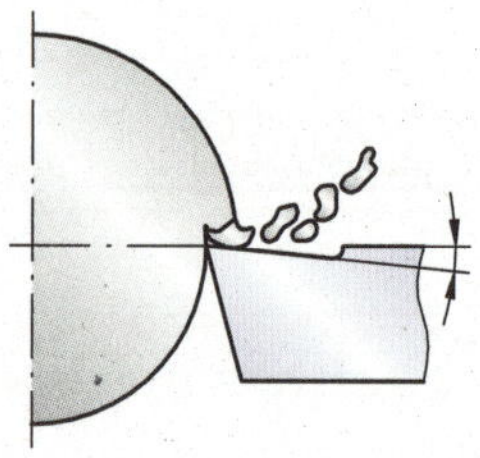	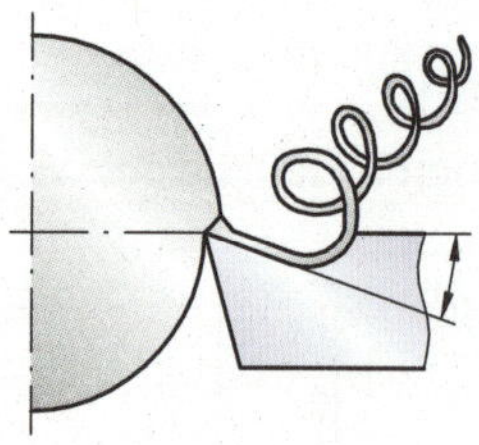	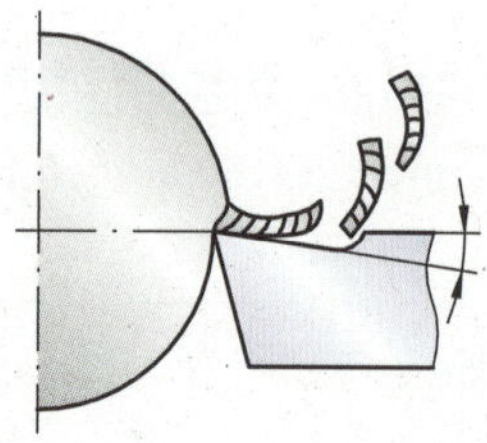
Spanbildung	Bei kleiner Schnittgeschwindigkeit und großer Spantiefe wird der Werkstoff stückweise **herausgerissen.**	Bei hoher Schnittgeschwindigkeit und mittlerer Spantiefe **fließt** der Werkstoff als langer Span ab.	Bei kleiner Schnittgeschwindigkeit und mittlerer Spantiefe wird der Werkstoff schuppenförmig **abgeschert**.
Spanart	Span	Span	Span
Oberflächengüte	sehr rau	sehr gut Gefahr des Herumschleuderns der Späne	gut

K. Oberflächengüte

Absetzen des Zapfens in einem Schnitt	Absetzen des Zapfens in mehreren Schnitten
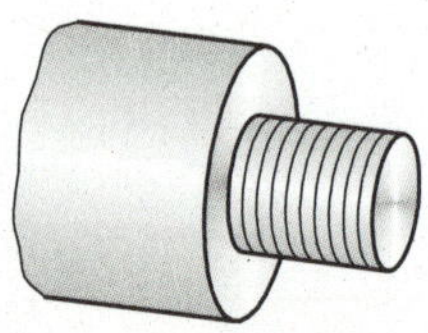	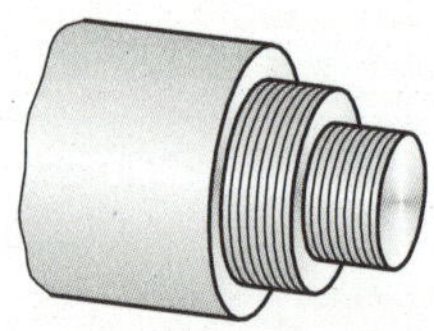
Schnittgeschwindigkeit Schnitttiefe Vorschub	Schnittgeschwindigkeit Schnitttiefe Vorschub
Beim **Schruppen** werden große Werkstoffmengen in kurzer Zeit erzielt.	Beim **Schlichten** wird eine hohe Oberflächengüte erzielt.

L. Unfallverhütung (Auswahl)

Geben Sie zu den Stichworten die entsprechende Unfallverhütung an:

1. Spannschlüssel:
2. Drehendes Werkstück:
3. Späne:
4. Arbeitskleidung:
5. Lange Haare:
6. Augenverletzung:

Bildnachweis: Di Gaspare, Michele (Bild und Technik Agentur für technische Grafik und Visualisierung)

A. Beschreibung

Schleifen ist eine spanende Bearbeitungsform, die sich durch Oberflächengüte, Maß- und Formgenauigkeit auszeichnet.

B. Aufbau

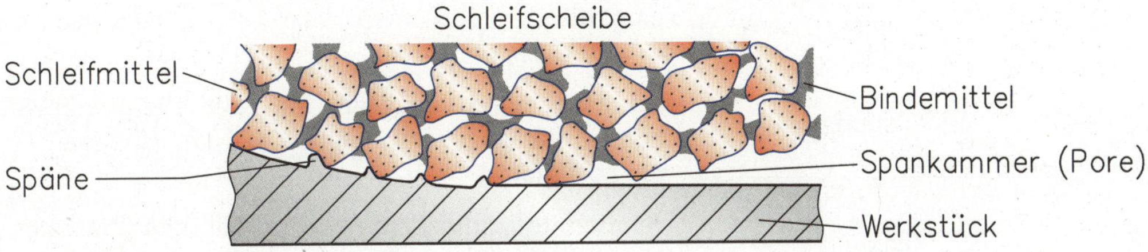

1. Schleifmittel (Auswahl)

a) Künstliche Schleifmittel (Auswahl)

Ordnen Sie in der Spalte „Verwendung“ die aufgeführten Werkstoffe richtig ein:
Al, Glas, SS, HSS, Cu, Kunststoffe, Hartmetall, NE-Metall, Gusseisen.

Kurz-zeichen	Schleifmittel	Härtegrad nach Mohs	Verwendung
A	Edelkorund (Al_2O_3)	9,2	Gehärtete und legierte Stähle, z. B.
C	Siliciumkarbid (SiC)	9,5	Weiche Werkstoffe, z. B. Spröde Werkstoffe, z. B.
D	Diamant (C)	10,0	

b) Natürliche Schleifmittel

Nennen Sie einige natürliche Schleifmittel, die Ihnen bekannt sind.

2. Körnung

Die Größe der einzelnen Schleifkörner wird als Körnung bezeichnet. Diese beeinflusst die Zerspanungsleistung beim Schleifen.

Schleifkorn-Herstellung

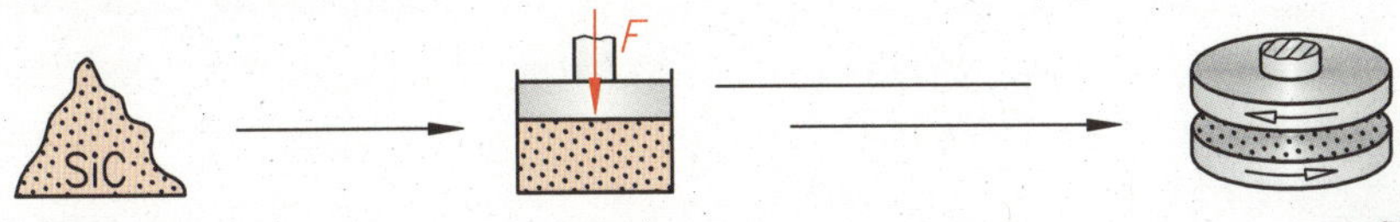

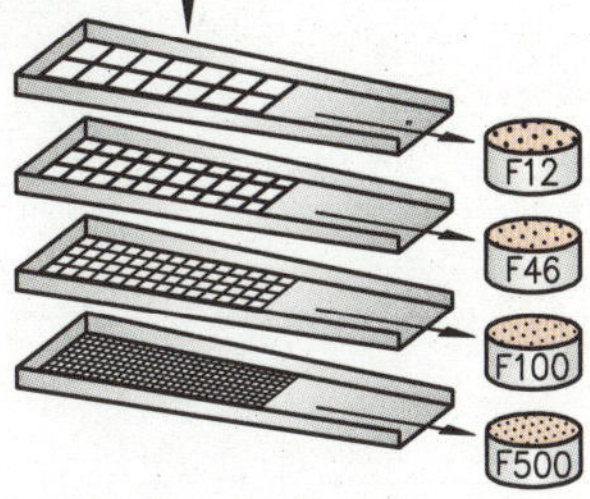

Körnungsnummer (F)	Korngröße
F 4 bis F 24	grob
F 30 bis F 60	mittel
F 70 bis F 220	fein
F 230 bis F 1200	sehr fein

Die Körnungsnummer gibt die Maschenzahl des Siebes auf 1“ Länge an, durch welches die Körner fallen.

3. Bindemittel

Nennen Sie die Aufgabe des Bindemittels.

Gebräuchliche Bindungsarten

Ordnen Sie die aufgeführten Bindungsarten ein:
Kunstharz-Bindung, Gummi-Bindung, keramische Bindung.

Bindungsart (Auswahl)	Kurzzeichen	Eigenschaften	Anwendung
Bindung	V	Unelastisch, spröde, schlagempfindlich	Trocken- und Nassschliff für alle Werkzeuge, nicht für Aluminium
-Bindung Faserverstärkt F	B	Elastisch, hohe Festigkeit, für hohe Umfangsgeschwindigkeiten geeignet	Für alle Werkstoffe und zum Trennschleifen
-Bindung Faserverstärkt F	R	Temperaturempfindlich, sehr elastisch, zäh, für hohe Umfangsgeschwindigkeiten geeignet	Für alle Werkstoffe und zum Trennschleifen von Hand

4. Härte

Unter der Schleifscheibenhärte versteht man die Festigkeit, mit der die Schleifkörner durch die Bindung festgehalten werden.

Härtegrade

äußerst weich	sehr weich	weich	mittel	hart	sehr hart	äußerst hart
A, B, C, D	E, F, G	H, I, J, K	L, M, N, O	P, Q, R, S	T, U, V, W	X, Y, Z
zum Schleifen Werkstoffe			Werkstoffe	zum Schleifen Werkstoffe		

5. Gefüge

Die Verteilung der Schleifkörper, des Bindemittels und der Poren in einer Schleifscheibe bezeichnet man als Gefüge.

Gefügekennzeichnung

← geschlossenes Gefüge (kleine Poren)

0 1 2 3 4 5 6 7 8 9 10 11 bis 30

offenes Gefüge (große Poren) →

6. Schleifscheiben-Normung nach ISO 603 – 1

z. B. Schleifscheibe ISO 603-1 – 1-200 x 30 x 60-C/F100 H 12 V-25

ISO 603 – 1		F 100	
1		H	
200		12	
30		V	
60		25	
C			

Merke:

Die Bezeichnungen bei Schleifscheiben müssen in der richtigen festgehalten werden.

Schleifscheibenform und Abmessungen + Werkstoffe und Umfangsgeschwindigkeit

C. Handschleifen

Ordnen Sie den Skizzen zu:
Winkelschleifer, Bandschleifmaschine, Schleifbock.

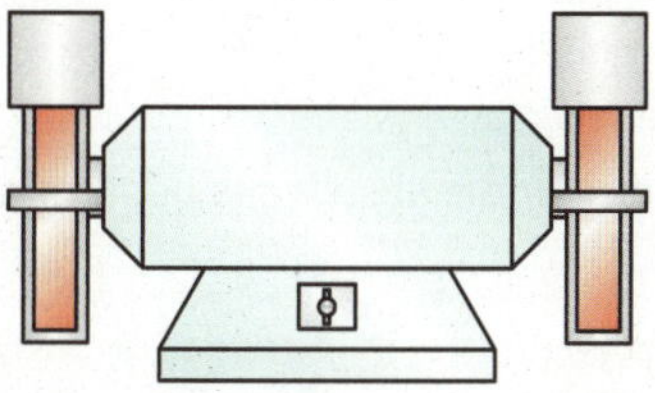

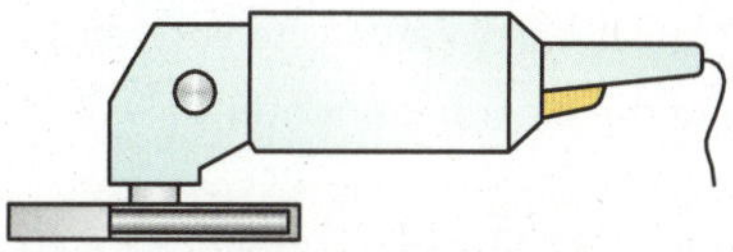

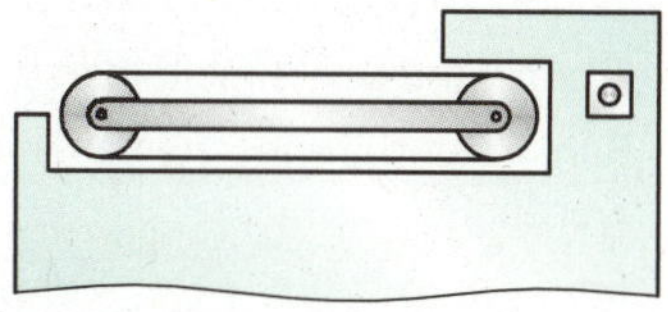

______ (Scharfschleifen von Werkzeugen)

______ (Trennen, Entgraten, Abschleifen oder Putzen von Schweißnähten)

______ (Rostentfernung, Entgraten, Putzen)

D. Schleifbock

Montage der Schleifscheiben, Unfallverhütung

1. Die aufgehängte Schleifscheibe wird durch leichtes Anschlagen mit dem ______ auf ______ überprüft. Eine rissfreie Schleifscheibe klingt ______ und ______.
2. Die Schleifscheibe muss sich ______ auf die Spindel schieben lassen.
3. Zwischen den gleich großen und ausgesparten Befestigungsflanschen und der Schleifscheibe müssen Zwischenlagen (______, ______, ______, ______) eingelegt werden.
4. Tragen Sie den Flanschdurchmesser in die nebenstehende Skizze ein, der zum Befestigen einer geraden Schleifscheibe mit Schutzhaube (Schleifbock) eingehalten werden muss!

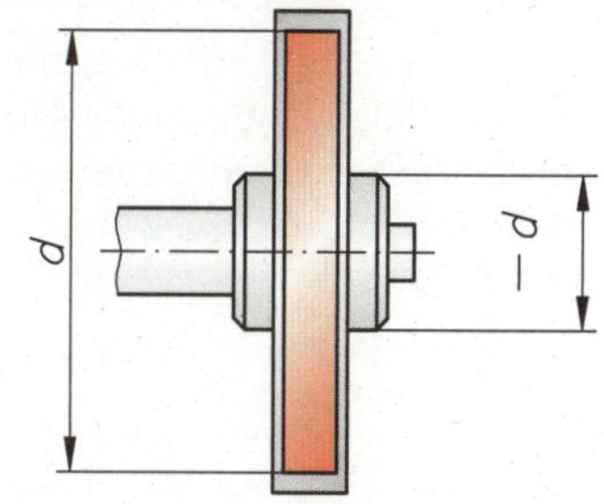

5. Die Schleifscheibe muss mit voller Umfangsgeschwindigkeit 5 Minuten Probe laufen.
6. Die nachstellbaren Werkstückauflagen müssen so nahe wie möglich zur Schleifscheibe eingestellt werden.
7. Bei Schleifarbeiten ist immer die Schutz-______ zu verwenden.
8. Anfallender Schleifstaub gehört abgesaugt.
9. Die Werkstückauflage nur bei Maschinen-______ nachstellen.

E. Abrichten der Schleifscheiben

1. Zweck

Welche Vorteile bringt das Abrichten der Schleifscheibe?

a) ______

b) ______

c) ______

d) ______

F. Abrichtwerkzeuge

Abrichtstab, Abrichtrollen, Diamant.

G. Kühlen

Werkstück und Schleifscheibe werden beim Schleifen stark erwärmt. Für eine ausreichende Kühlung ist zu sorgen.

Bildnachweis: Di Gaspare, Michele (Bild und Technik Agentur für technische Grafik und Visualisierung)

H. Trennschleifen

Durch das Trennschleifen können Metalle schnell und sauber durchgetrennt werden.
Die Trennscheiben bestehen aus Edelkorund oder Siliciumkarbid.
Überlegen Sie, welche Bindungsarten verwendet werden:

____

Kleine und sehr dünne Trennscheiben sind an der Einspannbohrung gerade, dicke Trenn- und Schleifscheiben sind bei der Bohrung gekröpft.

Unfallverhütung

1. Die Schutzhauben müssen die Trennscheiben mit mind. ________ ° umfassen.
2. Trenn- und Schleifscheiben dürfen nur für die Werkstoffe verwendet werden, für die sie jeweils bestimmt sind.
3. Schleif- und Trennscheiben dürfen nur mit einer bestimmten ______________________ betrieben werden.
4. Ein ______________ der laufenden Scheibe im Werkstück ist zu vermeiden.
5. Tragen Sie stets eine Schutz-____________ .

Farbkennzeichnung der Schleifkörper

Farbkennzeichnung				
Umfangsgeschwindigkeit				
Farbkennzeichnung				
Umfangsgeschwindigkeit				

I. Aufgabe

Trennscheiben (d_1 = 178 mm und d_2 = 235 mm) haben die Farbkennzeichnung „rot" und werden von einem Winkelschleifer mit der Drehfrequenz von 8000 1/min angetrieben.

a) Mit welcher Umfangsgeschwindigkeit dürfen die Trennscheiben arbeiten?
b) Wie hoch ist die zulässige Drehzahl der jeweiligen Trennscheibe?
c) Dürfen die Trennscheiben vom genannten Winkelschleifer angetrieben werden?

Eine Maschine besteht aus vielen Bauteilen. Jedes Bauteil hat eine bestimmte Aufgabe oder Funktion zu erfüllen. Mehrere Funktionen sind zu Funktionseinheiten zusammengefasst.

Gesamtsystem einer Säulenbohrmaschine

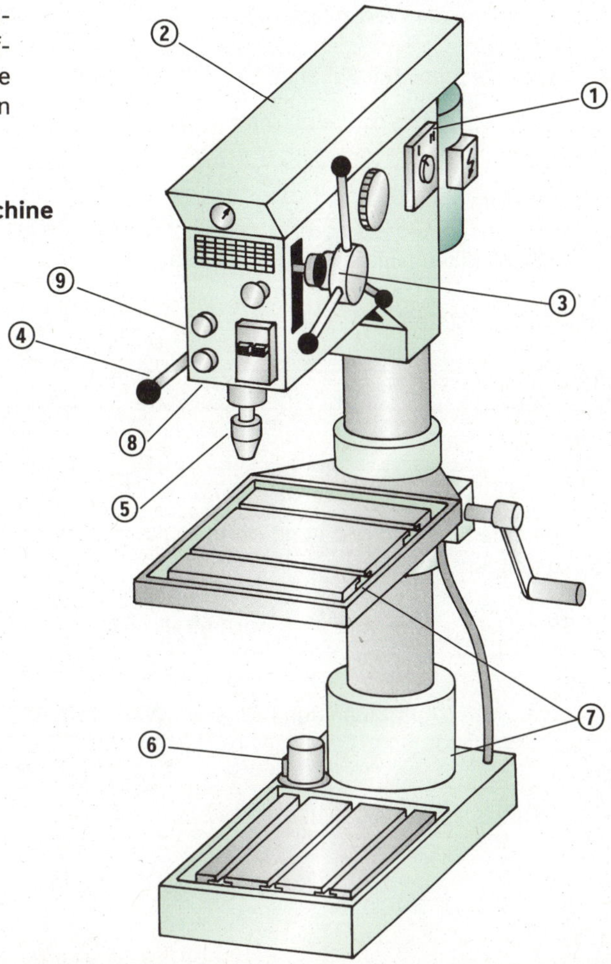

	Einheit	Aufgabe → Funktion
1	Einheit	Im Drehstrommotor wird elektrische in mechanische Energie umgewandelt. →
2	Einheit	Der Keilriementrieb leitet das Drehmoment weiter. →
3	Einheit	Die Handvorschubkraft wird auf die Bohrspindel geleitet. →
4	Einheit	Hier wird die Drehzahl stufenlos gesteuert. →
5	Einheit	Das Bohrfutter nimmt das Werkzeug auf. →
6	Einheit zum	Aus einem Behälter wird das Werkzeug mit Kühl- und Schmierstoff versorgt. →
7	Einheit	Die Grundplatte (Fuß) und der Bohrtisch nehmen die Kräfte auf. →
8	Einheit	Die Rückholfeder speichert Energie zum Rückholen der Bohrspindel. →
9	Einheit	Der Not-Aus-Schalter dient der Arbeitssicherheit. →

Standzeit ist die Zeit, in der die Werkzeugschneide ständig Schnittarbeit leistet, bis Nachschleifen notwendig ist.

Überlegen Sie, wovon die Standzeit abhängt.

Beispiel	Die Standzeit ist abhängig
v_c = 10 m/min, v_c = 80 m/min	
Werkzeug aus HSS, Werkzeug mit Hartmetallschneide	
S235JR, Aluminium, Kunststoff	
Kleiner, großer Spanquerschnitt	
Reibung und Wärme	

Aufgabe: Ermitteln Sie für einen HSS- und Hartmetalldrehmeißel die Schnittgeschwindigkeit v_c. Die Standzeit t soll kostengünstig sein.

v_c HSS = ________ m/min v_c Hartmetall = ________ m/min

Zerspanen durch Drehen, Werkstoff: S235JR

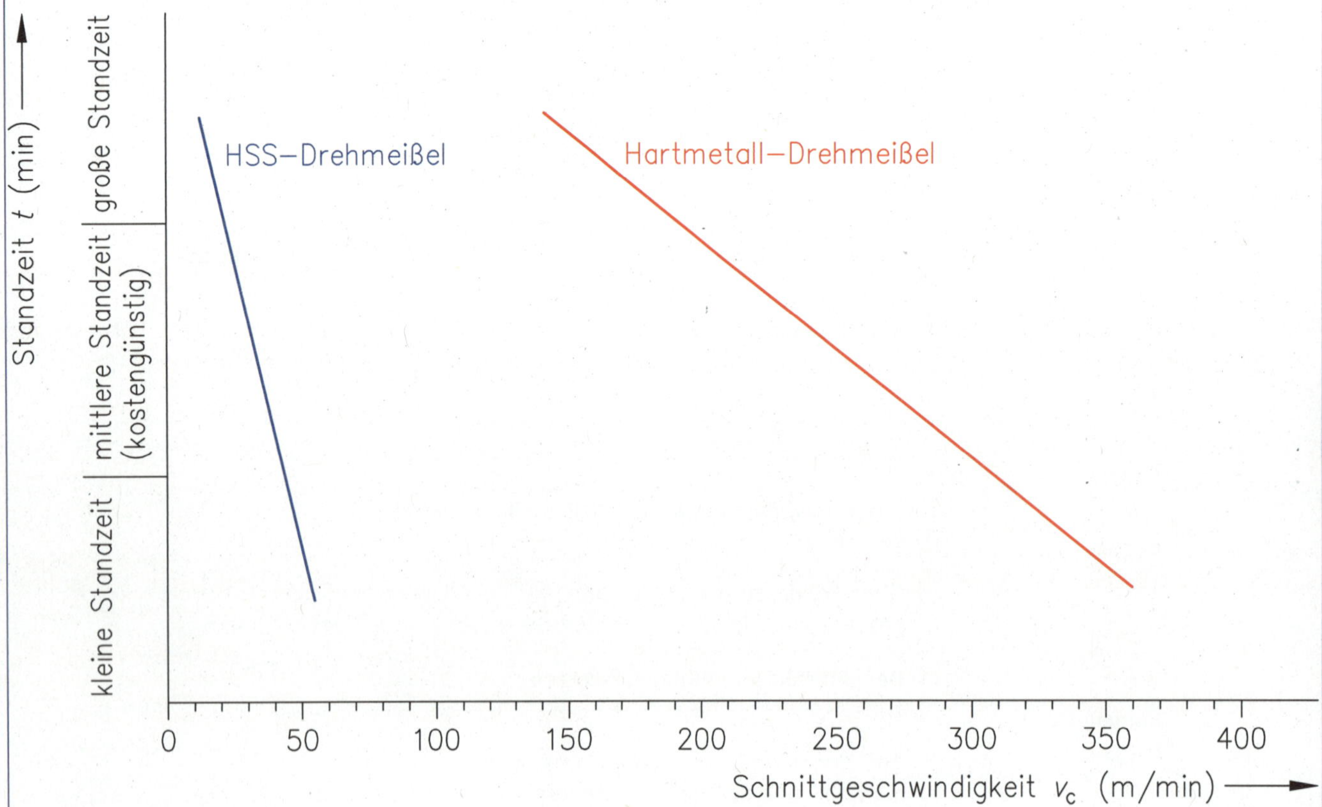

Überlegen Sie:
Wie wirkt sich eine sehr hoch gewählte Schnittgeschwindigkeit v_c auf die Standzeit t aus?

Durch Anreißen werden in der Einzelfertigung Maße oder Formen auf Werkstücke übertragen. Weil Anreißen zeitaufwendig ist, verursacht es hohe Kosten.

Deshalb: ______________________________

Anrisslinien müssen auf der Werkstückoberfläche gut sichtbar sein.
Verwendet werden folgende Anreißmittel:

Helle Anreißfarbe	Dunkle Anreißfarbe	Zusätzliche Hilfsmittel
für dunkle Werkstückoberfläche, z. B. ______	für helle Werkstückoberflächen, z. B. ______	– Kupfersulfatlösung für ______ – Bleistift für ______

A. Anreißwerkzeuge

1. Winkel-Reißnadel

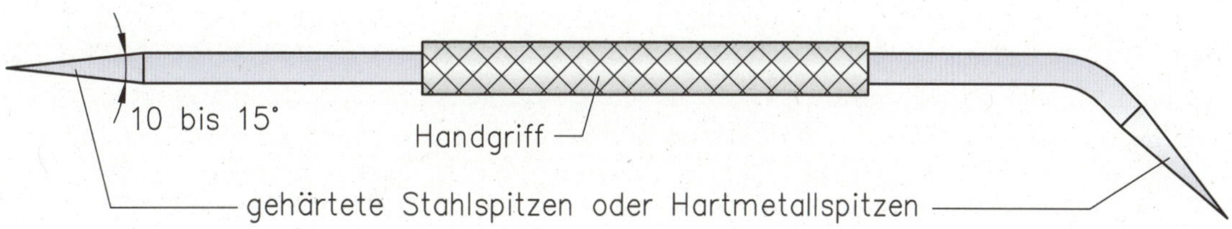

Genaue Anrisse können nur mit einer spitz geschliffenen Reißnadel hergestellt werden. Allerdings entstehen dadurch immer Kerben.
Für sehr harte Werkstückoberflächen oder für Oberflächen, die durch Anrisse nicht beschädigt werden dürfen, verwendet man Reißnadeln aus weichem Messing. Es entsteht eine gelbe Markierung.

2. Parallelreißer mit Maßstab

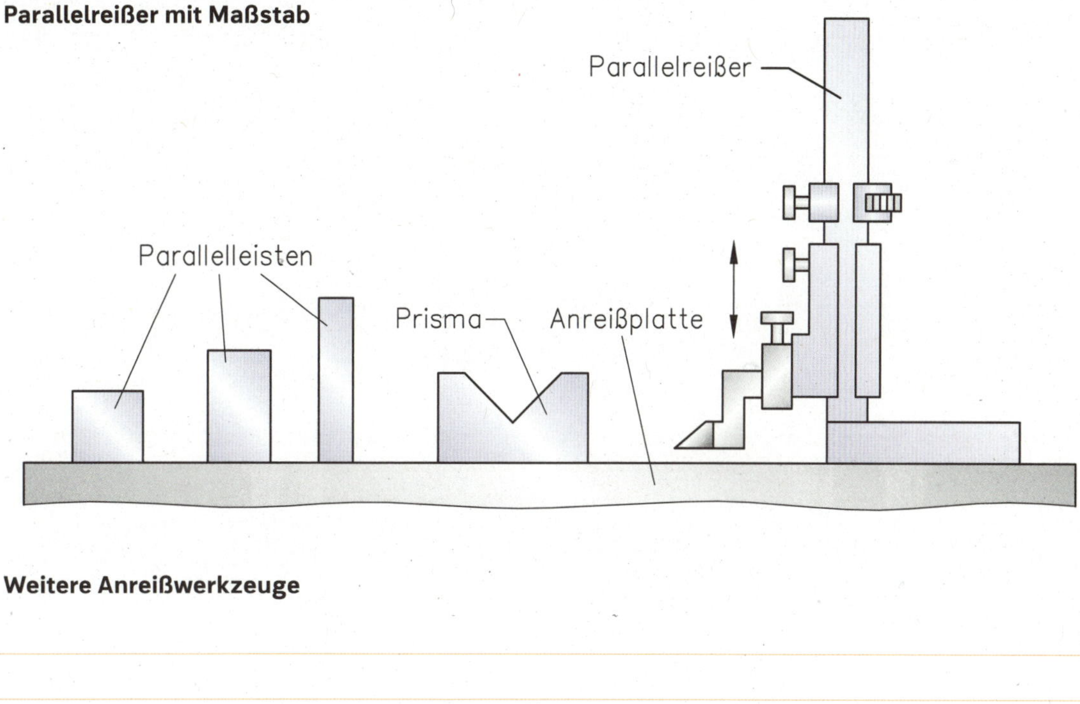

3. Weitere Anreißwerkzeuge

____

B. Arbeitsregeln beim Anreißen

1. Die Reißnadel an der Unterkante des Anreißwerkzeuges (z. B. Anschlagwinkel) mit leichtem Druck entlangziehen.
2. Die Reißnadel in Ziehrichtung neigen.
3. Einen zu großen Arbeitsdruck auf die Reißnadel vermeiden.
   Folgen bei zu großem Arbeitsdruck:
   - Die entstehende Kerbe kann Korrosion verursachen.
   - Beim Biegen entlang der Anreißkerbe kann das Material anbrechen.
4. Anreißplatten sind keine Richtplatten!
5. Nach Gebrauch soll die Anreißplatte gesäubert, eingeölt und mit einer Abdeckung geschützt werden.
6. Anreißen mit dem Zirkel:
   - Körnen des Kreismittelpunktes.
   - Wie die Reißnadel, soll auch der Zirkel in Anreißrichtung leicht geneigt werden.
   - Den Druck stets auf den Zirkelschenkel ausüben, der in der Ankörnung sitzt.

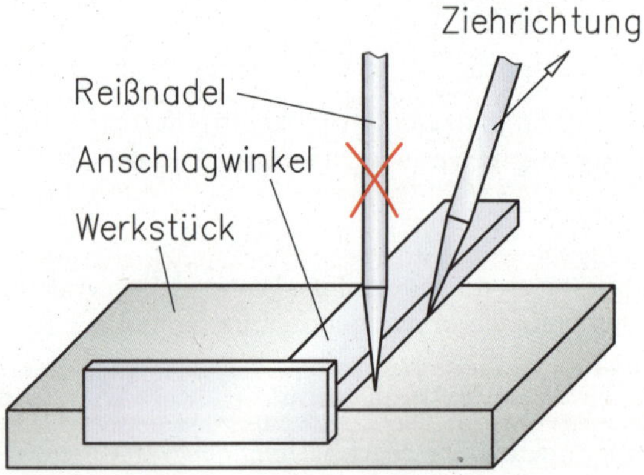

C. Unfallverhütung

Reißnadelspitzen können Stichverletzungen verursachen.

Abhilfe:

Durch Körnen werden kegelförmige Vertiefungen in die Werkstückoberfläche eingeschlagen.

A. Werkzeuge zum Ankörnen

1. Körner

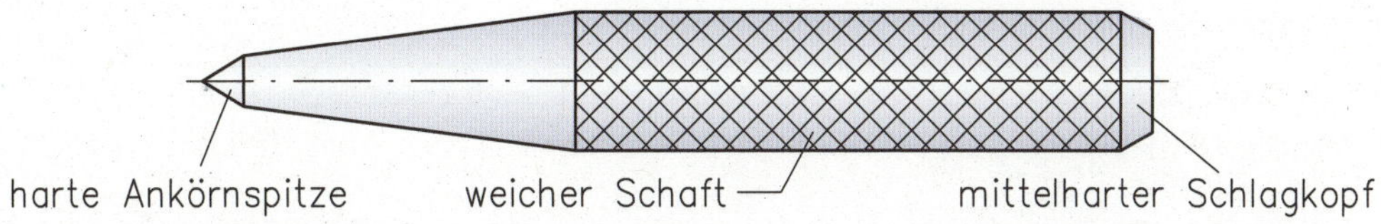

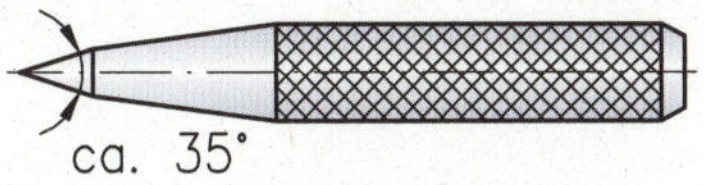 Anreißkörner	Für genaue Kontroll- und Kennzeichnungsankörnungen. Die Werkstückoberfläche wird wegen des kleinen Spitzenwinkels nur leicht beschädigt.
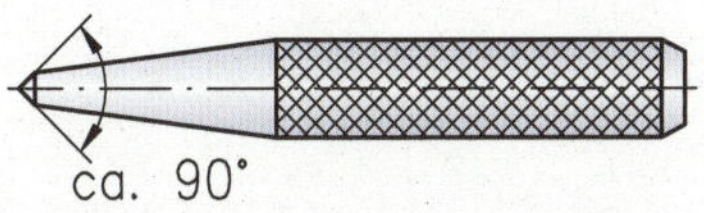 Bohrankörner	Beim Anbohren wird durch den größeren Spitzenwinkel des Körners der Wendelbohrer besser geführt.

2. Zentrierkörner (Zentrierglocke)

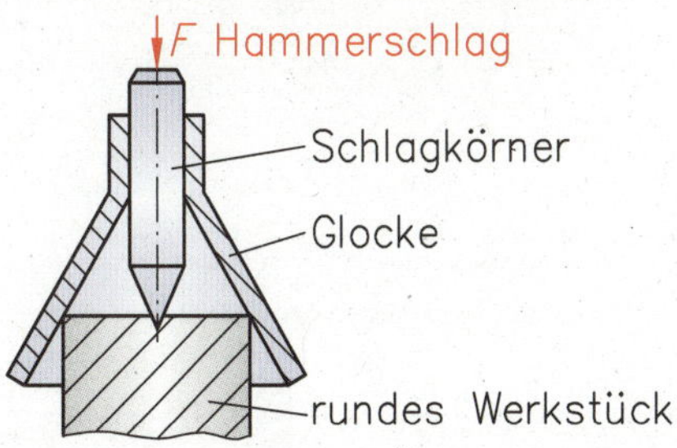

Der genaue Wellenmittelpunkt wird durch senkrechtes Aufsetzen der Glocke erreicht.

3. Kreisankörner

Beim Ankörnen wird nicht nur der Mittelpunkt gekennzeichnet, sondern zusätzlich die Körnung eines Kontrollkreises angebracht. Kostengünstig, da der Wellenmittelpunkt ohne Vorarbeiten rasch gefunden wird.

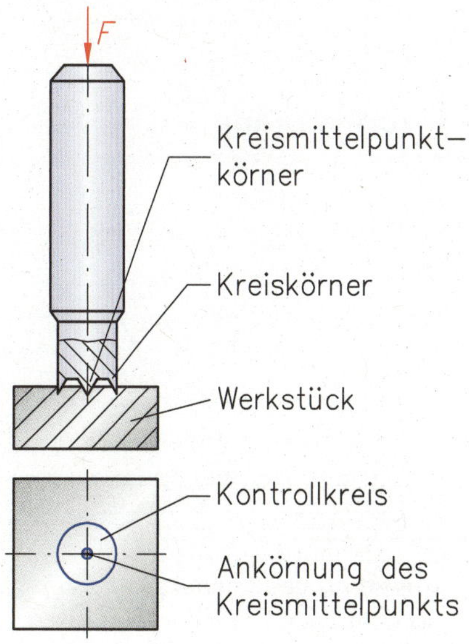

B. Vorteile des Ankörnens

1. Kein Verlaufen des Wendelbohrers beim Anbohren.

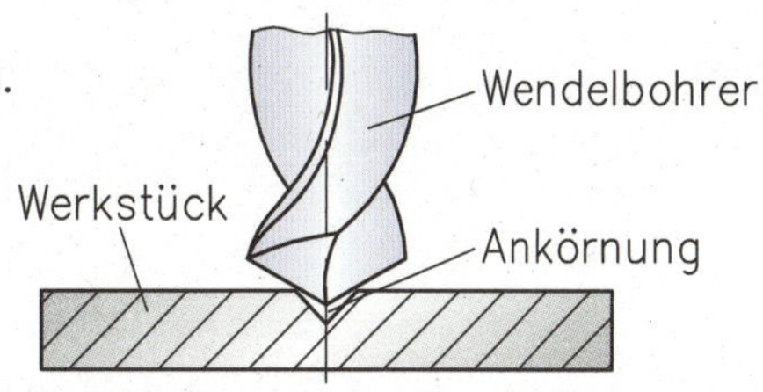

2. Vor der spanenden Bearbeitung

Nach der spanenden Bearbeitung

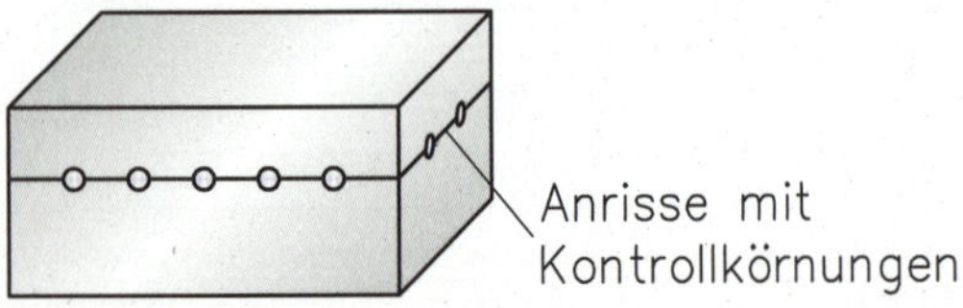

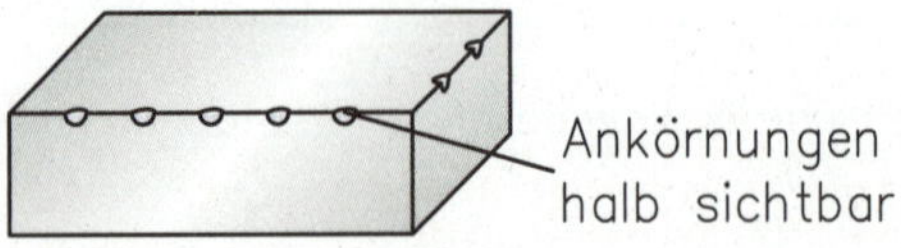

Gutes Erkennen des Anrisses während der spanenden Bearbeitung, z. B. Fräsen.

3. Dauerhaftes Kennzeichnen von Anrisslinien.

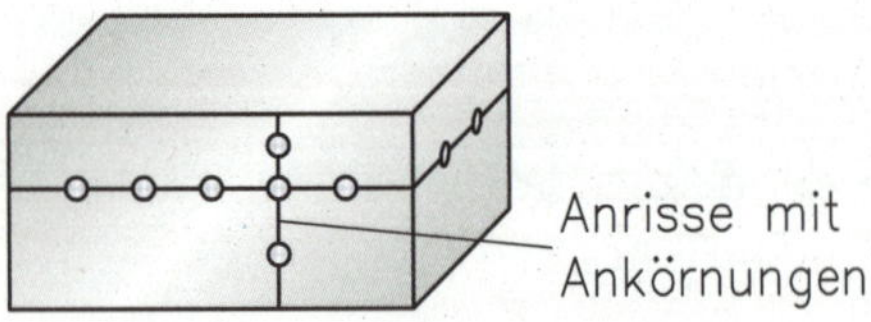

C. Arbeitsregeln beim Ankörnen

Welche Arbeitsregeln zeigen Ihnen die Skizzen?

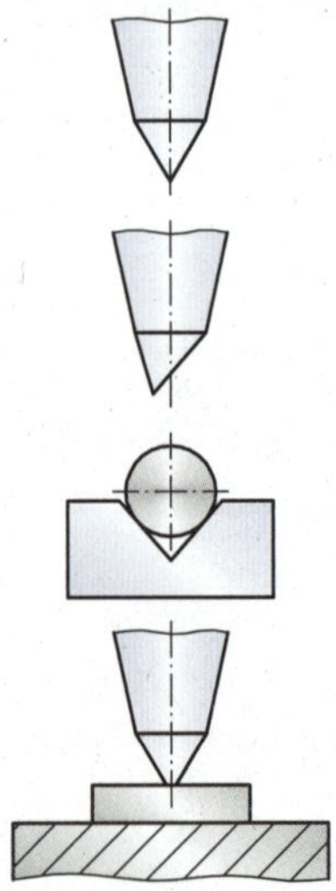

1. ______________________________

____

2. ______________________________

____

3. ______________________________

____

4. ______________________________

____

D. Ankörnvorgang

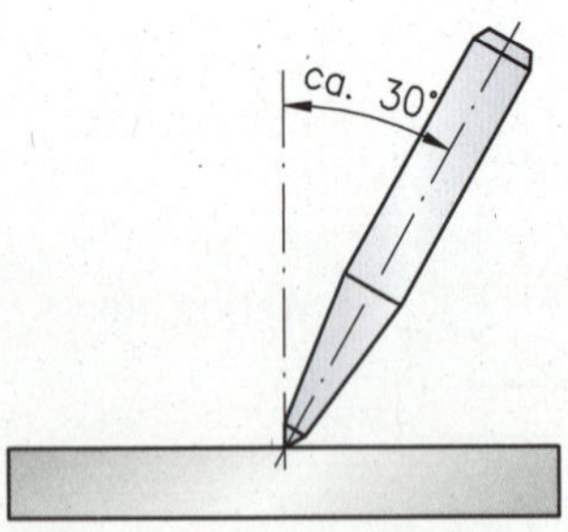	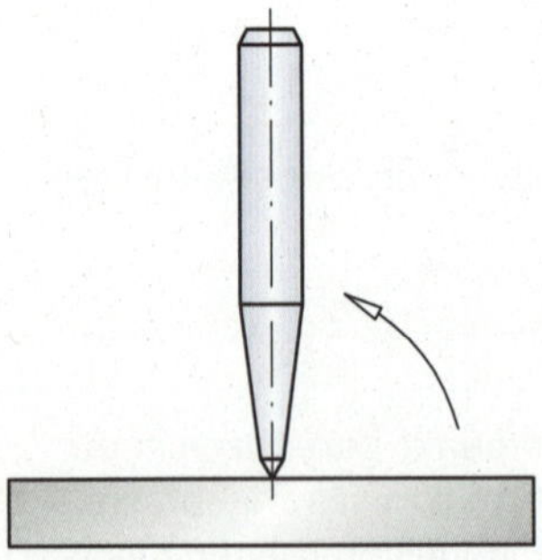	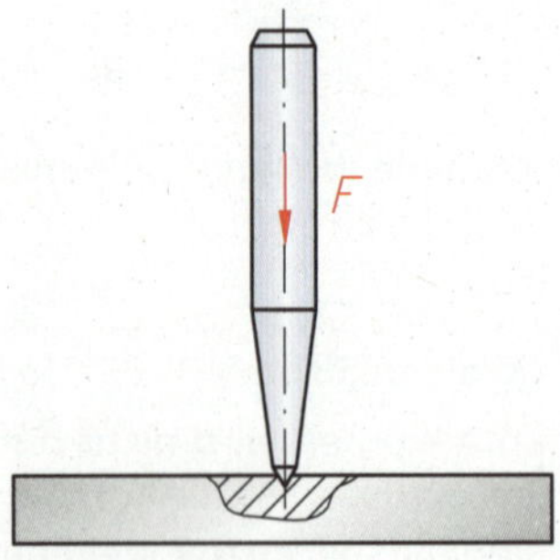
Ansetzen des Körners unter etwa 30°. Die Körnerspitze muss genau im Kreuzungspunkt der Anrisslinien liegen.	**Senkrechtstellen des Körners** Beachten Sie, dass sich die Körnerspitze dabei nicht verschiebt.	**Ankörnen** Vorkörnen durch einen leichten Hammerschlag. Ungenauigkeiten können dann noch korrigiert werden. Fertigkörnen durch einen kräftigen Hammerschlag.

E. Werkstückkennzeichnung durch Schlagstempel

Mit gehärteten Schlagzahlen und Schlagbuchstaben können Werkstücke gekennzeichnet werden. Es gibt verschiedene Schriftgrößen.

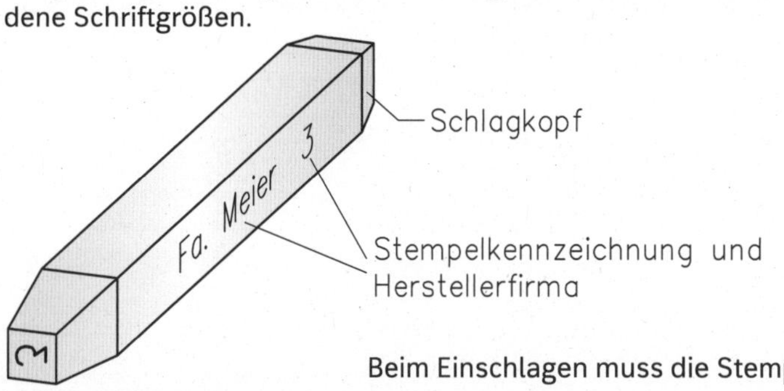

Beim Einschlagen muss die Stempelkennzeichnung stets zum Metallbauer zeigen.

Wichtige Arbeitsregeln:

1. Platzeinteilung und Schriftabstände anreißen.
2. Eine mit Schraubzwingen befestigte Führungsleiste ermöglicht ein gerades Einschlagen der Stempel.
3. Zuerst mit einem leichten Hammerschlag anstempeln, dann mit einem kräftigen Hammerschlag fertig stempeln.
4. Beim Schlagstempeln wird das Material des Werkstückes nach außen verdrängt. Durch Schleifen oder Feilen kann die Oberfläche wieder geglättet werden.

F. Anreißübung und Kennzeichnen mit Schlagstempel

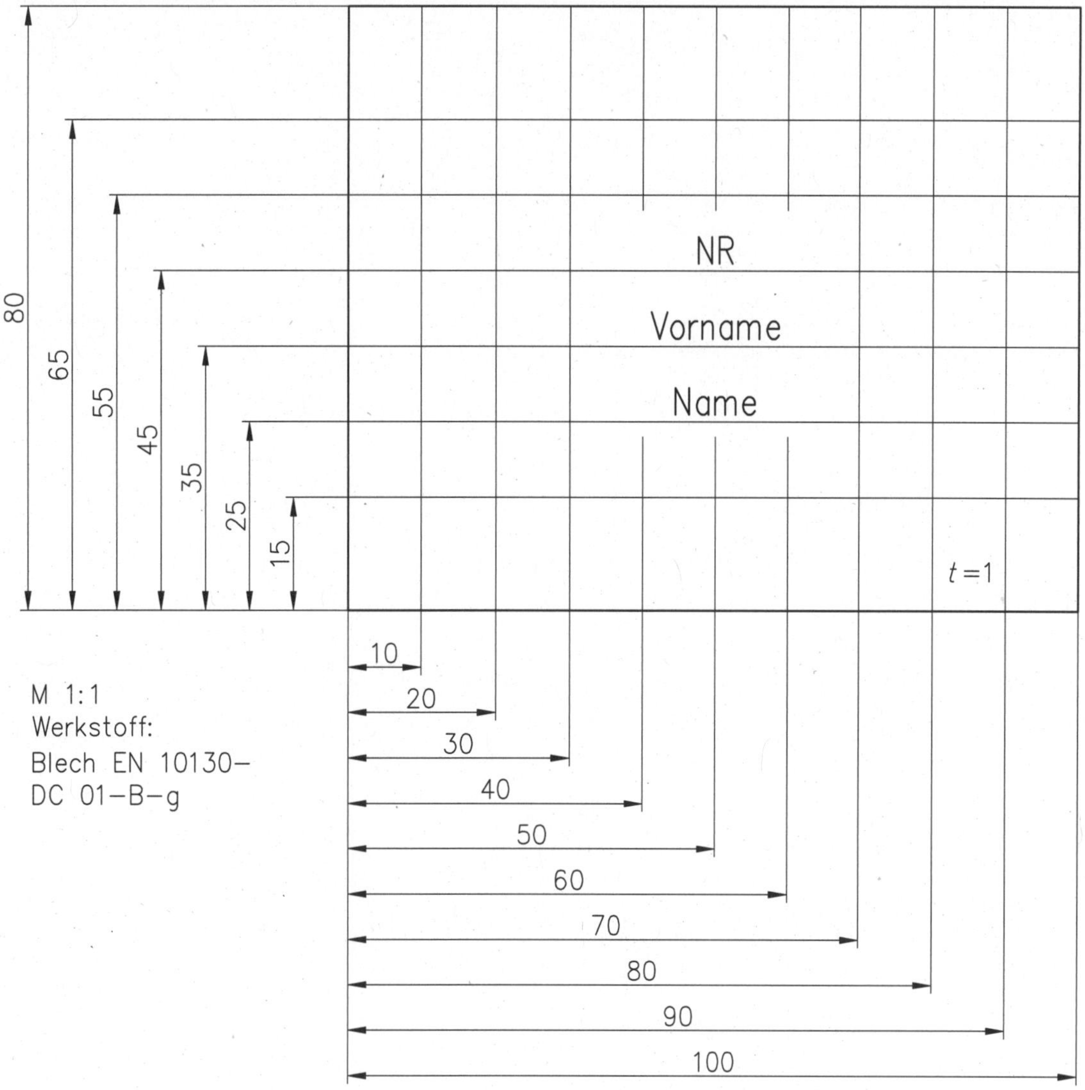

Übung zum Anreißen und Ankörnen

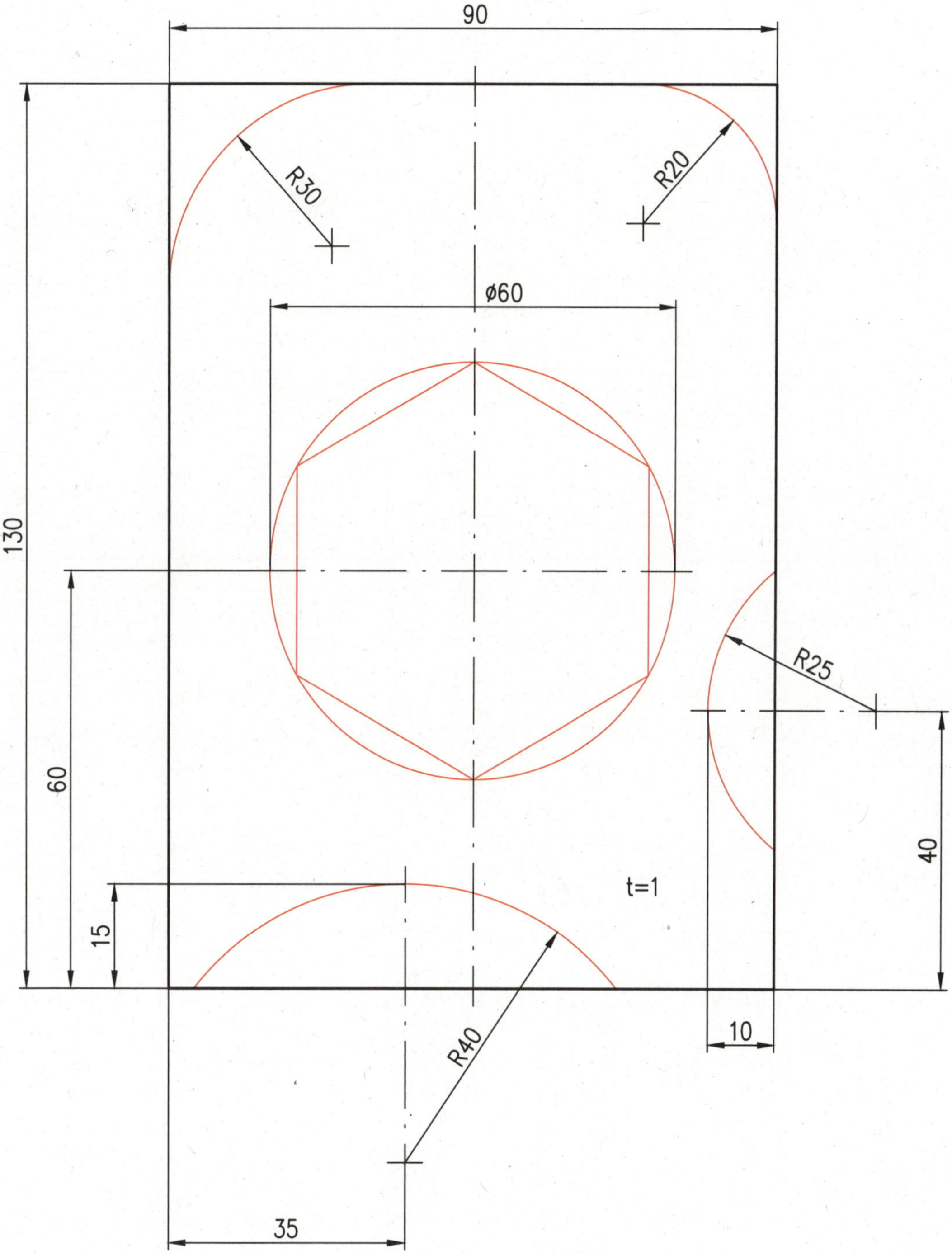

M 1:1
Werkstoff:
Blech EN 10130-DC01-B-g

A. Kreisring

Der skizzierte Kreisring soll gebogen werden.
Welche Stablänge (in mm) ist dazu erforderlich?

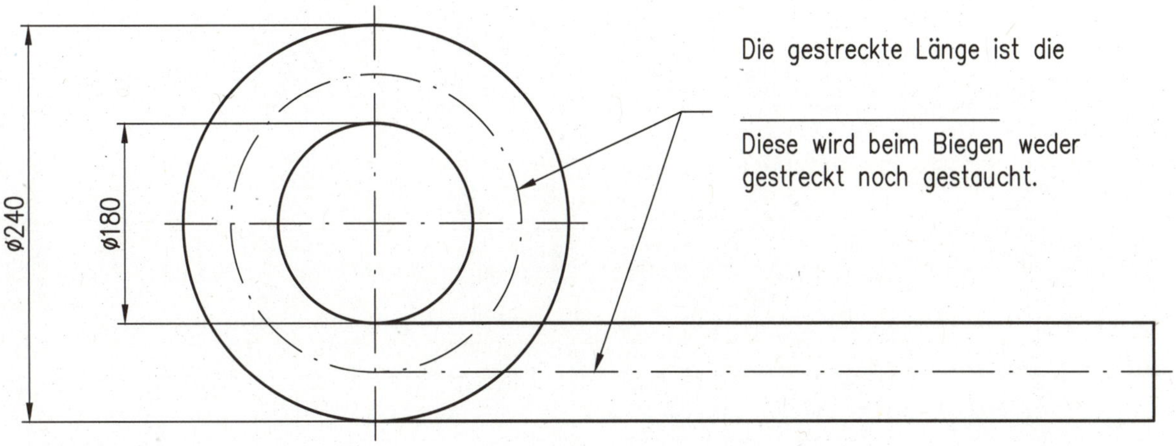

Geg.: ______________________

Ges.: ______

Überlegen Sie, mit welchem Durchmesser Sie rechnen.

d ___ = __________ mm

d ___ = __________

l = __________

l = __________

l = __________ mm

B. Kreisringausschnitt

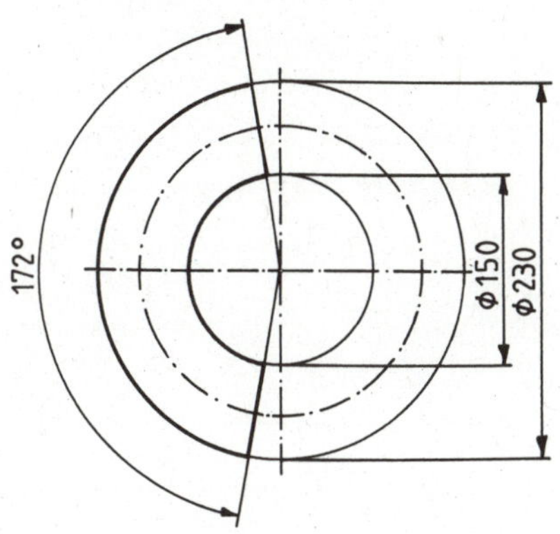

Berechnen Sie auch für das gezeichnete Kropfstück die gestreckte Länge (in mm). Heben Sie die neutrale Faser farbig hervor.

Geg.: ______________________

Ges.: ______

l = __________

l = __________

l = __________ mm

d_m = __________

d_m = __________

d_m = __________ mm

C. Zusammengesetzte Längen

Aus Stahlrohr DIN EN 10210 – S 275 JO – 50 x 3 sollen Formteile nach Skizze gebogen werden. Die inneren Biegeradien sind alle 150 mm.
Wie lang ist die gestreckte Länge (in mm) von einem Formteil?

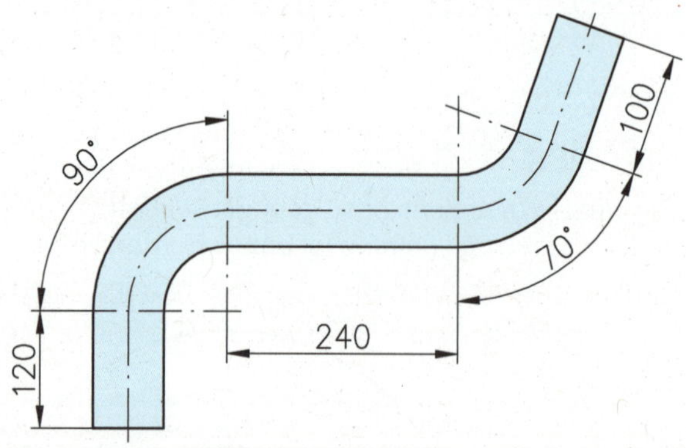

Geg.:

Ges.:

Metallbautechnik	Datum:	Fertigen von Bauelementen mit Maschinen	Lernfeld 2
Name:	Klasse:	*Fertigungsaufgabe Türriegel*	19

A. Fertigungsauftrag

Ein Handwerksbetrieb erhält den Auftrag, 200 Stück Türriegel nach Kundenskizze zu fertigen:

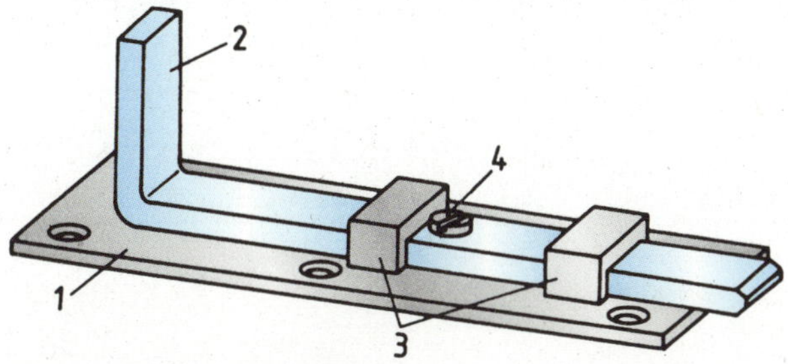

Länge etwa 14,5 cm
Breite ungefähr 6 cm

Ergänzen Sie die Einzelteile:

Nr.	Anzahl	Bezeichnung
1	1	Riegelblech

B. Aufgabe und Aufbau des Türriegels

Aufgabe: ______________________________

Aufbau: ______________________________

____

____

____

C. Erstellen der Zeichnungen

Für die Fertigung in der Werkstatt müssen zuerst anhand der Kundenskizze die technischen Zeichnungen erstellt werden. Sie bestehen aus der Zeichnung der ______________ und der ______________.

Teil 1: Riegelblech
M 1 : 2

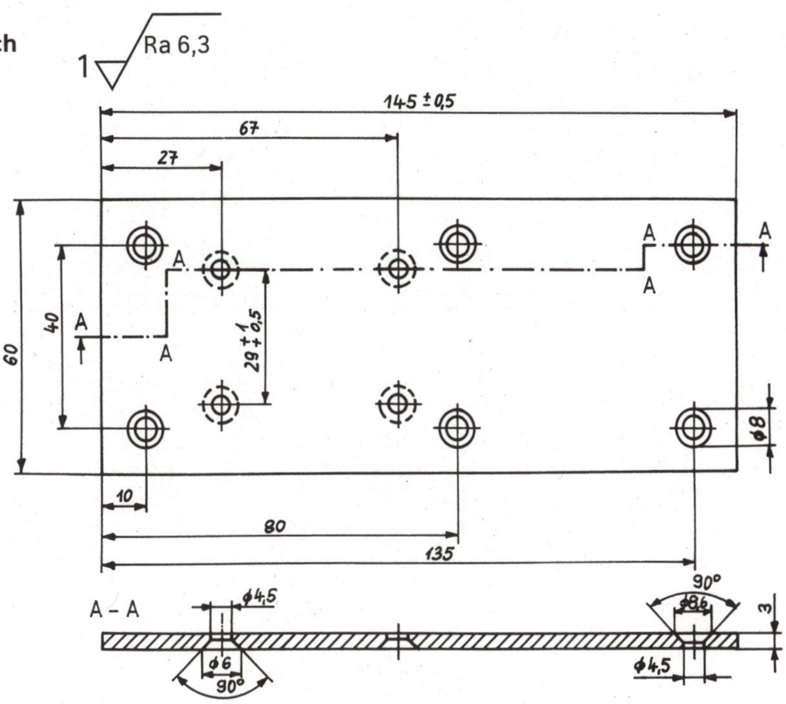

Bildnachweis: Di Gaspare, Michele (Bild und Technik Agentur für technische Grafik und Visualisierung)

Teil 2: ____________________

M 1 : 1

Teil 3: ____________________

M 1 : 1

Gesamtzeichnung:

M 1 : 2

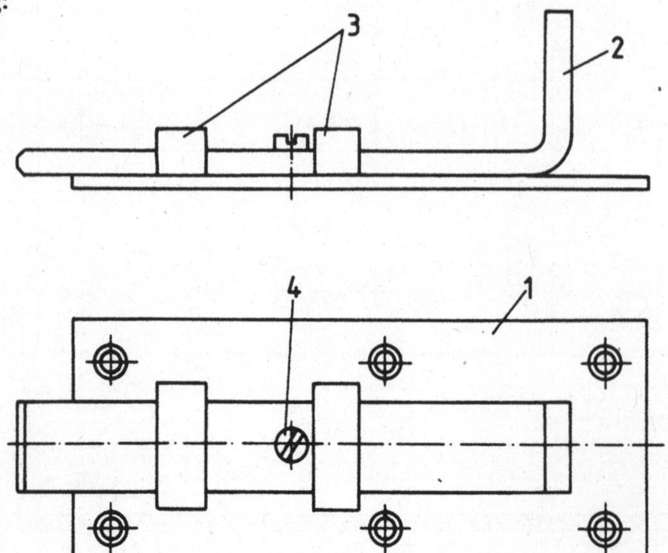

D. Berechnung

Um die Rohlänge für den Riegel (Pos. 2) und die Riegelklammern (Pos. 3) in der Stückliste angeben zu können, muss die ______________ Länge berechnet werden.

Pos. 2: Riegel

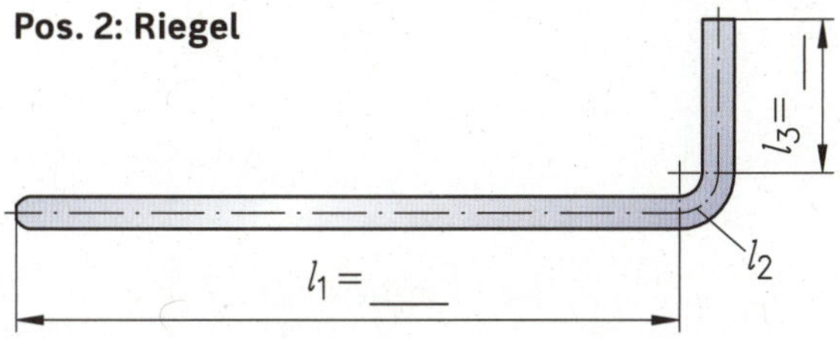

$l_2 =$ ______________

$l_2 =$ ______________

$l_2 =$ __________ mm

$l =$ ______________

$l =$ ______________

$l =$ __________ mm

Zu der berechneten Länge l muss noch eine Zugabe für das Biegen addiert werden, für den Riegel etwa 10 mm:

$l_{ges} =$ ______________

$l_{ges} =$ __________ mm

Pos. 3: Skizzieren Sie die Riegelklammer mit Bemaßung.

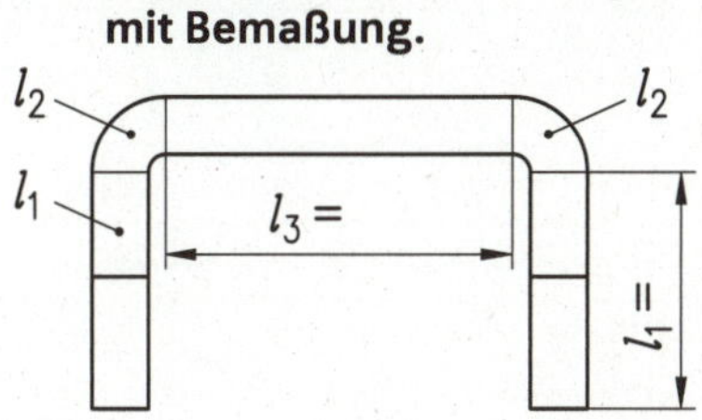

Auch beim Biegen der Riegelklammer müssen etwa 8 mm Zugabe berücksichtigt werden.

E. Stückliste

Ergänzen Sie:

1	Riegelblech		S235JR	1	Fl 60 x 3 x 145
Stck.	Benennung	Normblatt	Werkstoff	Pos.-Nr.	Halbzeug

F. Fertigungsplan

Arbeitsschritte

Verwenden Sie zur Bestimmung der Schnittdaten ein Tabellenbuch.

Pos. 1: Riegelblech

1. Sägen des Riegelbleches

- Rechtwinkliges Sägen des Stangenprofils am ______________
- Einstellen des Maschinenanschlags auf __________ mm
- Rechtwinkliges Sägen des Rohteils auf der ______________

  Nachteil beim Ablängen mit der Hebelschere: ______________

Bildnachweis: Di Gaspare, Michele (Bild und Technik Agentur für technische Grafik und Visualisierung)

Werkzeug: ______

Schnittgeschwindigkeit (v_c) : v_c = ______ – ______ m/min

Gewählt: v_c = ______ m/min

Vorschubgeschwindigkeit (v_f): v_f = ______ – ______ mm/min

Gewählt v_f: ______ mm/min

Umdrehungsfrequenz (n): v_c = ______

(= ______)

n =

n =

Nach Tabellenbuch:

n = ______ 1/min $n \approx$ ______ 1/min

Kühlschmierstoff: ______

2. Bohren des Riegelbleches

- ______ der 10 Bohrungen
- ______ der 10 Bohrungen
- ______ des Riegelbleches

Werkzeug: ______

Schnittgeschwindigkeit (v_c) : v_c = ______ – ______ m/min

Gewählt: v_c = ______ m/min

Vorschub: f = ______ mm je Umdrehung

Gewählt: f = ______ mm

Umdrehungsfrequenz (n): n =

Nach Tabellenbuch:

n = ______ 1/min $n \approx$ ______ 1/min

Kühlschmierstoff: ______

3. Profilsenken der Befestigungsbohrungen und der Bohrungen für die Riegelklammern

Werkzeug: ______

Schnittgeschwindigkeit (v_c): $v_c \approx$ ______

$v_c \approx$ ______

$v_c \approx$ ______ m/min

Vorschub: ______

Umdrehungsfrequenz (n): n =

Nach Tabellenbuch:

n = ______ 1/min $n \approx$ ______ 1/min

Kühlschmierstoff: ______

4. Entgraten der Befestigungsbohrungen

Welches Werkzeug verwenden Sie zum Entgraten? Geben Sie auch die Größe des Werkzeugs an.

Werkzeug: ______

Die Schnittdaten für das Entgraten der Bohrungen auf der Unterseite des Riegelbleches werden vom ______ übernommen.

5. Entgraten des Riegelbleches

Werkzeug: ______

Gesamte Herstellungszeit: Etwa ______ Minuten

Qualitätssicherung

Am Ende der Fertigung muss das Riegelblech noch überprüft werden:

1. ______ 2. ______

Arbeitsplan

Der Fertigungsablauf wird in einem Arbeitsplan zusammengestellt. Er enthält neben den einzelnen Arbeitsschritten noch andere wichtige Angaben für die Betriebsorganisation.
Der Arbeitsplan läuft als Begleitpapier mit dem Auftrag durch den Betrieb.

Arbeitsplan Auftrags-Nr.:		Bearbeiter: Datum:
Benennung: Werkstoff: Abmessungen:		Stückzahl: Termin:
Arbeitsgang	**Arbeitsvorgang**	**Werkzeug Hilfsmittel**
10	Sägen	Kreissägeblatt HSS
	l = 145	Δ 200 x 2,5
20		
30		
40		
50		

Aufgabe: Erstellen Sie auch für die Fertigung des Riegels und der Riegelklammer einen Plan für die einzelnen Arbeitsschritte und den Arbeitsplan.

Arbeitsauftrag

Für den Eigengebrauch in der Betriebskantine sollen 20 Flaschenöffner nach Skizze gefertigt werden. Erstellen Sie dazu den Fertigungsplan, den Arbeitsplan und stellen Sie das Werkstück her.

Für das Ablängen wird ein Kreissägeblatt 160 x 3 verwendet.
Der Durchbruch wird mithilfe von Bohrungen (Ø 4 und Ø 6) – siehe nebenstehende Skizze – mit anschließendem Ausstemmen hergestellt.

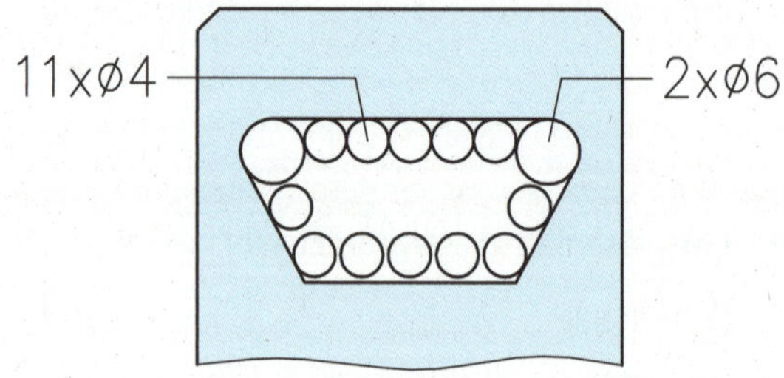

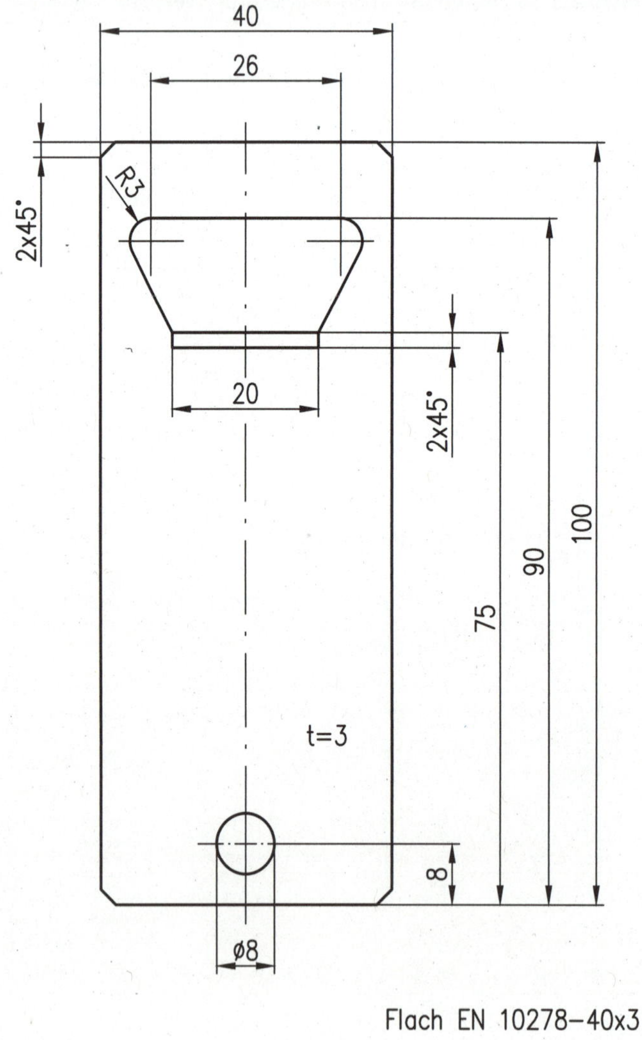

Verantwortl. Abtlg.	Techn. Referenz	Erstellt durch	Genehmigt von	
AK 14	Sara Müller	Walter Gruber	Kurt Brunner	M 1:1
Stahlbau-AG		Dokumentenart	Dokumentenstatus	
		Titel, Zusätzlicher Titel: Flaschenöffner	Werkstoff: S235JR	
			Änd. / Ausgabedat.: 09.01.2016 / Spr.: de / Blatt: 1/1	

A. Fertigungsplan

Arbeitsschritte

B.

Arbeitsplan		Bearbeiter:
Auftrags-Nr.:		Datum:
Benennung:		Stückzahl:
Werkstoff:		
Abmessungen:		Termin:

Arbeitsgang	**Arbeitsvorgang**	**Werkzeug Hilfsmittel**
10		
20		
30		
40		
50		
60		

A. Bezeichnungen am rechtwinkeligen Dreieck

Der rechte Winkel im Dreieck wird manchmal mit folgendem Symbol abgekürzt: 

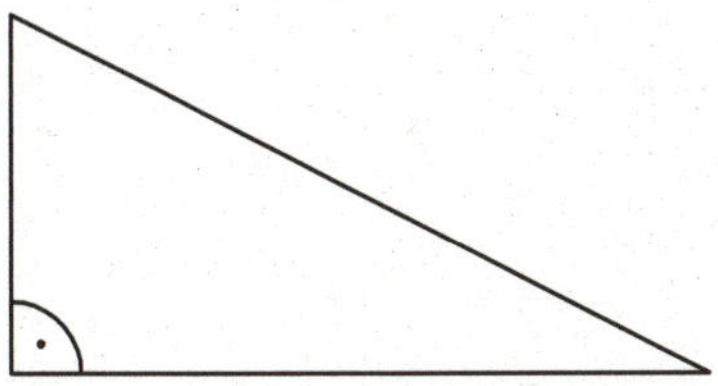

Dem rechten Winkel gegenüber liegt immer die

____________ Seite. Sie heißt ____________

und wird mit dem Buchstaben *c* bezeichnet.

Die restlichen Seiten sind die ____________ *a* und *b*. Sie werden entgegen dem Uhrzeigersinn benannt.

Aufgabe: Bezeichnen Sie die Seiten der skizzierten rechtwinkeligen Dreiecke.

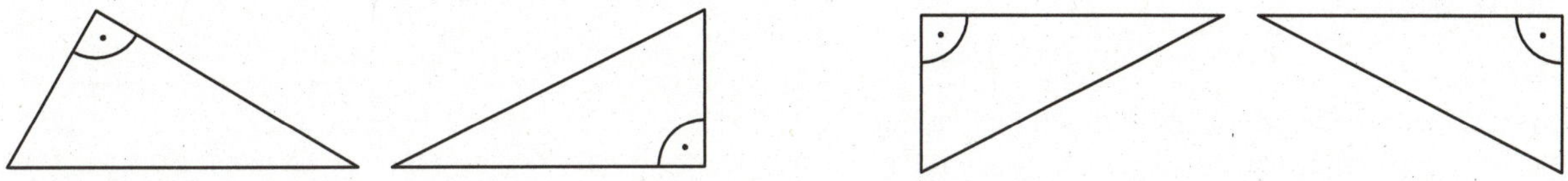

B. Lehrsatz des Pythagoras

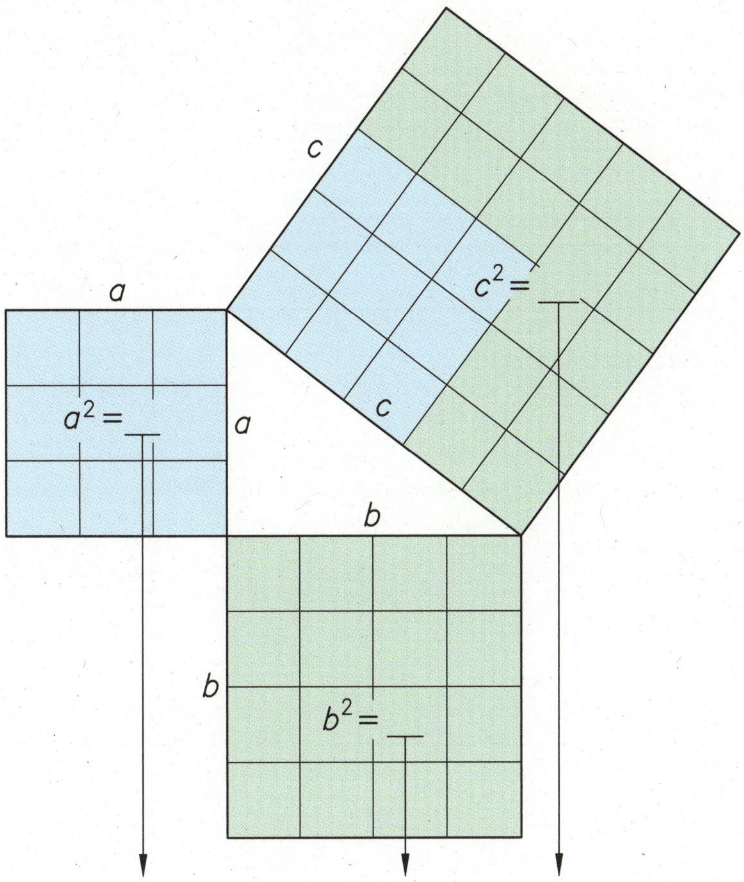

__ + __ = __

__ + __ = __

Das Quadrat über der Hypotenuse ist genauso groß wie

____

____

____

C. Anwendung

Berechnen Sie vom gezeichneten rechtwinkeligen Dreieck die fehlende Seite.

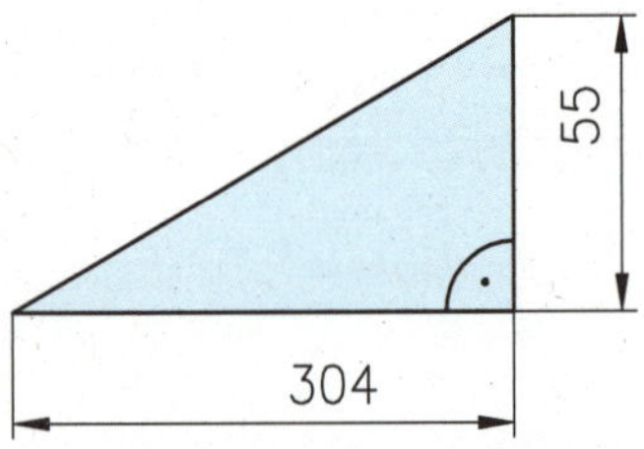

Sind von einem rechtwinkeligen Dreieck zwei Seiten bekannt, so kann mit dem Satz des Pythagoras die Länge der dritten Seite berechnet werden.
Stellen Sie die Formel so um, damit *a* oder *b* berechnet werden können.

$a =$ ______ $b =$ ______

D. Aufgaben

1. Aufgabe:

Berechnen Sie die Länge der Abflachung (in mm).

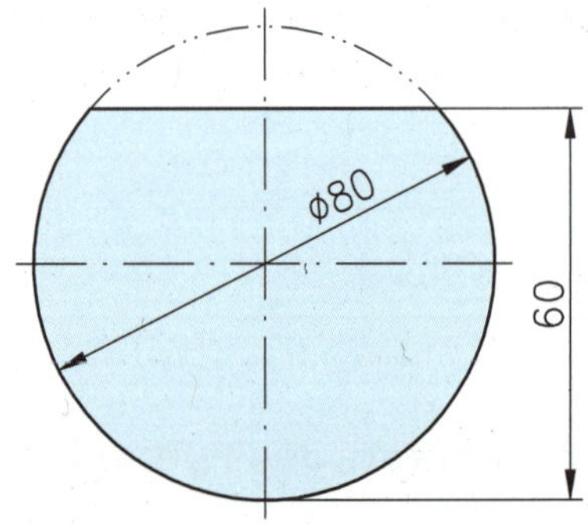

2. Aufgabe:

Wie viel mm beträgt die senkrechte Höhe des kegeligen Behälters?

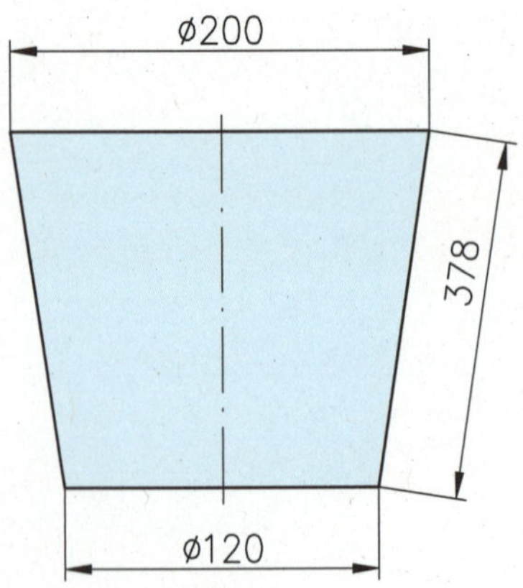

Bildnachweis: Di Gaspare, Michele (Bild und Technik Agentur für technische Grafik und Visualisierung)

3. Aufgabe:

Wie lang (in mm) ist die diagonale Versteifung des Tores?

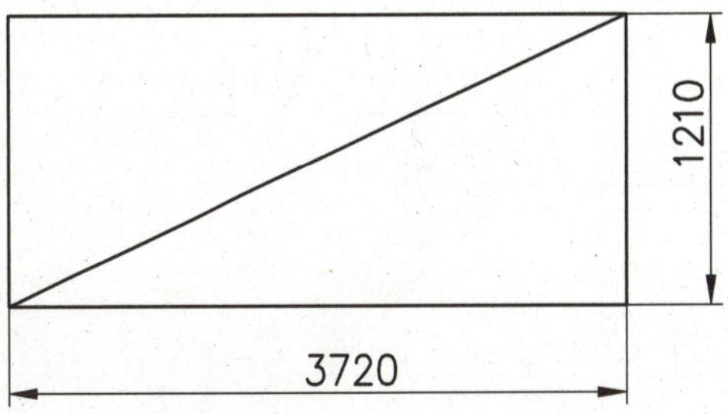

4. Aufgabe:

In welchem Abstand (in mm) sind Ausleger und Druckstab voneinander befestigt?

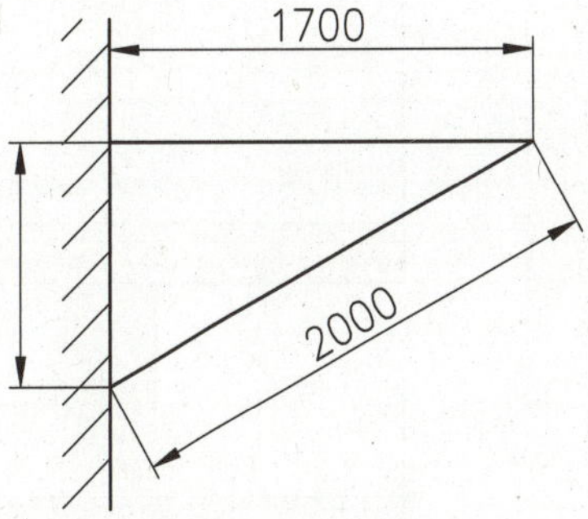

5. Aufgabe:

Eine 4,15 m lange Leiter wird an eine Hauswand angelehnt und steht am Boden 180 cm von der Wand entfernt. Auf welche Höhe (in cm) reicht die Leiter? Fertigen Sie zur Lösung eine Skizze an.

A. Kühlschmiermittel

1. Aufgabe der Kühlschmiermittel

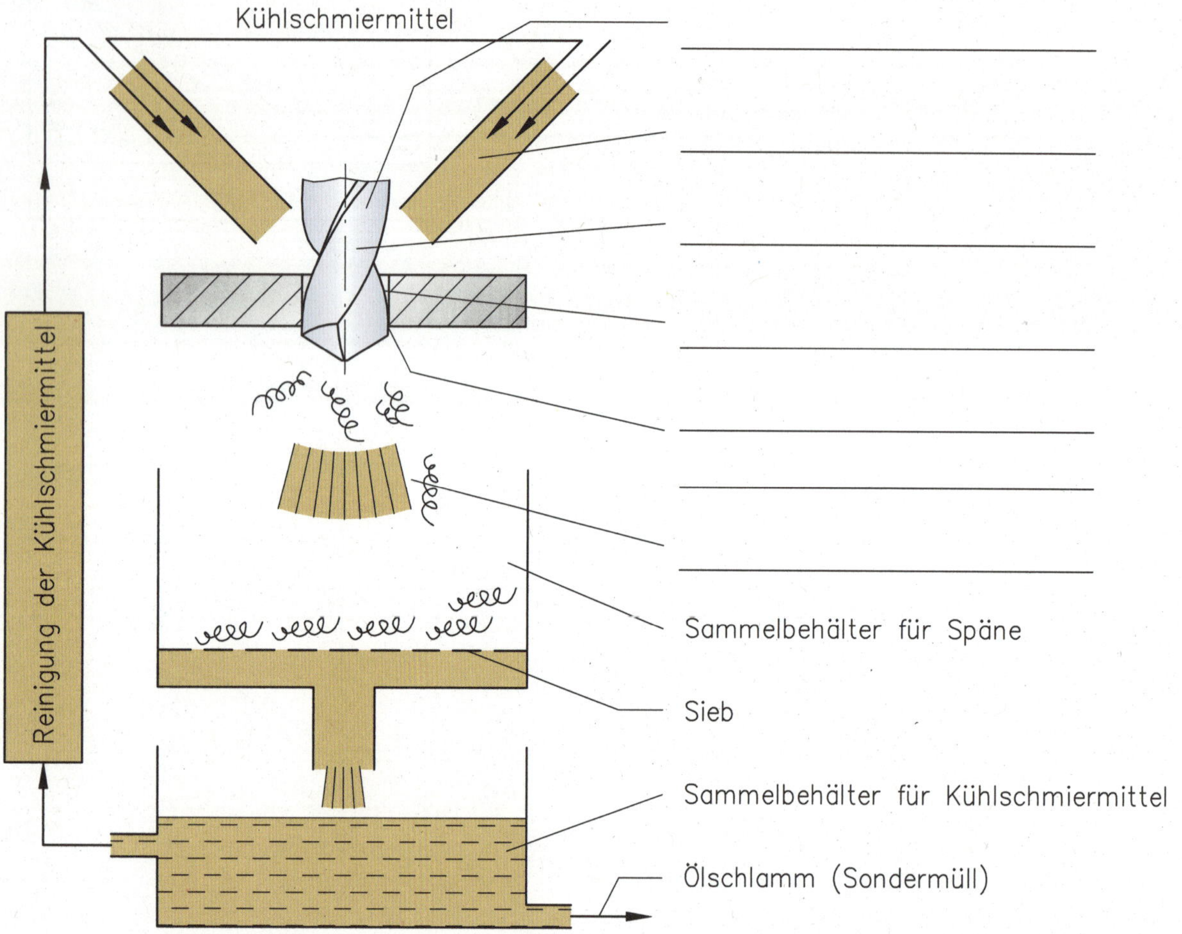

2. Kühlschmiermittel

Mit Wasser mischbare Kühlschmiermittel

ölhaltig	ölfrei
z. B. Bohr-**E**mulsion (früher Bohrwasser) Der Kühlschmierstoff, z. B. Bohröl, wird in das Wasser eingerührt. Farbe: ______ Kurzzeichen: SCEMW Abkürzung: ______	z. B. **L**ösungen von Soda mit Wasser Farbe: ______ Kurzzeichen: SCESW Abkürzung: ______

Beim Gewindeschneiden verwendet man **S**chneidöle. Sie können nicht mit Wasser vermischt werden.

Kurzzeichen: ______

Aufgabe: In ein Werkstück aus S235JR sollen mit einem Wendelbohrer Bohrungen hergestellt werden. Als Kühlschmiermittel soll eine Bohremulsion verwendet werden.

Erklären Sie das Herstellen dieser Bohremulsion.

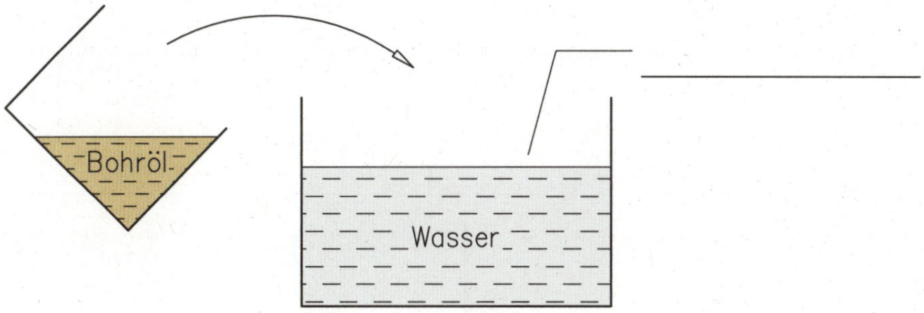

E 2 % bedeutet: ______________________;

die Emulsion hat hauptsächlich ______________ Wirkung.

E 5 % bedeutet: ______________________;

die Emulsion hat hauptsächlich ______________ Wirkung.

Merke: Kühlschmiermittel sind gesundheitsschädlich! Sie sollen nur in der erforderlichen Menge eingesetzt werden.

B. Schmiermittel

Aufgaben der Schmiermittel

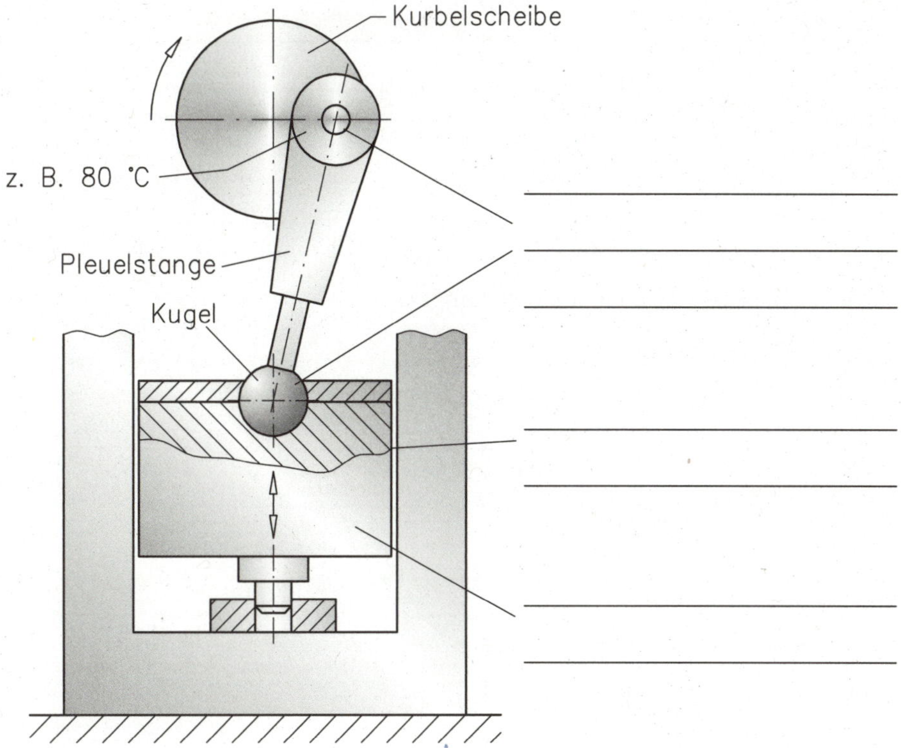

Welche wichtigen Eigenschaften sollen Schmiermittel haben?

1. ______________________ (hydraulische Presse)

2. ______________________ (Betriebstemperatur, z. B. 100 °C)

3. ______________________ (nächster Ölwechsel)

4. ______________________ (Betriebstemperatur –20 °C bis +80 °C)

Zähflüssigkeit oder Viskosität

Die Viskosität eines Öles wird aus der Durchlaufzeit durch ein Rohr mit einem sehr kleinen Innendurchmesser berechnet.

Einheit der Viskosität: mm^2/s

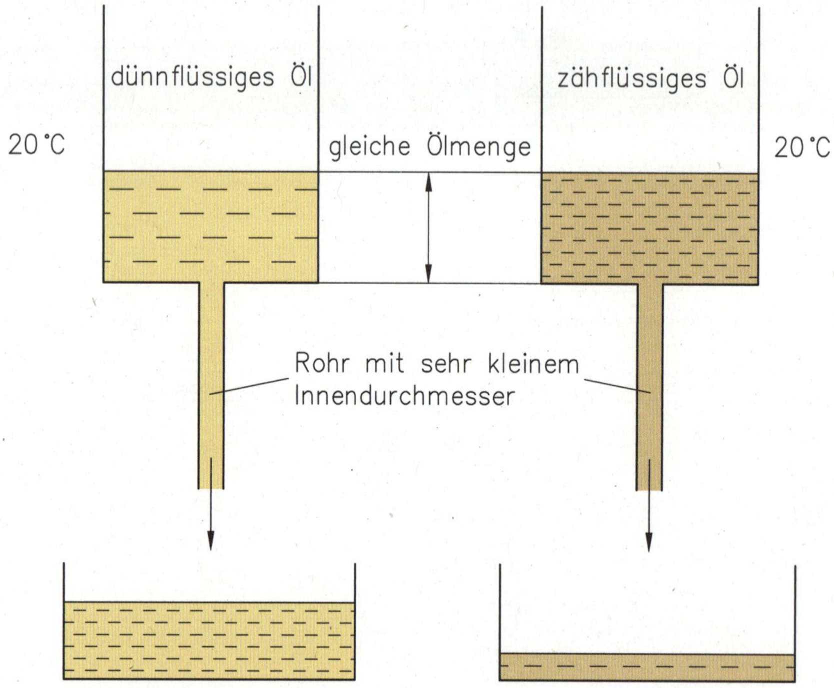

Auslaufzeit: z. B. ______ Sekunden = ______ Viskosität

Auslaufzeit: z. B. ______ Sekunden = ______ Viskosität

Wie verhält sich die Viskosität eines Öles bei steigender Betriebstemperatur?

____

____

Unfallverhütung

Schmierfette und Schmieröle können Krebs verursachen.

Verhütung: ______________________

____

Schmiermittelarten

Öle	Fette	Feststoffe
Mineralöle Symbol:  Gewinnung:	**Mineralschmierfett** Symbol:  Gewinnung:	**Grafit** Kennzeichen:
Synthetische Öle Symbol:  Sie haben eine künstlich veränderte Molekülstruktur	**Syntheseschmierfett** Symbol: 	**Molybdändisulfid** Kennzeichen:
		Pulver-Kunststoff z. B. PTFE

Aufgaben:

1. Ein Schmiermittel hat das unten stehende Symbol. Erklären Sie dieses mithilfe des Tabellenbuchs.

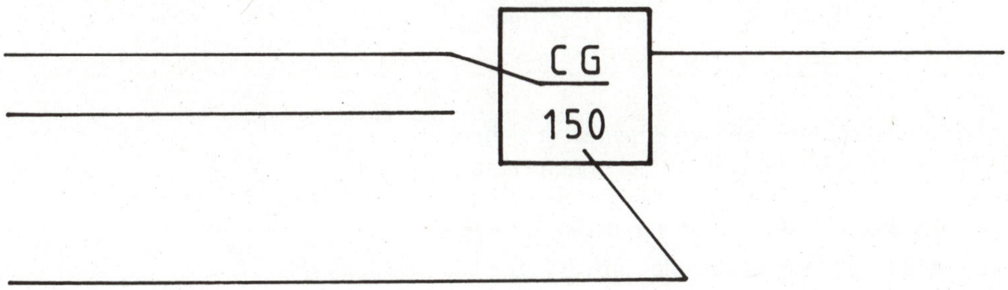

2. Geben Sie auch für das folgende Schmiermittel die Erklärung der Kennzeichen an.

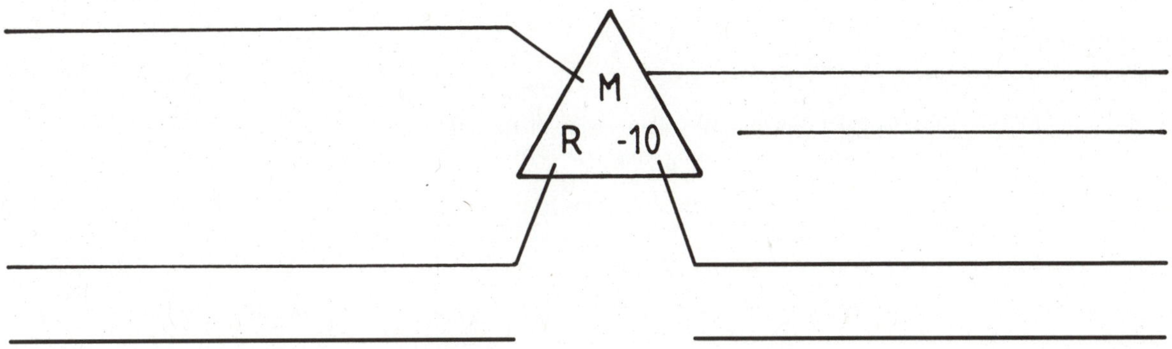

Instandhaltungsplan für einen Kompressor

Herstellungs-Nr.:	AS 300 PZ	Zulässiger Betriebsdruck:	10 bar
Rauminhalt:	10 l	Max. Betriebstemperatur:	100 °C
Motoröl:	SAE 10 W – 20	Min. Betriebstemperatur:	–10 °C
Baujahr:	2016	Herstellungsfirma:	Meier, Passau

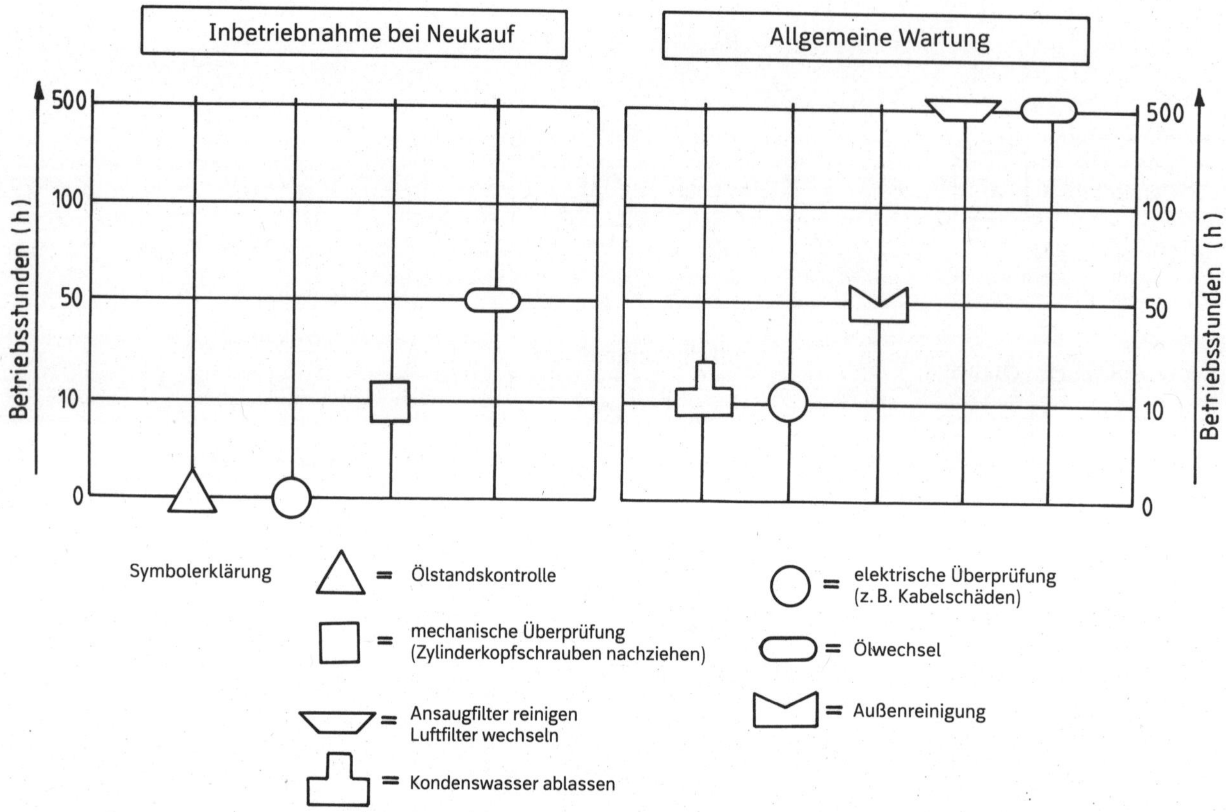

Merke: Bei Wartungsarbeiten stets den Netzstecker ziehen!
Beachte: Altöl gemäß den Sondermüllbestimmungen entsorgen!

Automatischer Nebelöler für den Betrieb von Druckluftwerkzeugen

Aufgabe: Welches Mineralöl verwenden Sie zum Auffüllen des Nebelölers?
Das Öl soll für die druckluftbetriebenen Werkzeuge zusätzlich einen Verschleiß- und Korrosionsschutz enthalten.

Mineralöl: Kennbuchstabe ______

Verschleißschutz: Kennbuchstabe ______

Korrosionsschutz: Kennbuchstabe ______

Hauptsymbol für Mineralöle:

Kennzahl für die Zähflüssigkeit (Viskosität) soll im Beispiel 10 mm^2/s sein.
Wie lautet die vollständige Normbezeichnung (nach DIN 51502) für das Öl?

Im 19. Jahrhundert wurde in den USA durch das Fließband die Massenfertigung eingeführt. Immer mehr ungelernte und angelernte Mitarbeiter und Mitarbeiterinnen setzte man in der Produktion ein. Darunter litt die Beschaffenheit, die Qualität der Produkte. Die Firmen führten deshalb Kontrollen ein, um eine gute Qualität ihrer Erzeugnisse zu bekommen.
Ab 1980 wurde in der Produktfertigung und in der Dienstleistungsbranche der Begriff „Qualitätsmanagement" eingeführt. Qualitätsmanagement bedeutet, den Herstellungsprozess von Waren und Dienstleistungen so zu führen – zu managen –, dass eine gute Qualität zustande kommen kann.

Jeder Kunde, der eine Dienstleistung oder ein Produkt in Auftrag gibt, hat Anspruch auf einwandfreie Arbeit.

Beispiel: Fenster aus Aluminium

Einwandfreies Öffnen und Schließen des Fensters.

1. ______________________________

Das Öffnen und Schließen des Fensters soll stets funktionieren.

2. ______________________________

Das Fenster soll einbruchsicher sein.

3. ______________________________

Auftragserteilung: 2. Mai – Lieferung: 10. Mai

4. ______________________________

Angebot Firma A: 400 €, Firma B: 700 €

5. ______________________________

Aluminium ist unweltverträglich und wiederverwertbar.

6. ______________________________

Fensterverglasung: Sicherheitsglas – Wärmeschutzglas – Brandschutzglas – Schallschutzglas

7. ______________________________

Schneller Austausch einer defekten Schließverriegelung.

8. ______________________________

Einhalten der Maße, Toleranzen und Passungen.

9. ______________________________

Lackieren, Eloxieren, Kunststoffbeschichten des Fensters.

10. ______________________________

Welche Vorteile bringt das Liefern von Qualität? Denken Sie an Mitbewerber, Marktanteile und die Kunden.

1. ______________________________
2. ______________________________
3. ______________________________

Diese Vorteile lassen sich durch das Einführen eines Qualitätsmanagements sicherstellen.

Aufbau eines mittleren Betriebes:

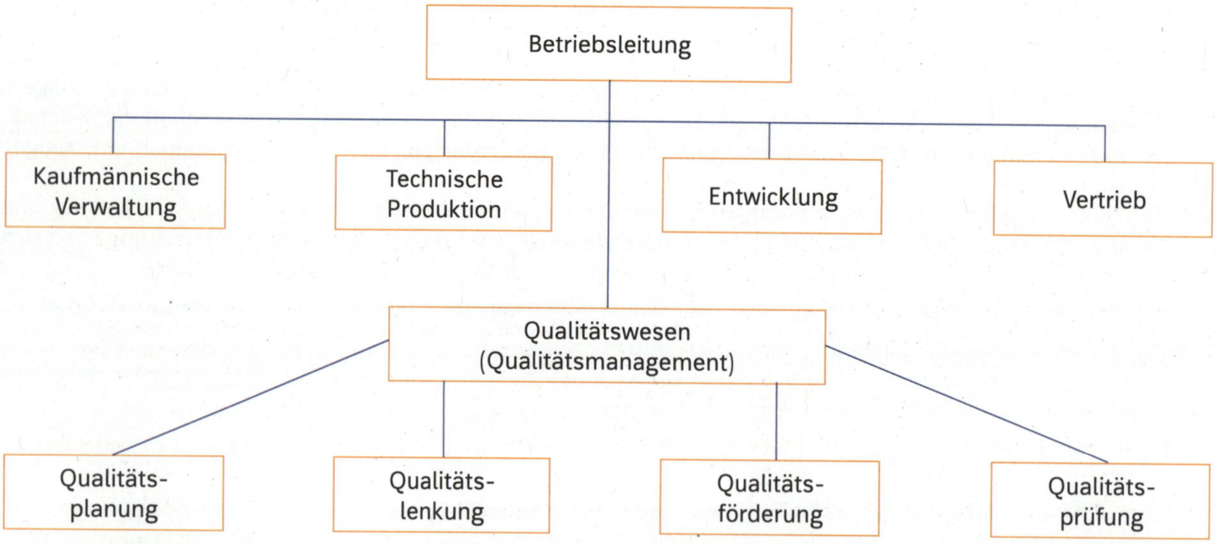

1. **Qualitätsplanung**

   Durch eine frühe Planung können Fehler rechtzeitig erkannt und berichtigt werden; die Wirtschaftlichkeit des Betriebes wird erhöht.
   Durch einen Prüfplan werden z. B. Prüfmittel und Prüfhäufigkeit festgelegt.

2. **Qualitätslenkung**

   Bei der Qualitätslenkung wird hauptsächlich die Produktion überwacht. Schwachstellen oder Störgrößen im Produktionsablauf werden beseitigt.

Schwachstellen oder Störgrößen können sein:

a) **Der Mensch**

z. B.

b) **Die Maschine**

z. B.

c) **Das Material**

z. B.

d) **Das Management**

z. B.

e) **Die Methode**

z. B.

f) **Die Umwelt**

z. B.

g) **Die Messbarkeit**

z. B.

3. Qualitätsförderung

Die Mitarbeiter sollen zu guter Qualität motiviert werden. Jeder Mitarbeiter soll so denken und handeln, als ob die Qualität des Produktes von ihm allein abhängig wäre. Die Mitarbeiter sollen beraten und geschult, sie sollen über Entscheidungen und Ergebnisse informiert werden.

4. Qualitätsprüfung

a) **Prüfplanung**

WAS soll geprüft werden?

z. B. ______

WIE VIEL soll geprüft werden?

z. B. ______

WOMIT soll geprüft werden?

z. B. ______

WIE soll geprüft werden?

z. B. ______

WANN soll geprüft werden?

z. B. ______

DURCH WEN soll geprüft werden?

z. B. ______

WO soll geprüft werden?

z. B. ______

PRÜFDATEN speichern und dokumentieren

z. B. ______

b) **Prüfausführung**

z. B. ______

c) **Prüfdatenverarbeitung**

z. B. ______

Statistische Auswertung einer Stichprobe

1. Beim Fertigen von Blechen mit einer Breite von $b = 85\,^{+0,3}_{+0,1}$ wurden $n = 32$ Teile einer **Stichprobe** unterzogen und die **Prüfwerte** in einer sog. **Urliste** dokumentiert.

Prüfteil-Nr.	Prüfmaß:							
bis								
bis								
bis								
bis								

2. Sehr übersichtlich werden die Prüfwerte, wenn sie in der **Strichliste** dargestellt werden.

a) Dazu müssen die Prüfwerte in Bereiche, in eine **Klassenanzahl *k*** aufgeteilt werden:

$k = \sqrt{n}$; $k =$ ______ ; $k =$ ______ ; $k \approx$ ______

Klassenanzahl-Nr.	Messwerte		Strichliste	absolute Häufigkeit	relative Häufigkeit (%)
	≥	<			
			Summe		

b) Die Prüfwerte umfassen eine bestimmte **Spannweite *R***. Es ist der Unterschied vom kleinsten zum größten gemessenen Wert:

$R =$ ______ ; $R =$ ______ ; $R =$ ______

c) Die gesamte Spannweite R muss noch in die bereits berechnete Anzahl von Klassen k aufgeteilt werden. Das Ergebnis ist die **Klassenbreite *W*:**

$W =$ ______ ; $W =$ ______ ; $W =$ ______ ; $W \approx$ ______

d) Nun werden die Messwerte eingetragen. Man beginnt mit dem kleinsten Messwert x_{min} und vergrößert jeweils um die Klassenbreite W.

e) Relative Häufigkeit: 32 Teile ≙ 100 %

1 Teil ≙ ______

3 Teile ≙ ______ = ______

Berechnen Sie die relative Häufigkeit auch für die restlichen Klassenanzahl-Nummern.
Überprüfen Sie, ob das Gesamtergebnis 100 % beträgt.

3. Zeichnen Sie die Breite der Blechstreifen in Abhängigkeit von ihrer absoluten Häufigkeit als **Balkendiagramm**.

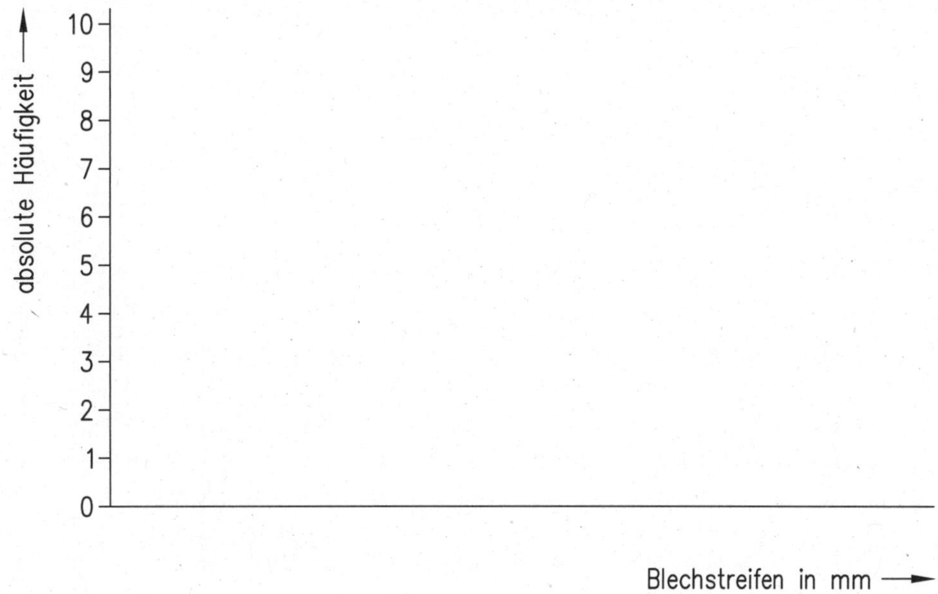

4. Durch das **Wahrscheinlichkeitsnetz** kann gezeigt werden, ob die Stichprobenauswertung normal verteilt ist. Dies ist dann der Fall, wenn alle Punkte annähernd eine Gerade bilden.

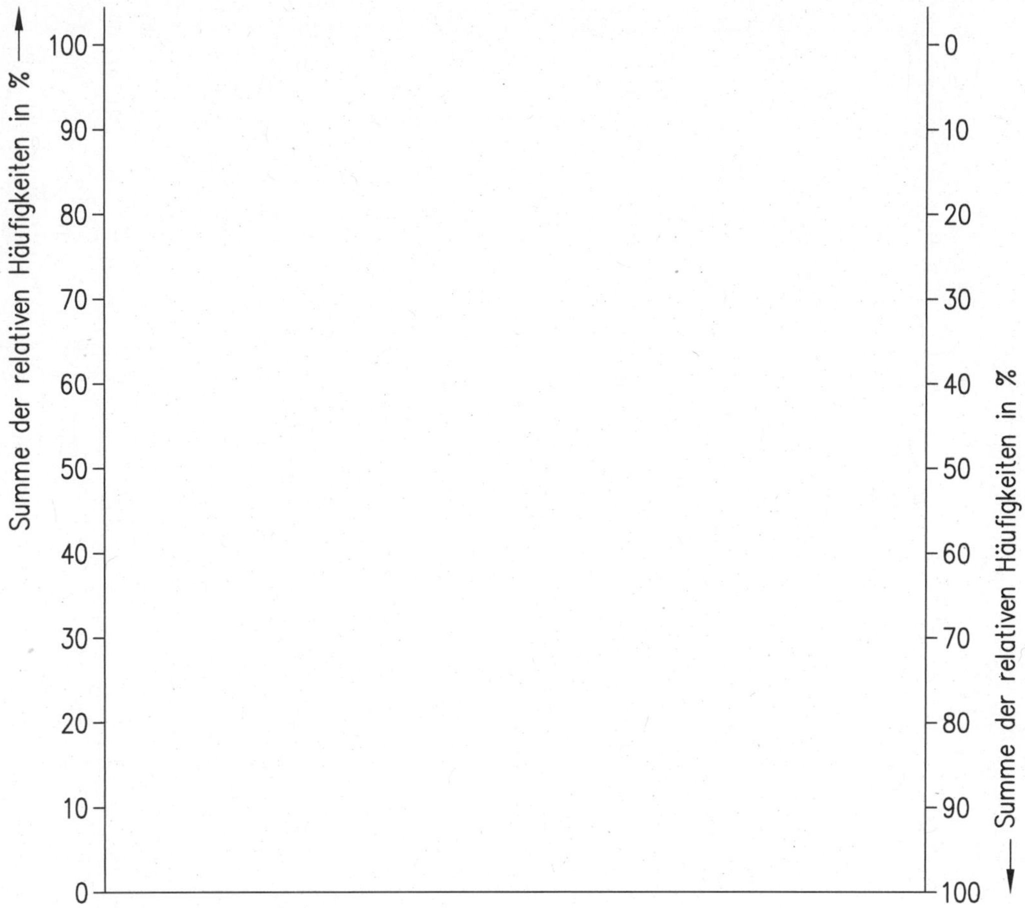

Die zulässige Breite des Blechstreifens beträgt $85^{+0,3}_{+0,1}$.

Geben Sie die größte und kleinste erlaubte Breite des Bleches an: ________ und ________ mm. Bei der Stichprobe liegen aber nicht alle in der verlangten Toleranz.

Aus dem Diagramm können Sie die prozentualen Abweichungen ablesen:

Zu große Breite: ________ %, zu geringe Breite: ________ %

In einem Metallbaubetrieb werden 650 Bolzen (S 235 JR, Ø 10) mit einer Länge von 40 ± 0,1 hergestellt.

28 Bolzen werden einer Stichprobe unterzogen.

Das Diagramm zeigt die Bolzenlänge in Abhängigkeit von der absoluten Häufigkeit.

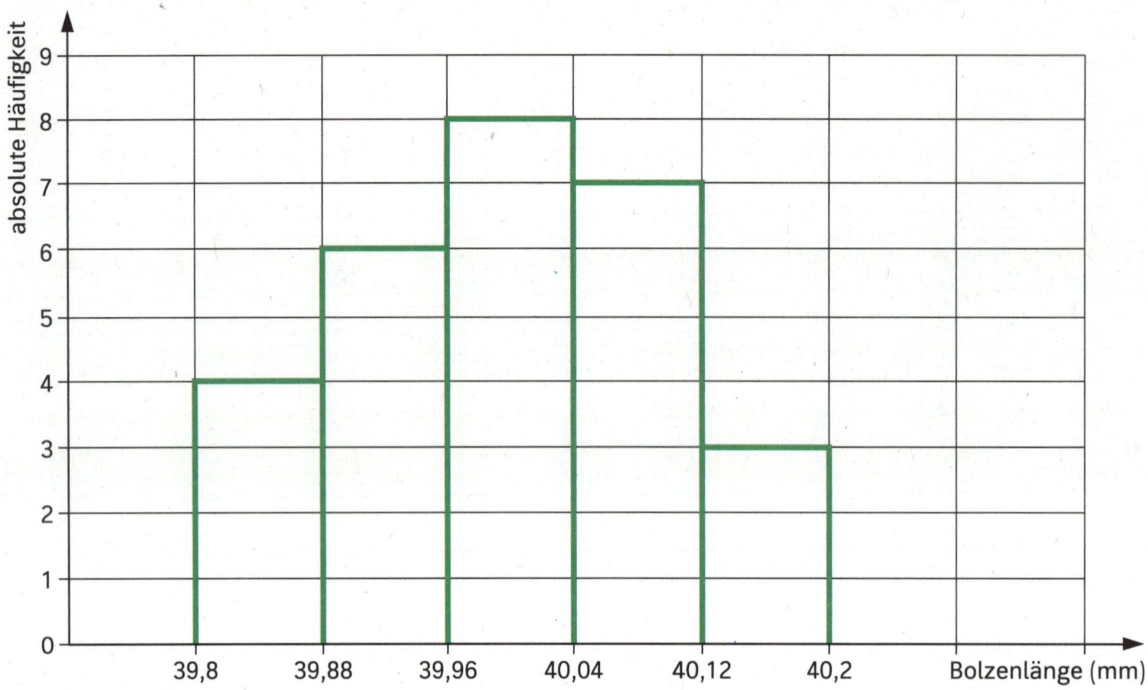

Berechnen Sie die relative Häufigkeit in %.

A. Werkzeug- und Maschinenkosten

Die Werkzeug- und Maschinenkosten werden als prozentualer Zuschlag gerechnet. Dieser wird als Gemeinkostenzuschlag bezeichnet, das Ergebnis sind dann die Gemeinkosten.

Aufgabe: Die Materialkosten für 200 Türriegel betragen 320,60 €, der Gemeinkostenzuschlag wird mit 140 % gerechnet.
Wie hoch sind die Gemeinkosten?

100 % ≙

1 % ≙

140 % ≙

Oder kürzer:

140 % ≙

B. Materialverbrauch

Berechnen Sie den Materialverbrauch für 200 Türriegel der Fertigungsaufgabe.

1. Teil 1: Riegelblech

Flachstahl 60 x 3, Sägeschnittbreite 3 mm, Länge einer Stange Stabstahl 6 m.

a) Wie viel Riegelbleche können aus einer Stange gefertigt werden?

b) Wie groß (in mm) ist der Abfall je Stange?

c) Wie viel Stangen Stabstahl sind für 200 Türriegel notwendig?

2. Teil 2: Riegel

Flachstahl 20 x 6, Sägeschnittbreite 3 mm, Länge einer Stange Stabstahl 6 m.
Berechnen Sie den Materialverbrauch wie bei Teil 1.

a)

b)

c)

3. Teil 3: Riegelklammer

Flachstahl 12 x 4, Sägeschnittbreite 3 mm, Länge einer Stange Stabstahl 6 m.

a)

b)

c)

C. Arbeitszeit

Für die Fertigung eines Riegelbleches wurden folgende Arbeitszeiten festgelegt:

Sägen des Riegelbleches	2,5 min
Bohren des Riegelbleches	18 min
Profilsenken der Bohrungen	6 min
Entgraten	4 min

Arbeitszeit für ein Riegelblech =
Arbeitszeit für 200 Riegelbleche:

Zum Rüsten der Kreissäge und Bohrmaschine sind 12 % der Arbeitszeit notwendig.
Berechnen Sie jetzt die gesamte Auftragszeit für die Riegelbleche (z. B. 62 h 17 min):

Aufgabe: Stellen Sie für die Fertigung des Riegels und der Riegelklammer die Arbeitszeiten für die gesamten 200 Türriegel zusammen. Nur beim Riegel wird für das Rüsten der Bohrmaschine 12 % der Arbeitszeit berücksichtigt.

Die PUK-Säge ist eine Universalsäge für kleine Sägearbeiten. Getrennt werden damit vor allem ____________ -Werkstoffe.

Im Gegensatz zur Bügelsäge für Metalle arbeitet die PUK-Säge auf ________ und nicht auf ________.

Begründung: ____________________

Verbreitet sind Ausführungen, bei denen der Sägebügel und der Handgriff zusammen aus einem etwa ________ dicken Draht hergestellt sind. Die Sägeblätter werden je nach dem zu trennenden Material (z. B. ____________) ausgewählt.

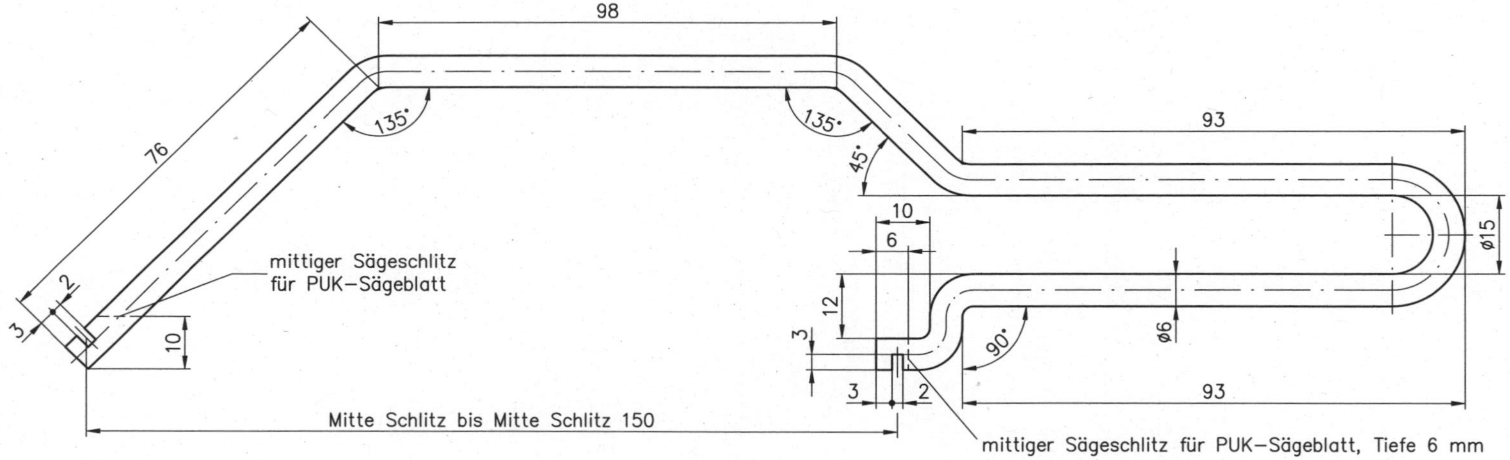

Der Sägekörper benötigt ein PUK-Sägeblatt mit den Maßen:
- Gesamtlänge = 150 mm,
- Spannlänge (Stiftmitte zu Stiftmitte) = 145 mm,
- Sägeblatthöhe = 5,7 mm,
- Sägeblattdicke = 0,5 mm.

Verantwortl. Abtlg.	Techn. Referenz	Erstellt durch	Genehmigt von	
SB 16	Erwin Holzner	Sabine Müller	Karl Gruber	

Meier & Co	Dokumentenart	Dokumentenstatus			
	Titel: PUK-Handsäge	Werkstoff: S235JR+C	Zuschnittslänge 550 mm		
		Änd.	Ausgabedatum: 2016-01-09	Spr.: de	Blatt: 1/2

Aufgabe:

1. Erklären Sie die Werkstoffangabe S235JR+C.

2. Sie verwenden als Werkstoff Rundmaterial aus Aluminium. Welchen Nachteil hat dieser Werkstoff?

3. Nach Fertigstellung der Säge ist die Spannung des PUK-Sägeblatts zu gering. Was unternehmen Sie?

4. Zeichnen Sie die Zähne des PUK-Sägeblatts in die Skizze ein.

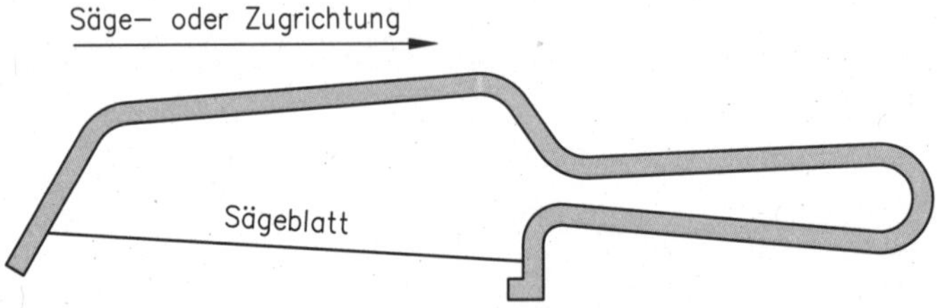

5. Welchen Nachteil hat die skizzierte Sägeblattaufnahme? (Stichwort: Unfallgefahr!)

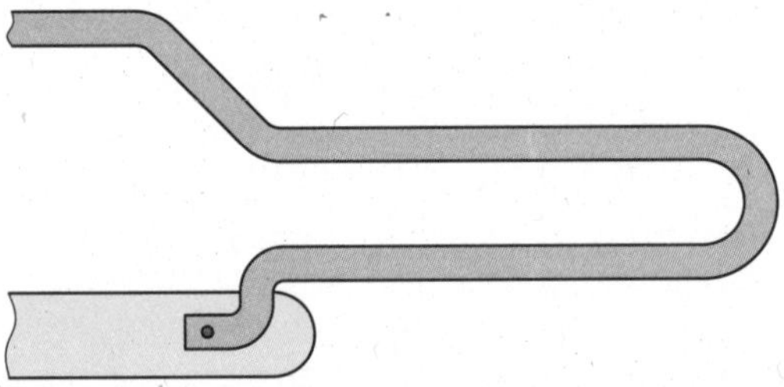

6. Warum muss die Nut von unten und nicht von oben in den Rundstahl eingesägt werden?

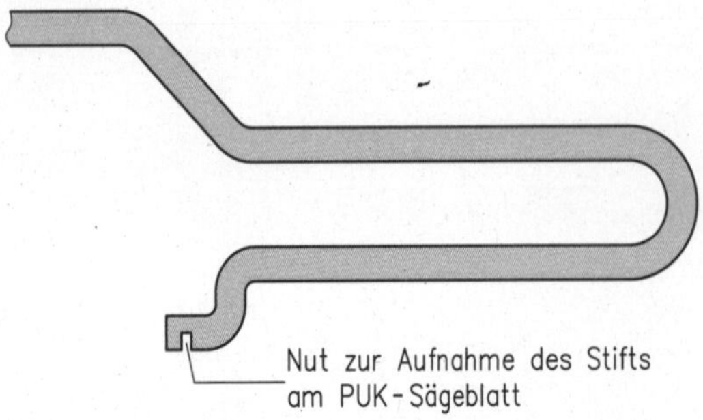